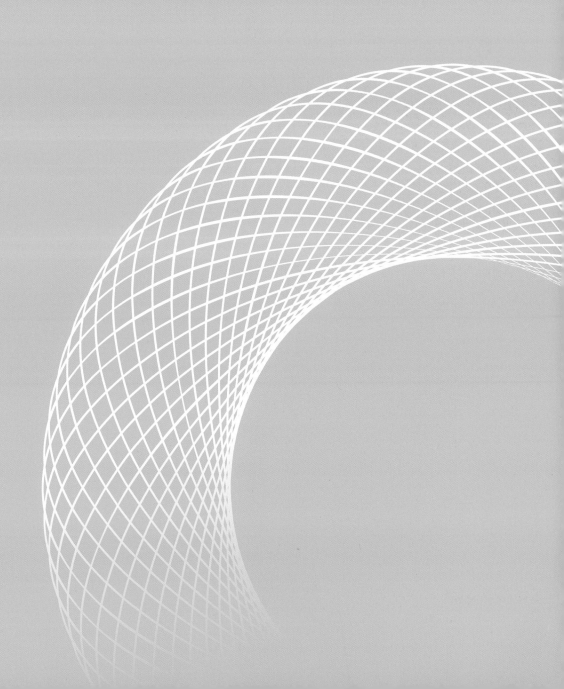

연산으로 쉽게 개념을 완성!

개념 PLUS 연산

중등 수학

3·1

구성과 특징

Composition

수학 기본기를 탄탄하게 하는! 개념 + 연산

01 제곱근의 뜻

제곱근: 어떤 수 x를 제곱하여 a가 될 때, 즉 $x^2=a$일 때 x를 a의 제곱근이라 한다.

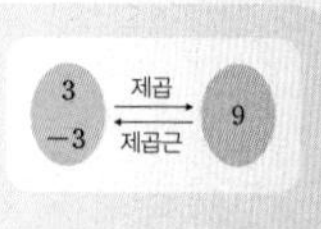

예 $3^2=9$, $(-3)^2=9$ ➡ 9의 제곱근은 3과 −3이다.

(1) 양수의 제곱근은 양수와 음수 2개가 있고, 그 두 수의 절댓값은 서로 같다.

(2) 0의 제곱근은 0이다.

(3) 제곱하여 음수가 되는 수는 없으므로 음수의 제곱근은 생각하지 않는다.

정답과 해설 • 1쪽

● 제곱근의 뜻

[001~006] 제곱하여 다음 수가 되는 수를 모두 구하시오.

001 4

002 16

003 81

004 100

005 $\frac{1}{4}$

006 0.36

[007~016] 다음 수의 제곱근을 구하시오.

007 49

49의 제곱근 ➡ $x^2=$□를 만족시키는 x의 값
➡ □, □

008 144

009 0

010 -1

011 $\frac{16}{9}$

012 0.25

013 7^2

014 $\left(\frac{2}{5}\right)^2$

015 $(-8)^2$

016 $(-0.4)^2$

1 유형별 연산 문제

개념을 확실하게 이해하고 적용할 수 있도록 충분한 양의 연산 문제를 유형별로 구성하였습니다.

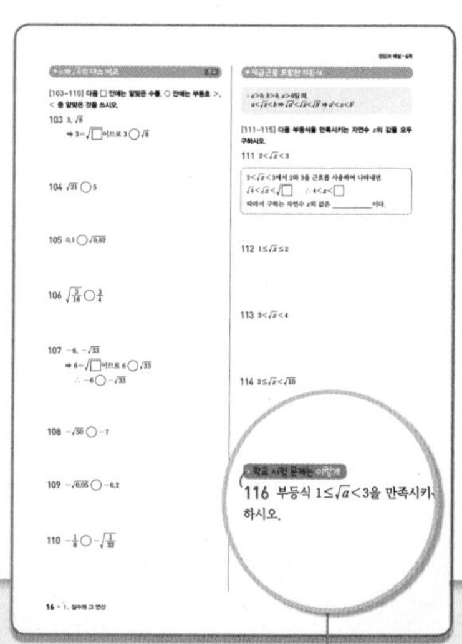

연산 문제로 연습한 후
학교 시험 문제로 확인!

추천해요!

개념을 익힐 수 있는 충분한 기본 문제가 필요한 친구 / 정확한 연산 능력을 키우고 싶은 친구 / 부족한 기본기를 채우고 싶은 친구

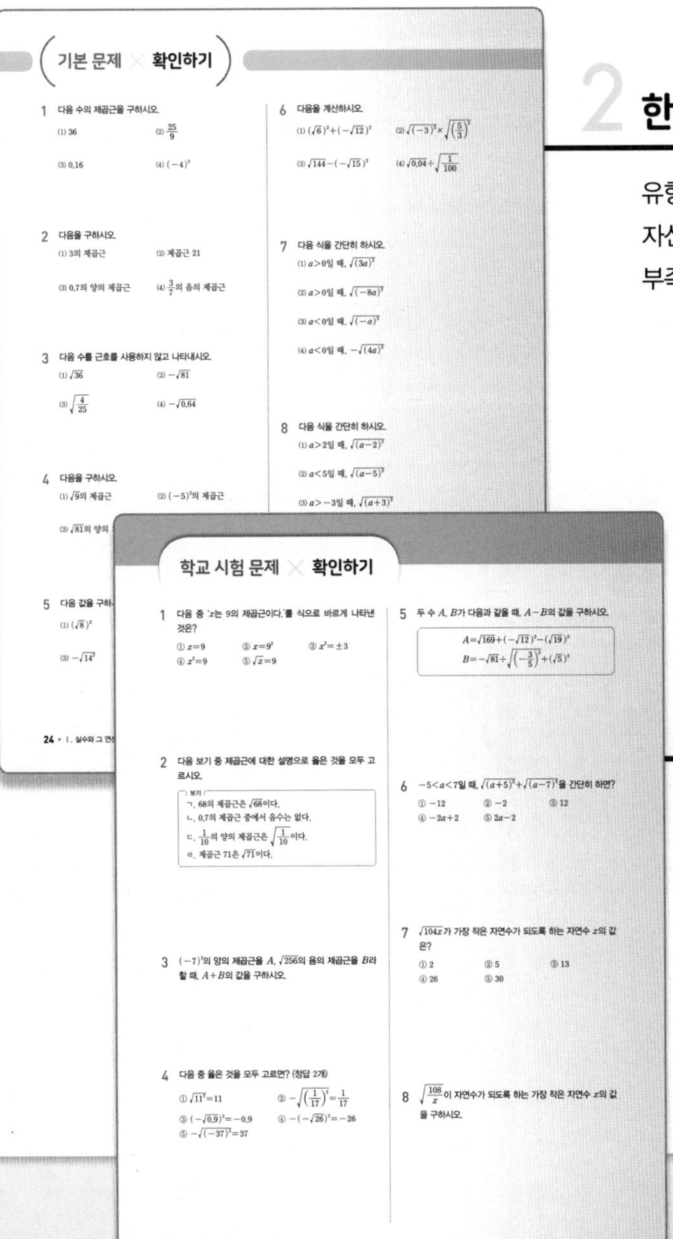

2 한 번 더 확인하기

유형별 연산 문제를 모아 한 번 더 풀어 보면서 자신의 실력을 확인할 수 있습니다. 부족한 부분은 다시 돌아가서 연습해 보세요!

3 꼭! 나오는 학교 시험 문제로 마무리하기

기본기를 완벽하게 다졌다면 연산 문제에 응용력을 더한 학교 시험 문제에 도전! 어렵지 않은 필수 기출문제를 풀어 보면서 실전 감각을 익히고 자신감을 얻을 수 있습니다.

차례
Contents

I 실수와 그 연산

II 식의 계산과 이차방정식

Ⅲ
이차함수

1

제곱근과 실수

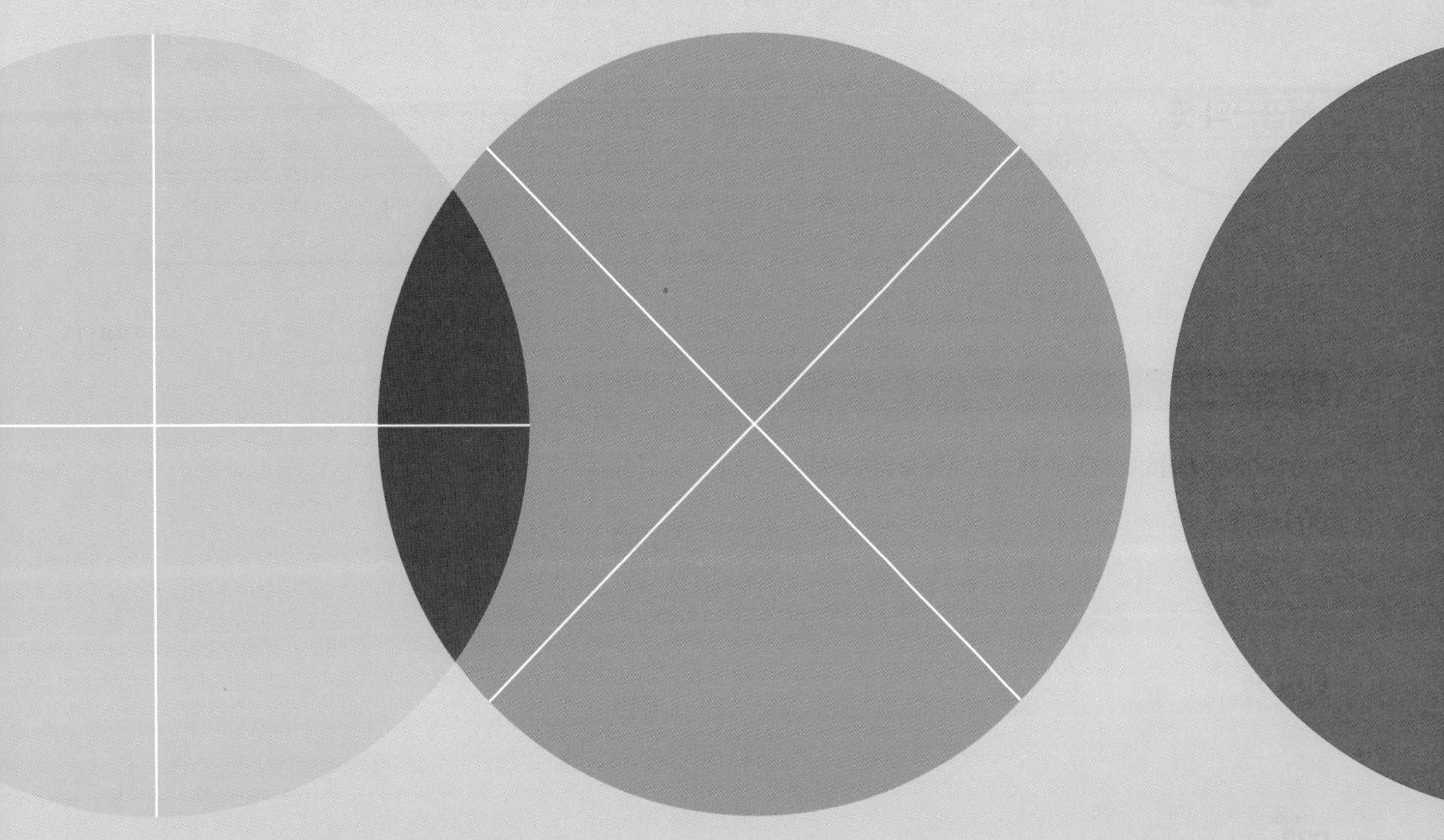

- 제곱근의 뜻
- 제곱근의 표현
- $(\sqrt{a})^2=(-\sqrt{a})^2=a$
- $\sqrt{a^2}=\sqrt{(-a)^2}=a$
- 제곱근의 성질을 이용한 계산
- $\sqrt{a^2}$ 꼴을 포함한 식 간단히 하기
- $\sqrt{(a-b)^2}$ 꼴을 포함한 식 간단히 하기
- $\sqrt{Ax}$가 자연수가 되도록 하는 자연수 x의 값 구하기
- $\sqrt{\frac{A}{x}}$가 자연수가 되도록 하는 자연수 x의 값 구하기
- $\sqrt{a}$와 $\sqrt{b}$의 대소 비교
- a와 $\sqrt{b}$의 대소 비교
- 제곱근을 포함한 부등식
- 유리수와 무리수의 구분
- 실수의 이해
- 무리수를 수직선 위에 나타내기
- 실수와 수직선
- 제곱근표를 이용하여 제곱근의 값 구하기
- 실수의 대소 관계
- 무리수의 정수 부분과 소수 부분

제곱근: 어떤 수 x를 제곱하여 a가 될 때, 즉 $x^2=a$일 때 x를 a의 제곱근이라 한다.

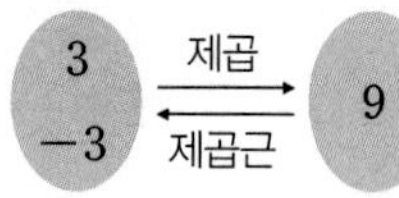

예 $3^2=9$, $(-3)^2=9$ ➡ 9의 제곱근은 3과 −3이다.

(1) 양수의 제곱근은 양수와 음수 2개가 있고, 그 두 수의 절댓값은 서로 같다.

(2) 0의 제곱근은 0이다.

(3) 제곱하여 음수가 되는 수는 없으므로 음수의 제곱근은 생각하지 않는다.

정답과 해설 • 1쪽

● 제곱근의 뜻

[001~006] 제곱하여 다음 수가 되는 수를 모두 구하시오.

001 4

002 16

003 81

004 100

005 $\frac{1}{4}$

006 0.36

[007~016] 다음 수의 제곱근을 구하시오.

007 49

> 49의 제곱근 ➡ $x^2=\square$를 만족시키는 x의 값
> ➡ $\square$, $\square$

008 144

009 0

010 -1

011 $\frac{16}{9}$

012 0.25

013 7^2

014 $\left(\frac{2}{5}\right)^2$

015 $(-8)^2$

016 $(-0.4)^2$

02 제곱근의 표현

(1) 제곱근은 기호 $\sqrt{\ }$ (근호)를 사용하여 나타내고, $\sqrt{a}$를 '제곱근 a' 또는 '루트 a'라 읽는다.

(2) 양수 a의 제곱근 중에서 양수인 것을 양의 제곱근($\sqrt{a}$), 음수인 것을 음의 제곱근($-\sqrt{a}$)이라 한다.

참고 $\sqrt{a}$와 $-\sqrt{a}$를 한꺼번에 $\pm\sqrt{a}$로 나타내기도 한다.

(3) **a의 제곱근과 제곱근 a (단, $a>0$)**

① a의 제곱근 ➡ 제곱하여 a가 되는 수 ➡ $\sqrt{a}$, $-\sqrt{a}$ ⟶ 2개

② 제곱근 a ➡ a의 양의 제곱근 ➡ $\sqrt{a}$ ⟶ 1개

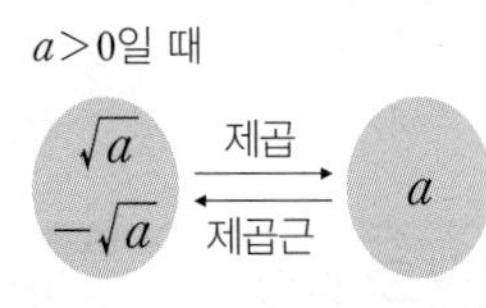

정답과 해설 • 1쪽

● 제곱근의 표현 중요

[017~021] 다음 수의 제곱근을 근호를 사용하여 나타내시오.

017 7

018 12

019 155

020 $\frac{4}{5}$

021 0.3

022 다음 표를 완성하시오.

a	a의 양의 제곱근	a의 음의 제곱근
11		
19		
$\frac{2}{3}$		
0.57		

023 다음 표를 완성하시오.

a	a의 제곱근	제곱근 a
5		
1.3		
$\frac{2}{7}$		

[024~027] 다음을 근호를 사용하지 않고 나타내시오.

024 $\sqrt{25}=$(25의 양의 제곱근)$=$______

025 $-\sqrt{64}=$(64의 음의 제곱근)$=$______

026 $\sqrt{\frac{1}{9}}=$______________$=$______

027 $-\sqrt{0.16}=$______________$=$______

[028~030] 다음 □ 안에 알맞은 수를 쓰시오.

028 $\sqrt{4}$(=□)의 제곱근 ➡ □

029 $\sqrt{16}$(=□)의 양의 제곱근 ➡ □

030 $(-6)^2$(=□)의 음의 제곱근 ➡ □

03

제곱근의 성질

$a>0$일 때

(1) a의 제곱근을 제곱하면 a가 된다.

➡ $(\sqrt{a})^2=a$, $(-\sqrt{a})^2=a$ 예 $(\sqrt{3})^2=3$, $(-\sqrt{3})^2=3$

(2) 근호 안의 수가 어떤 수의 제곱이면 근호($\sqrt{\ }$)를 사용하지 않고 나타낼 수 있다.

➡ $\sqrt{a^2}=a$, $\sqrt{(-a)^2}=a$ 예 $\sqrt{5^2}=5$, $\sqrt{(-5)^2}=5$

정답과 해설 • 1쪽

• $(\sqrt{a})^2=(-\sqrt{a})^2=a$ 중요

[031~036] 다음 값을 구하시오.

031 $(\sqrt{6})^2$

032 $(\sqrt{2.4})^2$

033 $-\left(\sqrt{\frac{1}{3}}\right)^2$

034 $(-\sqrt{11})^2$

035 $\left(-\sqrt{\frac{3}{4}}\right)^2$

036 $-(-\sqrt{0.7})^2$

• $\sqrt{a^2}=\sqrt{(-a)^2}=a$ 중요

[037~042] 다음 값을 구하시오.

037 $\sqrt{7^2}$

038 $\sqrt{\left(\frac{1}{5}\right)^2}$

039 $-\sqrt{1.9^2}$

040 $\sqrt{(-43)^2}$

041 $\sqrt{(-2.6)^2}$

042 $-\sqrt{\left(-\frac{1}{2}\right)^2}$

● 제곱근의 성질을 이용한 계산 중요

[043~050] 다음을 계산하시오.

043 $(\sqrt{11})^2+(-\sqrt{8})^2$

044 $-\sqrt{2.8^2}+\sqrt{(-3.1)^2}$

045 $(-\sqrt{7})^2-\sqrt{13^2}$

046 $-\left(\sqrt{\frac{3}{5}}\right)^2-\sqrt{\left(-\frac{7}{5}\right)^2}$

047 $(\sqrt{6})^2\times\sqrt{8^2}$

048 $\sqrt{(-0.1)^2}\times(-\sqrt{10})^2$

049 $\sqrt{\left(\frac{5}{3}\right)^2}\div(-\sqrt{15})^2$

050 $\left(\sqrt{\frac{1}{6}}\right)^2\div\left\{-\sqrt{\left(-\frac{1}{2}\right)^2}\right\}$

[051~058] 다음을 계산하시오.

051 $\sqrt{49}+\sqrt{5^2}=\sqrt{\square^2}+\square$
$=\square+\square=\square$

052 $\sqrt{121}-\sqrt{16}$

053 $\sqrt{(-8)^2}\times\sqrt{0.01}$

054 $\sqrt{\frac{4}{9}}\div\sqrt{4}$

055 $\sqrt{100}-\sqrt{6^2}\div\left(-\sqrt{\frac{2}{3}}\right)^2$

056 $(\sqrt{18})^2\div\sqrt{81}+\sqrt{(-37)^2}$

057 $\sqrt{0.16}+\sqrt{25}\times\sqrt{\frac{1}{100}}$

058 $\sqrt{3^2}-\sqrt{36}\times\{-\sqrt{(-2)^2}\}-\sqrt{144}$

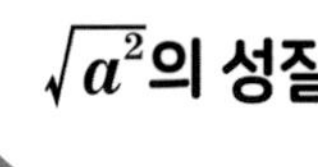

04 $\sqrt{a^2}$의 성질

모든 수 a에 대하여 $\sqrt{a^2}$은 a^2의 양의 제곱근이므로 a의 부호에 관계없이 항상 0 또는 양수인 값을 가진다.

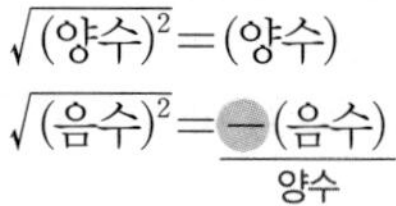

$\Rightarrow \sqrt{a^2}=|a|=\begin{cases} a\geq 0일\ 때, & a \\ a<0일\ 때, & -a \end{cases}$

(1) $\sqrt{a^2}$ 꼴을 포함한 식을 간단히 할 때는 먼저 a의 부호를 조사한다.

① $a>0 \Rightarrow \sqrt{a^2}=a$

② $a<0 \Rightarrow \sqrt{a^2}=-a$

(2) $\sqrt{(a-b)^2}$ 꼴을 포함한 식을 간단히 할 때는 먼저 $a-b$의 부호를 조사한다.

① $a-b>0 \Rightarrow \sqrt{(a-b)^2}=a-b$

② $a-b<0 \Rightarrow \sqrt{(a-b)^2}=-(a-b)$

정답과 해설 • 2쪽

● $\sqrt{a^2}$ 꼴을 포함한 식 간단히 하기

[059~062] $a>0$일 때, 다음 ○ 안에는 부등호 >, < 중 알맞은 것을, □ 안에는 알맞은 식을 쓰시오.

059 $\sqrt{(2a)^2}$

$\Rightarrow 2a$ ○ 0이므로 $\sqrt{(2a)^2}=$ □

060 $\sqrt{(-15a)^2}$

$\Rightarrow -15a$ ○ 0이므로 $\sqrt{(-15a)^2}=$ □

061 $-\sqrt{(7a)^2}$

$\Rightarrow 7a$ ○ 0이므로 $-\sqrt{(7a)^2}=$ □

062 $-\sqrt{(-18a)^2}$

$\Rightarrow -18a$ ○ 0이므로 $-\sqrt{(-18a)^2}=$ □

[063~066] $a<0$일 때, 다음 ○ 안에는 부등호 >, < 중 알맞은 것을, □ 안에는 알맞은 식을 쓰시오.

063 $\sqrt{(-8a)^2}$

$\Rightarrow -8a$ ○ 0이므로 $\sqrt{(-8a)^2}=$ □

064 $\sqrt{(3a)^2}$

$\Rightarrow 3a$ ○ 0이므로 $\sqrt{(3a)^2}=$ □

065 $-\sqrt{(-11a)^2}$

$\Rightarrow -11a$ ○ 0이므로 $-\sqrt{(-11a)^2}=$ □

066 $-\sqrt{(5a)^2}$

$\Rightarrow 5a$ ○ 0이므로 $-\sqrt{(5a)^2}=$ □

[067~070] 다음 식을 간단히 하시오.

067 $a>0$일 때, $\sqrt{(3a)^2}+\sqrt{(5a)^2}$

068 $a>0$일 때, $\sqrt{(-7a)^2}-\sqrt{(4a)^2}$

069 $a<0$일 때, $\sqrt{(2a)^2}+\sqrt{(-8a)^2}$

070 $a<0$일 때, $\sqrt{(-9a)^2}-\sqrt{(6a)^2}$

• $\sqrt{(a-b)^2}$ 꼴을 포함한 식 간단히 하기 중요

[071~074] $x>1$일 때, 다음 ○ 안에는 부등호 $>$, $<$ 중 알맞은 것을, □ 안에는 알맞은 식을 쓰시오.

071 $\sqrt{(x-1)^2}$
➡ $x-1$ ○ 0이므로 $\sqrt{(x-1)^2}=$ □

072 $\sqrt{(1-x)^2}$
➡ $1-x$ ○ 0이므로 $\sqrt{(1-x)^2}=$ □

073 $-\sqrt{(x-1)^2}$
➡ $x-1$ ○ 0이므로 $-\sqrt{(x-1)^2}=$ □

074 $-\sqrt{(1-x)^2}$
➡ $1-x$ ○ 0이므로 $-\sqrt{(1-x)^2}=$ □

[075~078] 다음 식을 간단히 하시오.

075 $a>3$일 때, $\sqrt{(a-3)^2}$

076 $a<7$일 때, $\sqrt{(a-7)^2}$

077 $a>-2$일 때, $-\sqrt{(a+2)^2}$

078 $a>4$일 때, $-\sqrt{(4-a)^2}$

[079~082] 다음 식을 간단히 하시오.

079 $a<5$일 때, $\sqrt{(a-5)^2}+\sqrt{(5-a)^2}$

080 $a<3$일 때, $\sqrt{(3-a)^2}-\sqrt{(a-3)^2}$

081 $1<a<6$일 때, $\sqrt{(a-6)^2}+\sqrt{(a-1)^2}$

082 $-2<a<4$일 때, $\sqrt{(a+2)^2}-\sqrt{(a-4)^2}$

05 제곱인 수를 이용하여 근호 없애기

(1) 근호 안의 수가 어떤 자연수의 제곱이면 근호를 사용하지 않고 나타낼 수 있다.

➡ $\sqrt{(자연수)^2}=(자연수)$

예 $\sqrt{16}=\sqrt{4^2}=4$, $\sqrt{36}=\sqrt{6^2}=6$

(2) 어떤 자연수의 제곱인 수는 소인수분해했을 때, 소인수의 지수가 모두 짝수이다.

예 $36=2^2\times3^2$ ← 지수가 모두 짝수

(3) **$\sqrt{Ax}$, $\sqrt{\frac{A}{x}}$가 자연수가 되도록 하는 자연수 x의 값 구하기**

❶ A를 소인수분해한다.

❷ 모든 소인수의 지수가 짝수가 되도록 하는 x의 값을 구한다.

• 제곱인 수
$1=1^2$
$4=2^2$
$9=3^2$
$16=4^2$
$25=5^2$
⋮

정답과 해설 • 3쪽

• $\sqrt{Ax}$가 자연수가 되도록 하는 자연수 x의 값 구하기 중요

[083~086] 다음 수가 자연수가 되도록 하는 가장 작은 자연수 x의 값을 구하시오.

083 $\sqrt{45x}$

❶ 45를 소인수분해하면 ______

❷ ❶의 결과에서 지수가 홀수인 소인수는 ☐이므로 $x=$☐$\times(자연수)^2$ 꼴이어야 한다.
따라서 $\sqrt{45x}$가 자연수가 되도록 하는 가장 작은 자연수 x의 값은 ☐이다.

084 $\sqrt{72x}$

085 $\sqrt{120x}$

086 $\sqrt{150x}$

• $\sqrt{\frac{A}{x}}$가 자연수가 되도록 하는 자연수 x의 값 구하기

[087~090] 다음 수가 자연수가 되도록 하는 가장 작은 자연수 x의 값을 구하시오.

087 $\sqrt{\frac{28}{x}}$

❶ 28을 소인수분해하면 ______

❷ ❶의 결과에서 지수가 홀수인 소인수는 ☐이므로 x는 28의 약수이면서 ☐$\times(자연수)^2$ 꼴이어야 한다.
따라서 $\sqrt{\frac{28}{x}}$이 자연수가 되도록 하는 가장 작은 자연수 x의 값은 ☐이다.

088 $\sqrt{\frac{60}{x}}$

089 $\sqrt{\frac{84}{x}}$

090 $\sqrt{\frac{250}{x}}$

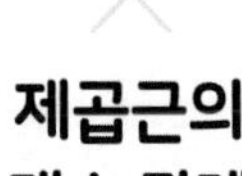

제곱근의 대소 관계

(1) $a>0$, $b>0$일 때

① $a<b$이면 $\sqrt{a}<\sqrt{b}$ 예 $2<5$이므로 $\sqrt{2}<\sqrt{5}$

② $\sqrt{a}<\sqrt{b}$이면 $a<b$ 예 $\sqrt{2}<\sqrt{5}$이므로 $2<5$

③ $\sqrt{a}<\sqrt{b}$이면 $-\sqrt{a}>-\sqrt{b}$ 예 $\sqrt{2}<\sqrt{5}$이므로 $-\sqrt{2}>-\sqrt{5}$

(2) a와 $\sqrt{b}$의 대소 비교(단, $a>0$, $b>0$)

근호가 없는 수를 근호를 사용하여 나타낸 후 대소를 비교한다.

➡ $\sqrt{a^2}$과 $\sqrt{b}$의 대소를 비교

예 2와 $\sqrt{5}$의 대소 비교 ➡ $2=\sqrt{2^2}=\sqrt{4}$이고 $\sqrt{4}<\sqrt{5}$이므로 $2<\sqrt{5}$

정답과 해설 • 3쪽

● $\sqrt{a}$와 $\sqrt{b}$의 대소 비교

[091~102] 다음 ○ 안에 부등호 >, < 중 알맞은 것을 쓰시오.

091 $\sqrt{7}$, $\sqrt{8}$

➡ 7 ○ 8이므로 $\sqrt{7}$ ○ $\sqrt{8}$

092 $\sqrt{19}$ ○ $\sqrt{11}$

093 $\sqrt{0.97}$ ○ $\sqrt{1.56}$

094 $\sqrt{\frac{3}{7}}$ ○ $\sqrt{\frac{5}{7}}$

095 $\sqrt{\frac{1}{3}}$ ○ $\sqrt{\frac{1}{6}}$

096 $\sqrt{\frac{3}{10}}$ ○ $\sqrt{\frac{1}{5}}$

097 $-\sqrt{5}$, $-\sqrt{11}$

➡ 5 ○ 11이므로 $\sqrt{5}$ ○ $\sqrt{11}$

$\therefore$ $-\sqrt{5}$ ○ $-\sqrt{11}$

098 $-\sqrt{14}$ ○ $-\sqrt{17}$

099 $-\sqrt{5.6}$ ○ $-\sqrt{8.4}$

100 $-\sqrt{\frac{4}{11}}$ ○ $-\sqrt{\frac{6}{11}}$

101 $-\sqrt{\frac{1}{3}}$ ○ $-\sqrt{\frac{1}{7}}$

102 $-\sqrt{\frac{2}{3}}$ ○ $-\sqrt{\frac{3}{4}}$

● a와 $\sqrt{b}$의 대소 비교 중요

[103~110] 다음 □ 안에는 알맞은 수를, ○ 안에는 부등호 $>$, $<$ 중 알맞은 것을 쓰시오.

103 3, $\sqrt{8}$

➡ $3=\sqrt{\square}$이므로 3 ○ $\sqrt{8}$

104 $\sqrt{21}$ ○ 5

105 0.1 ○ $\sqrt{0.02}$

106 $\sqrt{\frac{3}{16}}$ ○ $\frac{3}{4}$

107 -6, $-\sqrt{33}$

➡ $6=\sqrt{\square}$이므로 6 ○ $\sqrt{33}$

$\therefore -6$ ○ $-\sqrt{33}$

108 $-\sqrt{50}$ ○ -7

109 $-\sqrt{0.05}$ ○ -0.2

110 $-\frac{1}{8}$ ○ $-\sqrt{\frac{1}{32}}$

● 제곱근을 포함한 부등식

• $a>0$, $b>0$, $x>0$일 때,
$a<\sqrt{x}<b$ ➡ $\sqrt{a^2}<\sqrt{x}<\sqrt{b^2}$ ➡ $a^2<x<b^2$

[111~115] 다음 부등식을 만족시키는 자연수 x의 값을 모두 구하시오.

111 $2<\sqrt{x}<3$

$2<\sqrt{x}<3$에서 2와 3을 근호를 사용하여 나타내면
$\sqrt{4}<\sqrt{x}<\sqrt{\square}$ $\therefore 4<x<\square$
따라서 구하는 자연수 x의 값은 ________이다.

112 $1\le\sqrt{x}\le2$

113 $3<\sqrt{x}<4$

114 $2\le\sqrt{x}<\sqrt{10}$

115 $\sqrt{3}<\sqrt{x}\le3$

학교 시험 문제는 이렇게

116 부등식 $1\le\sqrt{a}<3$을 만족시키는 자연수 a의 개수를 구하시오.

07 무리수와 실수

(1) **유리수**: 분수 $\frac{a}{b}$(a, b는 정수, $b \neq 0$) 꼴로 나타낼 수 있는 수

(2) 무리수: 유리수가 아닌 수, 즉 순환소수가 아닌 무한소수로 나타내어지는 수

예 $\sqrt{2}=1.41421356\cdots$, $\pi=3.14159265\cdots$

주의 근호를 사용하여 나타낸 수가 모두 무리수인 것은 아니다. 근호 안의 수가 어떤 유리수의 제곱이면 그 수는 유리수이다. ➡ $\sqrt{4}=\sqrt{2^2}=2$이므로 $\sqrt{4}$는 유리수이다.

(3) 실수: 유리수와 무리수를 통틀어 실수라 한다.

(4) **실수의 분류**

- 실수
  - 유리수
    - 정수
      - 양의 정수(자연수): 1, 2, 3, $\cdots$
      - 0
      - 음의 정수: -1, -2, -3, $\cdots$
    - 정수가 아닌 유리수: 1.8, $-\frac{1}{7}$, $0.\dot{3}$, $\cdots$
  - 무리수(유리수가 아닌 실수): π, $\sqrt{2}$, $-\sqrt{5}$, $\cdots$

정답과 해설 • 4쪽

● 유리수와 무리수의 구분 중요

[117~122] 다음 수가 유리수이면 '유'를, 무리수이면 '무'를 ( ) 안에 쓰시오.

117 2.9 ( )

118 π ( )

119 $-\sqrt{3}$ ( )

120 $\sqrt{\frac{1}{9}}$ ( )

121 $0.4\dot{2}$ ( )

122 0.1234567$\cdots$ ( )

● 실수의 이해

[123~128] 다음 설명 중 옳은 것은 ○표, 옳지 않은 것은 ×표를 ( ) 안에 쓰시오.

123 양수의 제곱근은 모두 무리수이다. ( )

124 순환소수는 무리수가 아니다. ( )

125 실수 중에서 유리수가 아닌 수는 모두 무리수이다. ( )

126 무한소수는 모두 무리수이다. ( )

127 $\sqrt{5}$는 실수이다. ( )

128 $\sqrt{7}$은 $\frac{(\text{정수})}{(0\text{이 아닌 정수})}$ 꼴로 나타낼 수 있다. ( )

08 무리수를 수직선 위에 나타내기

다음과 같이 직각삼각형의 빗변의 길이를 이용하여 무리수 $\sqrt{2}$와 $-\sqrt{2}$를 수직선 위에 나타낼 수 있다.

❶ 한 칸의 가로와 세로의 길이가 각각 1인 모눈종이 위의 직각삼각형 AOB에서 직각을 낀 두 변의 길이가 각각 1이므로 빗변의 길이는 $\sqrt{2}$이다.

➡ $\overline{OA}=\sqrt{1^2+1^2}=\sqrt{2}$

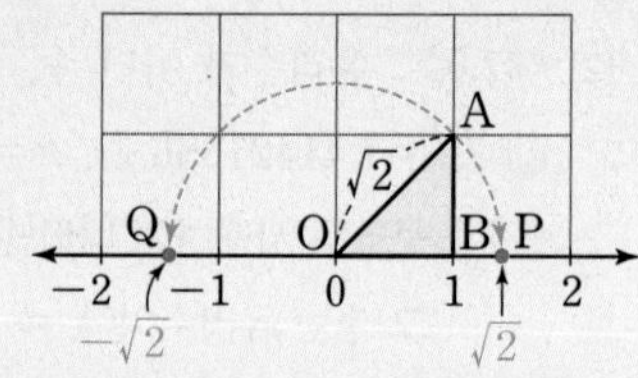

❷ 원점 O를 중심으로 하고 $\overline{OA}$를 반지름으로 하는 원을 그릴 때 원과 수직선이 만나는 두 점 P, Q에 대응하는 수가 각각 $\sqrt{2}$, $-\sqrt{2}$이다.

• 피타고라스 정리

➡ $a^2+b^2=c^2$

➡ $c=\sqrt{a^2+b^2}$

참고

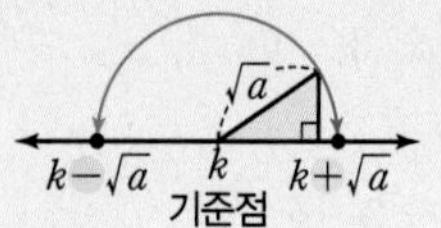

➡ 대응하는 점이 기준점의

오른쪽에 있으면: $k+\sqrt{a}$

왼쪽에 있으면: $k-\sqrt{a}$

정답과 해설 • 5쪽

● 무리수를 수직선 위에 나타내기

[129~130] 다음 그림에서 $\overline{AB}=\overline{AP}$일 때, □ 안에 알맞은 수를 쓰시오. (단, 모눈 한 칸의 가로와 세로의 길이는 각각 1이다.)

129

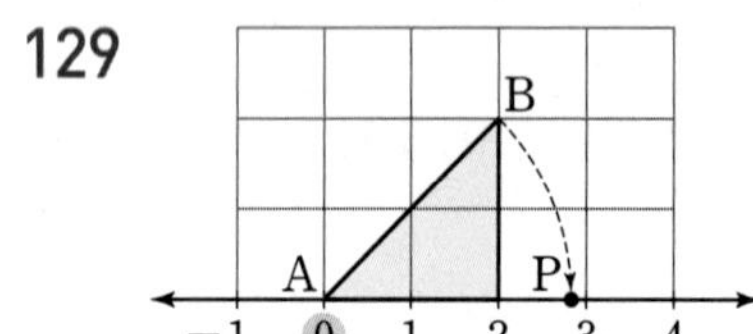

❶ $\overline{AB}=\sqrt{\square^2+2^2}=\square$이므로 $\overline{AP}=\overline{AB}=\square$

❷ 점 P는 0에서 오른쪽으로 □만큼 떨어진 점이므로 점 P에 대응하는 수는 □이다.

130

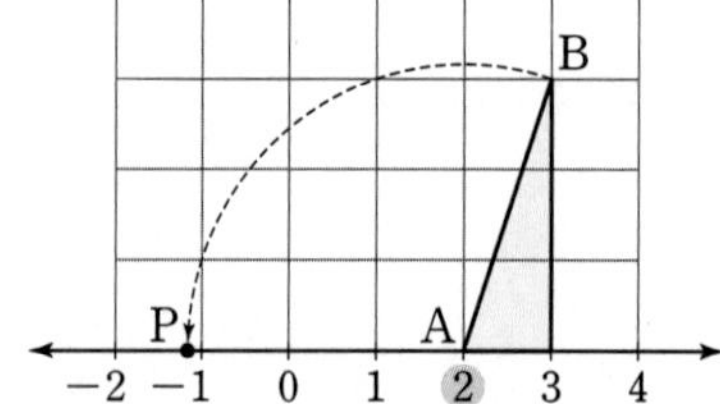

❶ $\overline{AB}=\sqrt{1^2+\square^2}=\square$이므로 $\overline{AP}=\overline{AB}=\square$

❷ 점 P는 2에서 왼쪽으로 □만큼 떨어진 점이므로 점 P에 대응하는 수는 □이다.

[131~133] 다음 그림에서 $\overline{AB}=\overline{AP}$일 때, □ 안에 알맞은 수를 쓰고, 점 P에 대응하는 수를 구하시오.

(단, 모눈 한 칸의 가로와 세로의 길이는 각각 1이다.)

131

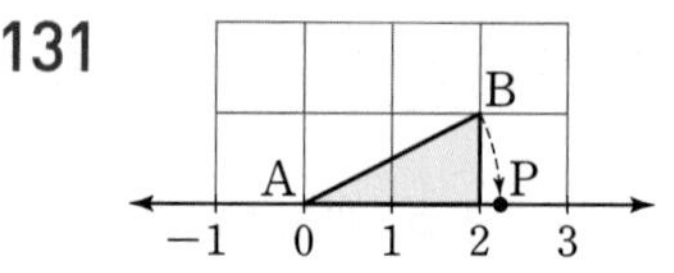

➡ $\overline{AP}=\overline{AB}=\square$

➡ 점 P에 대응하는 수: ________

132

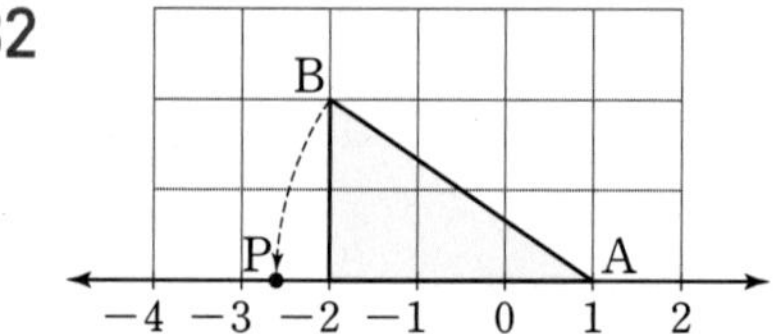

➡ $\overline{AP}=\overline{AB}=\square$

➡ 점 P에 대응하는 수: ________

133

➡ $\overline{AP}=\overline{AB}=\square$

➡ 점 P에 대응하는 수: ________

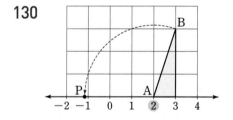

[134~138] 다음 그림에서 $\overline{AB}=\overline{AP}$, $\overline{CD}=\overline{CQ}$일 때, 두 점 P, Q에 대응하는 수를 각각 구하시오.

(단, 모눈 한 칸의 가로와 세로의 길이는 각각 1이다.)

134

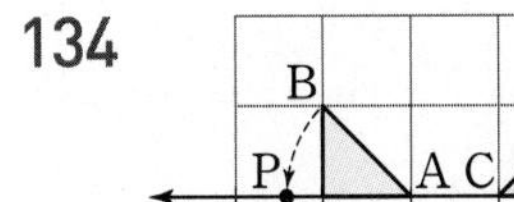

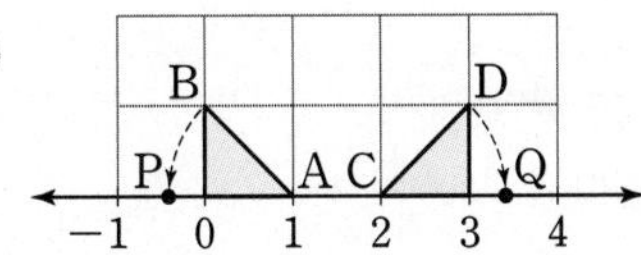

135

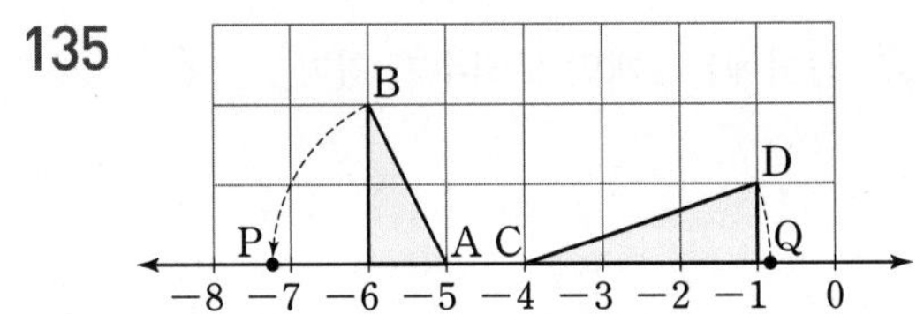

136

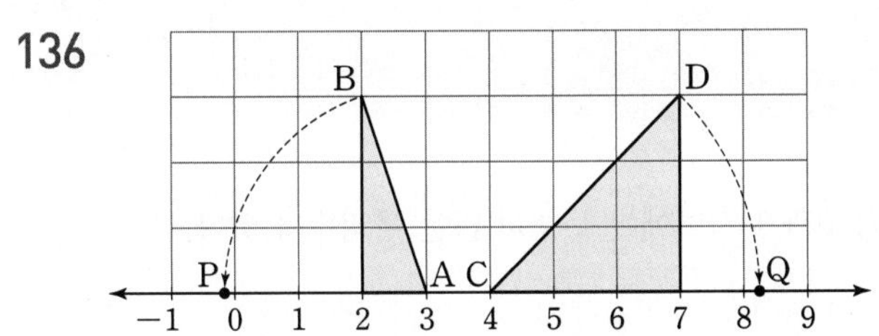

137

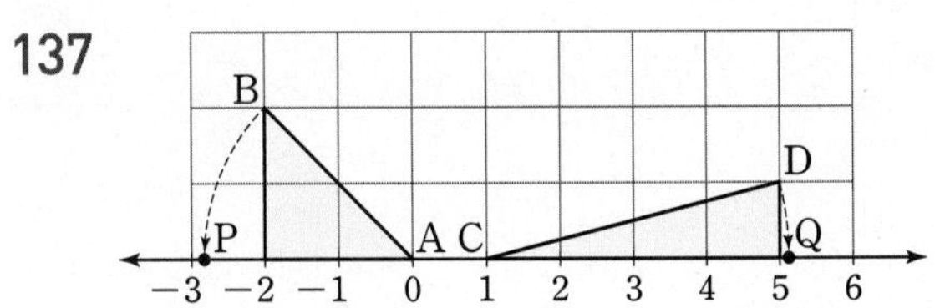

138

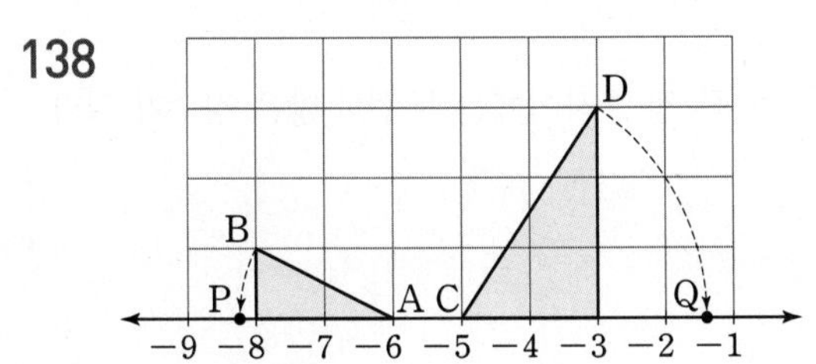

[139~141] 다음 그림에서 □ABCD가 정사각형이고, $\overline{AB}=\overline{AP}$, $\overline{AD}=\overline{AQ}$일 때, 두 점 P, Q에 대응하는 수를 각각 구하시오.

139

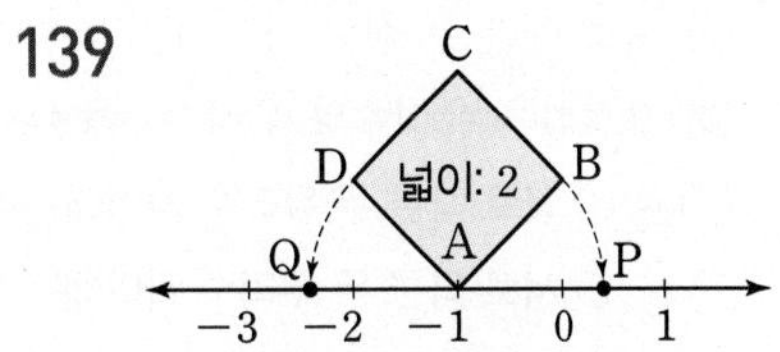

넓이가 2인 정사각형의 한 변의 길이는 □이므로

$\overline{AB}=\overline{AD}=$□

즉, $\overline{AP}=\overline{AB}=$□, $\overline{AQ}=\overline{AD}=$□

따라서 점 P에 대응하는 수는 □, 점 Q에 대응하는 수는 □이다.

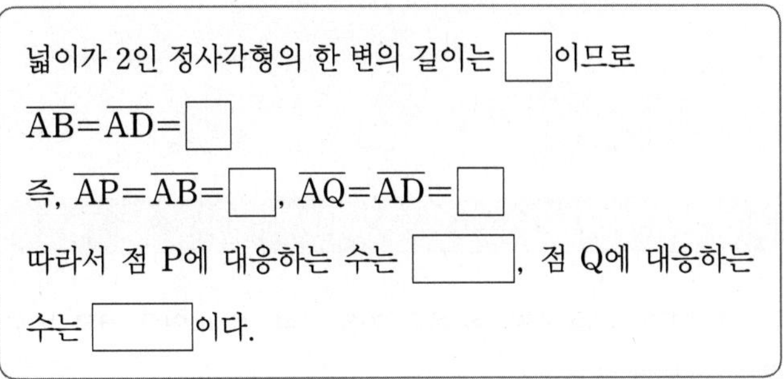

140

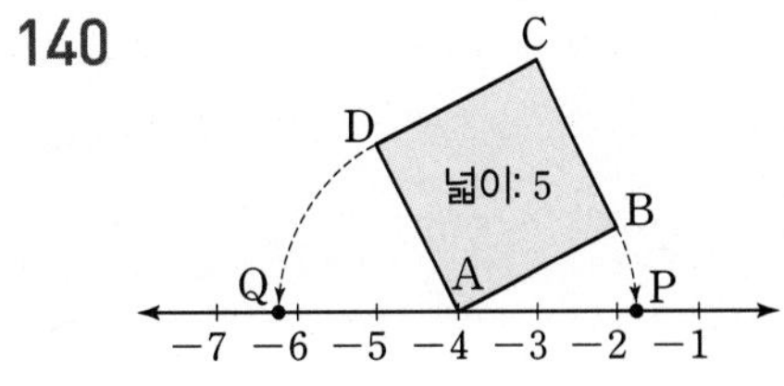

141

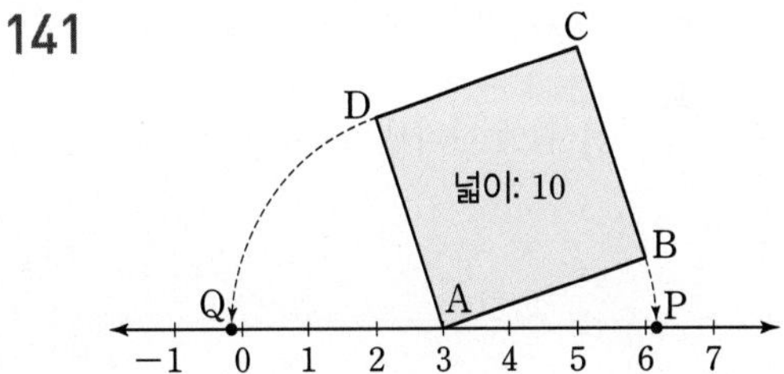

학교 시험 문제는 이렇게

142 다음 그림은 한 변의 길이가 1인 두 정사각형을 수직선 위에 그린 것이다. $\overline{PA}=\overline{PQ}$, $\overline{RB}=\overline{RS}$일 때, 두 점 A, B에 대응하는 수를 각각 구하시오.

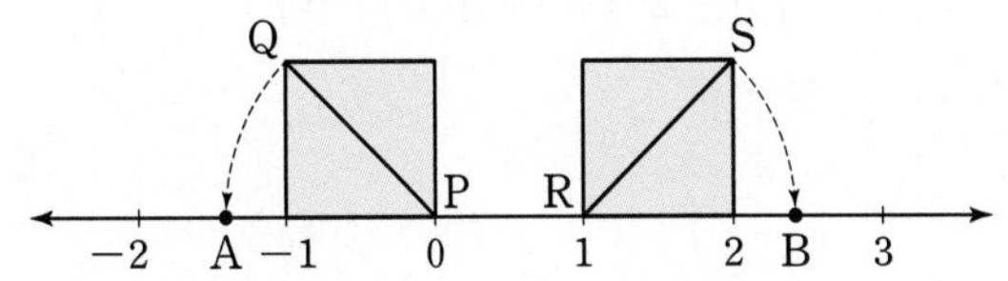

09 실수와 수직선

(1) 모든 실수는 각각 수직선 위의 한 점에 대응하고, 또 수직선 위의 한 점에는 한 실수가 반드시 대응한다.

(2) 서로 다른 두 실수 사이에는 무수히 많은 실수가 있다.

(3) 수직선은 유리수와 무리수, 즉 실수에 대응하는 점들로 완전히 메울 수 있다.

참고 ① 서로 다른 두 유리수 사이에는 무수히 많은 유리수(또는 무리수)가 있다.
② 서로 다른 두 무리수 사이에는 무수히 많은 무리수(또는 유리수)가 있다.
③ 수직선을 유리수(또는 무리수)만으로 완전히 메울 수 없다.

정답과 해설 • 6쪽

● 실수와 수직선

[143~153] 다음 설명 중 옳은 것은 ○표, 옳지 않은 것은 ×표를 (　) 안에 쓰시오.

143 수직선 위의 한 점에는 반드시 한 유리수가 대응한다. (　　)

144 $\sqrt{11}$은 수직선 위의 점에 대응시킬 수 없다. (　　)

145 모든 실수는 수직선 위에 나타낼 수 있다. (　　)

146 $\sqrt{2}$와 $\sqrt{3}$ 사이에는 무수히 많은 유리수가 있다. (　　)

147 2와 5 사이에는 2개의 유리수가 있다. (　　)

148 $\sqrt{5}$와 $\sqrt{7}$ 사이에는 1개의 무리수가 있다. (　　)

149 유리수에 대응하는 점만으로 수직선을 완전히 메울 수 없다. (　　)

150 0과 1 사이에는 무수히 많은 무리수가 있다. (　　)

151 유리수와 무리수 중에서 수직선 위의 같은 점에 대응하는 수가 있다. (　　)

152 0에 가장 가까운 유리수는 1이다. (　　)

153 서로 다른 두 정수 사이에는 무수히 많은 정수가 있다. (　　)

제곱근표

(1) 제곱근표

1.00부터 9.99까지의 수는 0.01 간격으로, 10.0부터 99.9까지의 수는 0.1 간격으로 그 수의 양의 제곱근의 값을 소수점 아래 넷째 자리에서 반올림하여 나타낸 표

(2) 제곱근표를 읽는 방법

제곱근표에서 $\sqrt{3.06}$의 값 구하기

➡ 3.0의 가로줄과 6의 세로줄이 만나는 칸에 적혀 있는 수를 읽는다.

➡ $\sqrt{3.06}=1.749$

수	5	6	7
2.9	1.718	1.720	1.723
3.0	1.746	1.749	1.752
3.1	1.775	1.778	1.780

정답과 해설 • 6쪽

● 제곱근표를 이용하여 제곱근의 값 구하기

[154~159] 아래 표는 제곱근표의 일부이다. 이 표를 이용하여 다음 제곱근의 값을 구하시오.

수	0	1	2	3	4
7.3	2.702	2.704	2.706	2.707	2.709
7.4	2.720	2.722	2.724	2.726	2.728
⋮	⋮	⋮	⋮	⋮	⋮
46	6.782	6.790	6.797	6.804	6.812
47	6.856	6.863	6.870	6.877	6.885

154 $\sqrt{7.3}$

155 $\sqrt{7.42}$

156 $\sqrt{7.44}$

157 $\sqrt{46.2}$

158 $\sqrt{46.3}$

159 $\sqrt{47}$

[160~163] 다음 표는 제곱근표의 일부이다. 이 표를 이용하여 a의 값을 구하시오.

수	5	6	7	8	9
5.5	2.356	2.358	2.360	2.362	2.364
5.6	2.377	2.379	2.381	2.383	2.385
5.7	2.398	2.400	2.402	2.404	2.406
5.8	2.419	2.421	2.423	2.425	2.427

160 $\sqrt{a}=2.377$

161 $\sqrt{a}=2.421$

162 $\sqrt{a}=2.362$

163 $\sqrt{a}=2.406$

학교 시험 문제는 이렇게

164 다음 표는 제곱근표의 일부이다. $\sqrt{1.51}=a$, $\sqrt{b}=1.273$일 때, $a+b$의 값을 구하시오.

수	0	1	2	3	4
1.5	1.225	1.229	1.233	1.237	1.241
1.6	1.265	1.269	1.273	1.277	1.281

11 실수의 대소 관계

다음 중 하나를 이용하여 두 실수의 대소를 비교한다.

(1) 두 수의 차를 이용한다. (단, a, b는 실수)

① $a-b>0$이면 ➡ $a>b$

② $a-b=0$이면 ➡ $a=b$

③ $a-b<0$이면 ➡ $a<b$

예 $\sqrt{2}+2$와 3의 대소 비교

➡ $(\sqrt{2}+2)-3=\sqrt{2}-1=\sqrt{2}-\sqrt{1}>0$ $\quad\therefore \sqrt{2}+2>3$

(2) 부등식의 성질을 이용한다.

예 $4+\sqrt{5}$와 $2+\sqrt{5}$의 대소 비교

➡ $4>2$이므로 양변에 $\sqrt{5}$를 더하면 $4+\sqrt{5}>2+\sqrt{5}$

참고 양변에 같은 수가 있는 경우에는 부등식의 성질을 이용하여 대소를 비교하는 것이 편리하다.

정답과 해설 • 6쪽

● 실수의 대소 관계

[165~167] 다음 □ 안에는 알맞은 수를, ○ 안에는 부등호 >, < 중 알맞은 것을 쓰시오.

165 $\sqrt{10}+2$와 5의 대소 비교

$(\sqrt{10}+2)-5=\sqrt{10}-\square=\sqrt{10}-\sqrt{\square}\ \bigcirc\ 0$이므로

$(\sqrt{10}+2)-5\ \bigcirc\ 0$

$\therefore \sqrt{10}+2\ \bigcirc\ 5$

166 $\sqrt{7}-2$와 2의 대소 비교

$(\sqrt{7}-2)-2=\sqrt{7}-\square=\sqrt{7}-\sqrt{\square}\ \bigcirc\ 0$이므로

$(\sqrt{7}-2)-2\ \bigcirc\ 0$

$\therefore \sqrt{7}-2\ \bigcirc\ 2$

167 $6+\sqrt{3}$과 $9+\sqrt{3}$의 대소 비교

$6\ \bigcirc\ 9$이므로 양변에 $\sqrt{3}$을 더하면

$6+\sqrt{3}\ \bigcirc\ 9+\sqrt{3}$

[168~173] 다음 ○ 안에 부등호 >, < 중 알맞은 것을 쓰시오.

168 $6+\sqrt{3}\ \bigcirc\ 8$

169 $3-\sqrt{7}\ \bigcirc\ 1$

170 $-6\ \bigcirc\ \sqrt{5}-9$

171 $\sqrt{5}+2\ \bigcirc\ \sqrt{7}+2$

172 $4-\sqrt{6}\ \bigcirc\ 1-\sqrt{6}$

173 $2+\sqrt{3}\ \bigcirc\ \sqrt{5}+\sqrt{3}$

12 무리수의 정수 부분과 소수 부분

(1) 무리수는 순환소수가 아닌 무한소수로 나타내어지는 수이므로 정수 부분과 소수 부분으로 나눌 수 있다.

➡ (무리수)=(정수 부분)+(소수 부분)
└ 0보다 크고 1보다 작다.

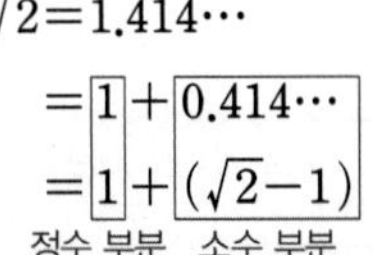

$\sqrt{2}=1.414\cdots$
$=\boxed{1}+\boxed{0.414\cdots}$
$=\boxed{1}+\boxed{(\sqrt{2}-1)}$
정수 부분 소수 부분

(2) 무리수의 소수 부분은 무리수에서 정수 부분을 뺀 것과 같다.

➡ (소수 부분)=(무리수)−(정수 부분)

예 $1<\sqrt{2}<2$이므로 $\sqrt{2}$의 정수 부분은 1이고 소수 부분은 $\sqrt{2}-1$이다.

정답과 해설 • 7쪽

● 무리수의 정수 부분과 소수 부분

[174~179] 다음 수의 정수 부분과 소수 부분을 각각 구하시오.

174 $\sqrt{3}$

$\sqrt{1}<\sqrt{3}<\sqrt{4}$이므로 $\square<\sqrt{3}<2$
따라서 $\sqrt{3}$의 정수 부분은 $\square$, 소수 부분은 $\sqrt{3}-\square$이다.

175 $\sqrt{6}$

176 $\sqrt{10}$

177 $\sqrt{17}$

178 $\sqrt{29}$

179 $\sqrt{32}$

[180~184] 다음 수의 정수 부분과 소수 부분을 각각 구하시오.

180 $\sqrt{2}+1$

$\sqrt{1}<\sqrt{2}<\sqrt{4}$에서 $\square<\sqrt{2}<2$이므로
$\square<\sqrt{2}+1<\square$
따라서 $\sqrt{2}+1$의 정수 부분은 $\square$,
소수 부분은 $(\sqrt{2}+1)-\square=\square$

181 $\sqrt{7}+2$

182 $\sqrt{13}-1$

183 $\sqrt{23}-2$

184 $5-\sqrt{10}$

학교 시험 문제는 이렇게

185 $\sqrt{15}+1$의 정수 부분을 a, 소수 부분을 b라 할 때, $a-b$의 값을 구하시오.

기본 문제 × 확인하기

1 다음 수의 제곱근을 구하시오.

(1) 36　　(2) $\frac{25}{9}$

(3) 0.16　　(4) $(-4)^2$

2 다음을 구하시오.

(1) 3의 제곱근　　(2) 제곱근 21

(3) 0.7의 양의 제곱근　　(4) $\frac{3}{7}$의 음의 제곱근

3 다음 수를 근호를 사용하지 않고 나타내시오.

(1) $\sqrt{36}$　　(2) $-\sqrt{81}$

(3) $\sqrt{\frac{4}{25}}$　　(4) $-\sqrt{0.64}$

4 다음을 구하시오.

(1) $\sqrt{9}$의 제곱근　　(2) $(-5)^2$의 제곱근

(3) $\sqrt{81}$의 양의 제곱근　　(4) $\left(-\frac{1}{4}\right)^2$의 음의 제곱근

5 다음 값을 구하시오.

(1) $(\sqrt{8})^2$　　(2) $-\left(-\sqrt{\frac{8}{7}}\right)^2$

(3) $-\sqrt{14^2}$　　(4) $\sqrt{(-0.3)^2}$

6 다음을 계산하시오.

(1) $(\sqrt{6})^2+(-\sqrt{12})^2$　　(2) $\sqrt{(-3)^2}\times\sqrt{\left(\frac{5}{3}\right)^2}$

(3) $\sqrt{144}-(-\sqrt{15})^2$　　(4) $\sqrt{0.04}\div\sqrt{\frac{1}{100}}$

7 다음 식을 간단히 하시오.

(1) $a>0$일 때, $\sqrt{(3a)^2}$

(2) $a>0$일 때, $\sqrt{(-8a)^2}$

(3) $a<0$일 때, $\sqrt{(-a)^2}$

(4) $a<0$일 때, $-\sqrt{(4a)^2}$

8 다음 식을 간단히 하시오.

(1) $a>2$일 때, $\sqrt{(a-2)^2}$

(2) $a<5$일 때, $\sqrt{(a-5)^2}$

(3) $a>-3$일 때, $\sqrt{(a+3)^2}$

(4) $a<1$일 때, $-\sqrt{(1-a)^2}$

9 다음 수가 자연수가 되도록 하는 가장 작은 자연수 x의 값을 구하시오.

(1) $\sqrt{2^2\times3\times x}$　　(2) $\sqrt{\frac{2\times3^2}{x}}$

10 다음 ○ 안에 부등호 >, < 중 알맞은 것을 쓰시오.

(1) $\sqrt{14}$ ○ $\sqrt{20}$　　(2) $-\sqrt{\frac{2}{5}}$ ○ $-\sqrt{\frac{2}{3}}$

(3) 4 ○ $\sqrt{15}$　　(4) -0.1 ○ $-\sqrt{0.2}$

11 다음에 해당하는 수를 모두 찾으시오.

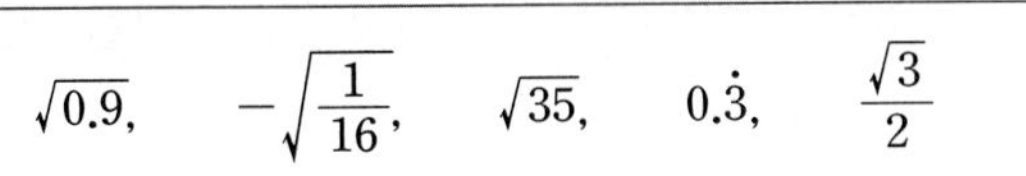

(1) 유리수

(2) 무리수

(3) 실수

12 아래 그림은 한 칸의 가로와 세로의 길이가 각각 1인 모눈종이 위에 수직선을 그린 것이다. $\overline{AB}=\overline{AP}$, $\overline{AC}=\overline{AQ}$일 때, 다음을 구하시오.

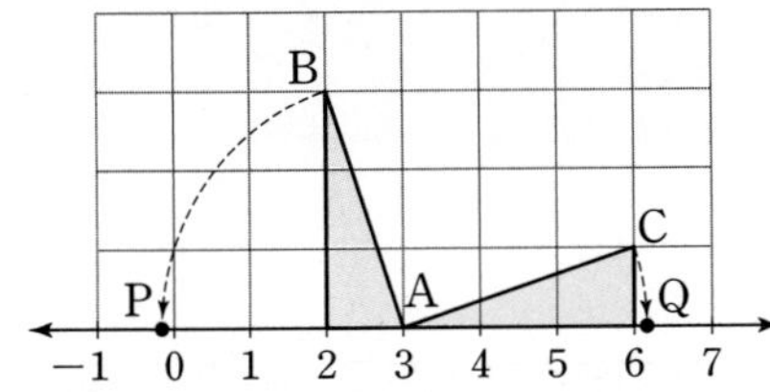

(1) $\overline{AB}$, $\overline{AC}$의 길이

(2) 두 점 P, Q에 대응하는 수

[13~14] 다음은 제곱근표의 일부이다. 물음에 답하시오.

수	…	3	4	5	6	…
2.0	…	1.425	1.428	1.432	1.435	…
2.1	…	1.459	1.463	1.466	1.470	…
⋮	⋮	⋮	⋮	⋮	⋮	⋮
72	…	8.503	8.509	8.515	8.521	…
73	…	8.562	8.567	8.573	8.579	…

13 위의 제곱근표를 이용하여 다음 제곱근의 값을 구하시오.

(1) $\sqrt{2.04}$　　(2) $\sqrt{72.3}$

14 위의 제곱근표를 이용하여 a의 값을 구하시오.

(1) $\sqrt{a}=1.463$　　(2) $\sqrt{a}=8.573$

15 다음 ○ 안에 부등호 >, < 중 알맞은 것을 쓰시오.

(1) $1+\sqrt{5}$ ○ 3

(2) 2 ○ $\sqrt{11}-1$

(3) $3+\sqrt{2}$ ○ $\sqrt{8}+\sqrt{2}$

(4) $1-\sqrt{3}$ ○ $\sqrt{5}-\sqrt{3}$

16 다음 수의 정수 부분과 소수 부분을 각각 구하시오.

(1) $\sqrt{7}$　　(2) $\sqrt{12}-1$

학교 시험 문제 × 확인하기

1 다음 중 'x는 9의 제곱근이다.'를 식으로 바르게 나타낸 것은?

① $x=9$　② $x=9^2$　③ $x^2=\pm3$
④ $x^2=9$　⑤ $\sqrt{x}=9$

2 다음 보기 중 제곱근에 대한 설명으로 옳은 것을 모두 고르시오.

보기
ㄱ. 68의 제곱근은 $\sqrt{68}$이다.
ㄴ. 0.7의 제곱근 중에서 음수는 없다.
ㄷ. $\frac{1}{10}$의 양의 제곱근은 $\sqrt{\frac{1}{10}}$이다.
ㄹ. 제곱근 71은 $\sqrt{71}$이다.

3 $(-7)^2$의 양의 제곱근을 A, $\sqrt{256}$의 음의 제곱근을 B라 할 때, $A+B$의 값을 구하시오.

4 다음 중 옳은 것을 모두 고르면? (정답 2개)

① $\sqrt{11^2}=11$　② $-\sqrt{\left(\frac{1}{17}\right)^2}=\frac{1}{17}$
③ $(-\sqrt{0.9})^2=-0.9$　④ $-(-\sqrt{26})^2=-26$
⑤ $-\sqrt{(-37)^2}=37$

5 두 수 A, B가 다음과 같을 때, $A-B$의 값을 구하시오.

$$A=\sqrt{169}+(-\sqrt{12})^2-(\sqrt{19})^2$$
$$B=-\sqrt{81}\div\sqrt{\left(-\frac{3}{5}\right)^2}+(\sqrt{5})^2$$

6 $-5<a<7$일 때, $\sqrt{(a+5)^2}+\sqrt{(a-7)^2}$을 간단히 하면?

① -12　② -2　③ 12
④ $-2a+2$　⑤ $2a-2$

7 $\sqrt{104x}$가 가장 작은 자연수가 되도록 하는 자연수 x의 값은?

① 2　② 5　③ 13
④ 26　⑤ 30

8 $\sqrt{\frac{108}{x}}$이 자연수가 되도록 하는 가장 작은 자연수 x의 값을 구하시오.

9 다음 중 두 수의 대소 관계가 옳지 않은 것은?

① $\sqrt{6}>\sqrt{3}$　② $-\sqrt{7}<-\sqrt{2}$
③ $\sqrt{9.1}<\sqrt{10.1}$　④ $\sqrt{39}>6$
⑤ $-0.4<-\sqrt{0.2}$

10 부등식 $4<\sqrt{2a}<6$을 만족시키는 자연수 a의 값 중에서 가장 큰 수를 M, 가장 작은 수를 m이라 할 때, $M+m$의 값을 구하시오.

11 다음 보기 중 옳지 않은 것을 모두 고르시오.

보기
ㄱ. 유한소수는 무리수이다.
ㄴ. 순환소수가 아닌 무한소수는 무리수이다.
ㄷ. 실수가 아닌 수를 무리수라 한다.
ㄹ. 유리수이면서 무리수인 수도 있다.
ㅁ. 근호를 사용하여 나타낸 수는 모두 무리수이다.

12 다음 중 오른쪽 □ 안에 해당하는 수를 모두 고르면? (정답 2개)

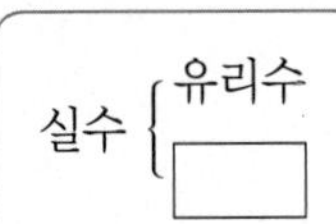

① $\sqrt{0.04}$　② $\pi+1$
③ $-\sqrt{\frac{81}{16}}$　④ $\sqrt{2.3}$
⑤ $3.\dot{2}$

13 다음 그림과 같이 수직선 위에 한 변의 길이가 1인 3개의 정사각형이 있을 때, $-2+\sqrt{2}$에 대응하는 점은?

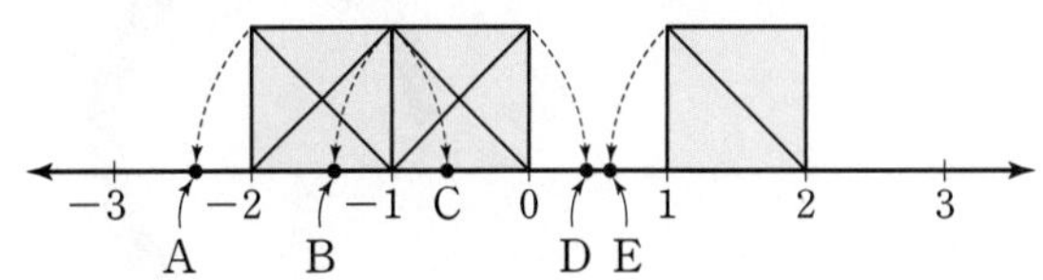

① 점 A　② 점 B　③ 점 C
④ 점 D　⑤ 점 E

14 다음 중 옳은 것을 모두 고르면? (정답 2개)

① 서로 다른 두 실수 사이에는 무수히 많은 실수가 있다.
② 수직선은 실수에 대응하는 점들로 완전히 메울 수 있다.
③ 서로 다른 두 유리수 사이에는 무리수가 없다.
④ 수직선에서 $\sqrt{2}$에 대응하는 점은 2개이다.
⑤ 2와 $\sqrt{17}$ 사이에는 2개의 유리수가 있다.

15 다음 중 ○ 안에 알맞은 부등호의 방향이 나머지 넷과 다른 하나는?

① $\sqrt{5}-2$ ○ $\sqrt{3}-2$　② $\sqrt{7}-3$ ○ $-5+\sqrt{7}$
③ $9-\sqrt{2}$ ○ 7　④ $-\sqrt{8}+2$ ○ -3
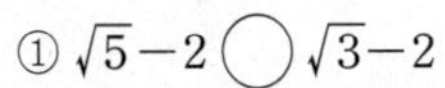
⑤ 4 ○ $7-\sqrt{6}$

16 $6-\sqrt{11}$의 정수 부분을 a, 소수 부분을 b라 할 때, $b-a$의 값을 구하시오.

2

근호를 포함한 식의 계산

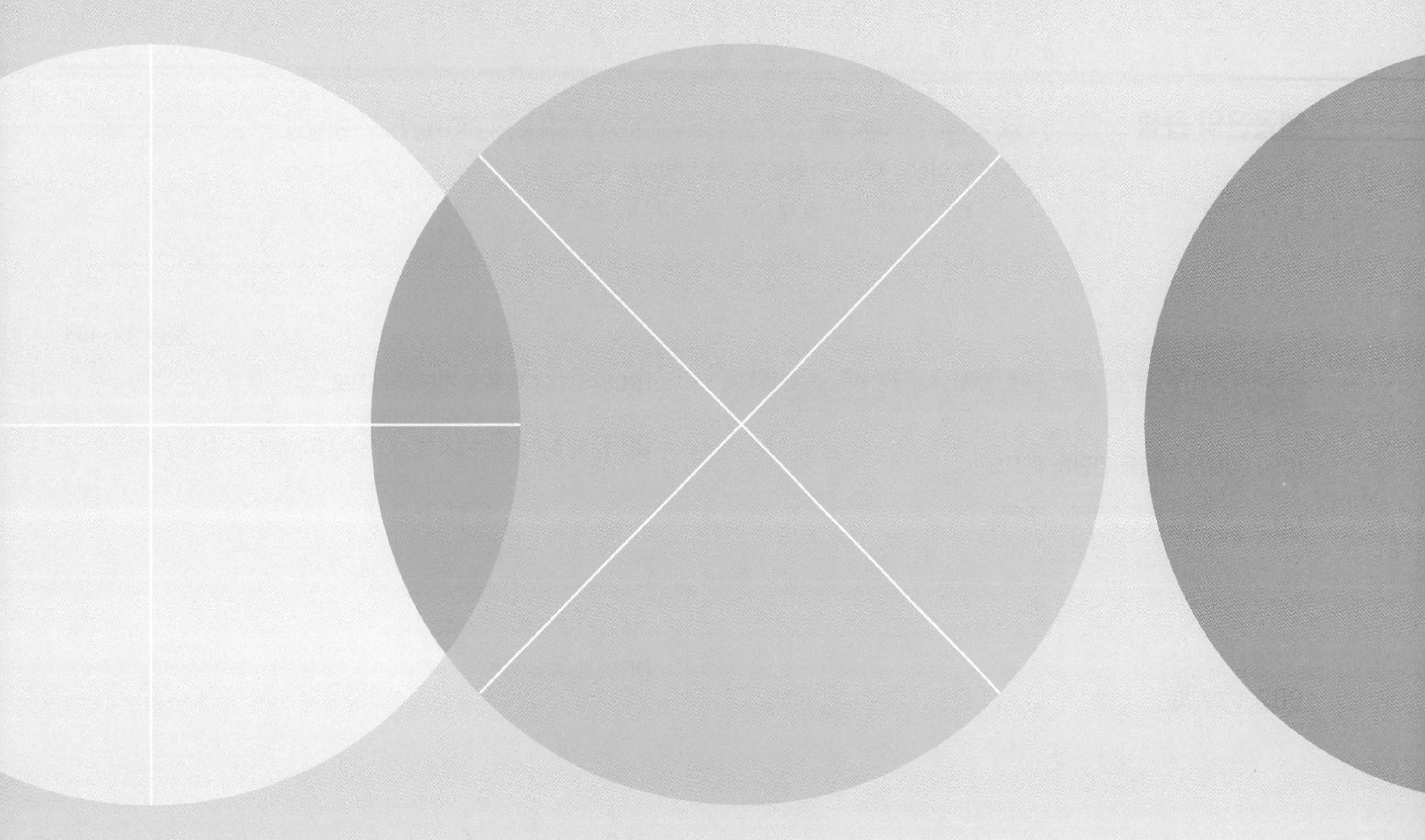

+ 제곱근의 곱셈
× 제곱근의 나눗셈
+ 근호 안의 제곱인 인수 꺼내기
× 근호 밖의 수를 근호 안으로 넣기
+ 제곱근표에 없는 수의 제곱근의 값
× 분모의 유리화
+ 제곱근의 곱셈과 나눗셈의 혼합 계산
+ 제곱근의 덧셈과 뺄셈
× 근호 안의 수가 다른 제곱근의 덧셈과 뺄셈
+ $\sqrt{a^2b}=a\sqrt{b}$를 이용한 제곱근의 덧셈과 뺄셈
× 분모의 유리화를 이용한 제곱근의 덧셈과 뺄셈
+ 분배법칙을 이용한 제곱근의 덧셈과 뺄셈
× $\dfrac{\sqrt{b}+\sqrt{c}}{\sqrt{a}}$ 꼴의 분모의 유리화
+ 근호를 포함한 복잡한 식의 계산

01 제곱근의 곱셈

제곱근의 곱셈을 할 때는 근호 안의 수끼리, 근호 밖의 수끼리 곱한다.

$a>0$, $b>0$이고 m, n이 유리수일 때

(1) $\sqrt{a}\times\sqrt{b}=\sqrt{a}\sqrt{b}=\sqrt{ab}$ 예 $\sqrt{2}\times\sqrt{3}=\sqrt{2}\sqrt{3}=\sqrt{2\times3}=\sqrt{6}$

(2) $m\sqrt{a}\times n\sqrt{b}=mn\sqrt{ab}$ 예 $2\sqrt{3}\times4\sqrt{5}=(2\times4)\times\sqrt{3\times5}=8\sqrt{15}$

참고 세 개 이상의 제곱근의 곱셈도 같은 방법으로 한다.

➡ $a>0$, $b>0$, $c>0$일 때, $\sqrt{a}\sqrt{b}\sqrt{c}=\sqrt{abc}$

정답과 해설 • 10쪽

● 제곱근의 곱셈

[001~007] 다음을 간단히 하시오.

001 $\sqrt{5}\sqrt{6}=\sqrt{5\times\square}=\sqrt{\square}$

002 $\sqrt{2}\sqrt{11}$

003 $\sqrt{3}\sqrt{7}$

004 $\sqrt{\frac{2}{5}}\sqrt{\frac{5}{6}}$

005 $\sqrt{\frac{5}{3}}\sqrt{\frac{12}{5}}$

006 $\sqrt{2}\sqrt{5}\sqrt{7}$

007 $\sqrt{\frac{1}{3}}\sqrt{\frac{9}{8}}\sqrt{\frac{16}{3}}$

[008~014] 다음을 간단히 하시오.

008 $5\sqrt{5}\times2\sqrt{3}=(5\times\square)\times\sqrt{5\times\square}$
$=\square\sqrt{\square}$

009 $2\sqrt{6}\times3\sqrt{7}$

010 $-4\sqrt{2}\times2\sqrt{8}$

011 $3\sqrt{\frac{7}{3}}\times2\sqrt{\frac{15}{7}}$

012 $5\sqrt{12}\times\left(-6\sqrt{\frac{5}{6}}\right)$

013 $2\sqrt{5}\times3\sqrt{2}\times4\sqrt{3}$

014 $-\sqrt{3}\times2\sqrt{\frac{7}{3}}\times4\sqrt{\frac{2}{7}}$

02 제곱근의 나눗셈

제곱근의 나눗셈을 할 때는 근호 안의 수끼리, 근호 밖의 수끼리 나눈다.

$a>0$, $b>0$이고 m, n이 유리수일 때

(1) $\sqrt{a}\div\sqrt{b}=\dfrac{\sqrt{a}}{\sqrt{b}}=\sqrt{\dfrac{a}{b}}$ 　예 $\sqrt{12}\div\sqrt{4}=\dfrac{\sqrt{12}}{\sqrt{4}}=\sqrt{\dfrac{12}{4}}=\sqrt{3}$

(2) $m\sqrt{a}\div n\sqrt{b}=\dfrac{m}{n}\sqrt{\dfrac{a}{b}}$ (단, $n\neq0$) 　예 $6\sqrt{21}\div3\sqrt{7}=\dfrac{6}{3}\sqrt{\dfrac{21}{7}}=2\sqrt{3}$

참고 분수의 나눗셈은 역수의 곱셈으로 고쳐서 계산한다.

예 $\sqrt{3}\div\dfrac{\sqrt{6}}{\sqrt{15}}=\sqrt{3}\times\dfrac{\sqrt{15}}{\sqrt{6}}=\sqrt{3\times\dfrac{15}{6}}=\sqrt{\dfrac{15}{2}}$

정답과 해설 • 10쪽

● 제곱근의 나눗셈

[015~019] 다음을 간단히 하시오.

015 $\dfrac{\sqrt{26}}{\sqrt{2}}=\sqrt{\dfrac{\square}{2}}=\sqrt{\square}$

016 $\dfrac{\sqrt{30}}{\sqrt{6}}$

017 $\sqrt{45}\div\sqrt{5}$

018 $\sqrt{5}\div\sqrt{50}$

019 $\sqrt{6}\div\sqrt{21}$

[020~023] 다음을 간단히 하시오.

020 $4\sqrt{24}\div2\sqrt{12}=\dfrac{\square}{2}\sqrt{\dfrac{\square}{12}}=\square\sqrt{2}$

021 $6\sqrt{15}\div2\sqrt{5}$

022 $20\sqrt{3}\div4\sqrt{2}$

023 $-9\sqrt{32}\div3\sqrt{2}$

[024~027] 다음 식을 간단히 하시오.

024 $\sqrt{28}\div\dfrac{\sqrt{7}}{\sqrt{3}}=\sqrt{28}\times\dfrac{\sqrt{\square}}{\sqrt{7}}$
$=\sqrt{28\times\square}=\sqrt{\square}$

025 $2\sqrt{6}\div\dfrac{1}{\sqrt{3}}$

026 $\dfrac{\sqrt{56}}{\sqrt{5}}\div\dfrac{\sqrt{8}}{\sqrt{10}}$

027 $\sqrt{\dfrac{16}{3}}\div\left(-\sqrt{\dfrac{8}{15}}\right)$

03 근호가 있는 식의 변형

(1) 근호 안의 수에 제곱인 인수가 있으면 근호 밖으로 꺼낼 수 있다.

$a>0$, $b>0$일 때

① $\sqrt{a^2b}=\sqrt{a^2}\sqrt{b}=a\sqrt{b}$ 예 $\sqrt{20}=\sqrt{2^2\times5}=\sqrt{2^2}\sqrt{5}=2\sqrt{5}$

② $\sqrt{\frac{b}{a^2}}=\frac{\sqrt{b}}{\sqrt{a^2}}=\frac{\sqrt{b}}{a}$ 예 $\sqrt{\frac{5}{4}}=\sqrt{\frac{5}{2^2}}=\frac{\sqrt{5}}{\sqrt{2^2}}=\frac{\sqrt{5}}{2}$

$\sqrt{a^2b}=a\sqrt{b}$, $\sqrt{\frac{b}{a^2}}=\frac{\sqrt{b}}{a}$

근호 밖으로 근호 밖으로

(2) 근호 밖의 양수는 제곱하여 근호 안으로 넣을 수 있다.

$a>0$, $b>0$일 때

① $a\sqrt{b}=\sqrt{a^2}\sqrt{b}=\sqrt{a^2b}$ 예 $3\sqrt{2}=\sqrt{3^2}\sqrt{2}=\sqrt{3^2\times2}=\sqrt{18}$

② $\frac{\sqrt{b}}{a}=\frac{\sqrt{b}}{\sqrt{a^2}}=\sqrt{\frac{b}{a^2}}$ 예 $\frac{\sqrt{2}}{3}=\frac{\sqrt{2}}{\sqrt{3^2}}=\sqrt{\frac{2}{3^2}}=\sqrt{\frac{2}{9}}$

$a\sqrt{b}=\sqrt{a^2b}$, $\frac{\sqrt{b}}{a}=\sqrt{\frac{b}{a^2}}$

근호 안으로 근호 안으로

정답과 해설 • 11쪽

● 근호 안의 제곱인 인수 꺼내기 중요

[028~033] 다음 수를 $a\sqrt{b}$ 꼴로 나타내시오.
(단, a는 유리수이고 b는 가장 작은 자연수)

028 $\sqrt{24}=\sqrt{\square^2\times\square}=\square\sqrt{\square}$

029 $\sqrt{27}$

030 $\sqrt{50}$

031 $\sqrt{1000}$

032 $-\sqrt{63}$

033 $-\sqrt{80}$

[034~039] 다음 수를 $\frac{\sqrt{b}}{a}$ 꼴로 나타내시오.
(단, a는 유리수이고 b는 가장 작은 자연수)

034 $\sqrt{\frac{7}{9}}=\sqrt{\frac{\square}{\square^2}}=\frac{\sqrt{\square}}{\square}$

035 $\sqrt{\frac{5}{49}}$

036 $\sqrt{\frac{13}{100}}$

037 $-\sqrt{\frac{3}{64}}$

038 $\sqrt{0.03}=\sqrt{\frac{3}{\square}}=\sqrt{\frac{3}{\square^2}}=\frac{\sqrt{3}}{\square}$

039 $-\sqrt{0.17}$

● 근호 밖의 수를 근호 안으로 넣기 중요

[040~046] 다음 수를 $\sqrt{a}$ 또는 $-\sqrt{a}$ 꼴로 나타내시오.

040 $2\sqrt{2}=\sqrt{\square^2\times2}=\sqrt{\square}$

041 $3\sqrt{10}$

042 $4\sqrt{3}$

043 $5\sqrt{\frac{2}{5}}$

044 $-7\sqrt{2}=-\sqrt{\square^2\times2}=-\sqrt{\square}$

045 $-10\sqrt{6}$

046 $-6\sqrt{\frac{3}{4}}$

학교 시험 문제는 이렇게

047 $\sqrt{54}=a\sqrt{b}$, $3\sqrt{5}=\sqrt{c}$일 때, 세 자연수 a, b, c에 대하여 $a+b+c$의 값을 구하시오. (단, $a\neq1$)

[048~054] 다음 수를 $\sqrt{\frac{b}{a}}$ 또는 $-\sqrt{\frac{b}{a}}$ 꼴로 나타내시오.

048 $\frac{\sqrt{2}}{5}=\sqrt{\frac{\square}{\square^2}}=\sqrt{\frac{\square}{\square}}$

049 $\frac{\sqrt{5}}{3}$

050 $\frac{\sqrt{7}}{4}$

051 $-\frac{\sqrt{10}}{7}$

052 $-\frac{\sqrt{8}}{9}$

053 $\frac{5\sqrt{3}}{2}$

054 $-\frac{2\sqrt{7}}{3}$

04 제곱근표에 없는 수의 제곱근의 값

a가 제곱근표에 있는 수일 때

(1) 근호 안의 수가 100보다 큰 경우

➡ $\sqrt{100a}=10\sqrt{a}$, $\sqrt{10000a}=100\sqrt{a}$, …임을 이용한다.

(2) 근호 안의 수가 0보다 크고 1보다 작은 경우

➡ $\sqrt{\frac{a}{100}}=\frac{\sqrt{a}}{10}$, $\sqrt{\frac{a}{10000}}=\frac{\sqrt{a}}{100}$, …임을 이용한다.

예 $\sqrt{2.05}$를 1.432로 계산할 때

(1) $\sqrt{205}=\sqrt{2.05\times100}=10\sqrt{2.05}=10\times1.432=14.32$

끝자리부터 두 자리씩 왼쪽으로 이동

(2) $\sqrt{0.0205}=\sqrt{\frac{2.05}{100}}=\frac{\sqrt{2.05}}{10}=\frac{1.423}{10}=0.1423$

소수점부터 두 자리씩 오른쪽으로 이동

정답과 해설 • 12쪽

● 제곱근표에 없는 수의 제곱근의 값 중요

[055~059] $\sqrt{7}=2.646$, $\sqrt{70}=8.367$**일 때, 다음 □ 안에 알맞은 수를 쓰시오.**

055 $\sqrt{700}=\sqrt{7\times\square}=\square\sqrt{7}$
$=\square\times2.646=\square$

056 $\sqrt{7000}=\sqrt{70\times\square}=\square\sqrt{70}$
$=\square\times8.367=\square$

057 $\sqrt{70000}=\sqrt{\square\times10000}=100\sqrt{\square}$
$=100\times\square=\square$

058 $\sqrt{0.7}=\sqrt{\frac{70}{\square}}=\frac{\sqrt{70}}{\square}=\frac{8.367}{\square}=\square$

059 $\sqrt{0.07}=\sqrt{\frac{7}{\square}}=\frac{\sqrt{7}}{\square}=\frac{2.646}{\square}=\square$

[060~062] $\sqrt{6}=2.449$, $\sqrt{60}=7.746$**일 때, 다음 제곱근의 값을 구하시오.**

060 $\sqrt{600}$

061 $\sqrt{6000}$

062 $\sqrt{0.6}$

[063~065] $\sqrt{9.51}=3.084$, $\sqrt{95.1}=9.752$**일 때, 다음 제곱근의 값을 구하시오.**

063 $\sqrt{9510}$

064 $\sqrt{0.951}$

065 $\sqrt{0.0951}$

05 분모의 유리화

(1) 분모의 유리화: 분모가 근호가 있는 무리수일 때, 분모와 분자에 0이 아닌 같은 수를 곱하여 분모를 유리수로 고치는 것

(2) 분모를 유리화하는 방법

① $\dfrac{b}{\sqrt{a}}=\dfrac{b\times\sqrt{a}}{\sqrt{a}\times\sqrt{a}}=\dfrac{b\sqrt{a}}{a}$ (단, $a>0$) 예 $\dfrac{3}{\sqrt{5}}=\dfrac{3\times\sqrt{5}}{\sqrt{5}\times\sqrt{5}}=\dfrac{3\sqrt{5}}{5}$

② $\dfrac{\sqrt{b}}{\sqrt{a}}=\dfrac{\sqrt{b}\times\sqrt{a}}{\sqrt{a}\times\sqrt{a}}=\dfrac{\sqrt{ab}}{a}$ (단, $a>0$, $b>0$) 예 $\dfrac{\sqrt{2}}{\sqrt{3}}=\dfrac{\sqrt{2}\times\sqrt{3}}{\sqrt{3}\times\sqrt{3}}=\dfrac{\sqrt{6}}{3}$

③ $\dfrac{c}{b\sqrt{a}}=\dfrac{c\times\sqrt{a}}{b\sqrt{a}\times\sqrt{a}}=\dfrac{c\sqrt{a}}{ab}$ (단, $a>0$, $b\neq0$) 예 $\dfrac{5}{2\sqrt{7}}=\dfrac{5\times\sqrt{7}}{2\sqrt{7}\times\sqrt{7}}=\dfrac{5\sqrt{7}}{14}$

• 분모와 분자가 약분이 되는 경우, 약분을 먼저 한 후 분모를 유리화하면 편리하다. 또 분모를 유리화한 후 약분이 되는 것은 약분하여 간단하게 나타낸다.

정답과 해설 • 12쪽

● 분모의 유리화 중요

[066~071] 다음 수의 분모를 유리화하시오.

066 $\dfrac{1}{\sqrt{2}}=\dfrac{1\times\square}{\sqrt{2}\times\square}=\square$

067 $\dfrac{4}{\sqrt{5}}$

068 $\dfrac{9}{\sqrt{10}}$

069 $-\dfrac{7}{\sqrt{11}}$

070 $\dfrac{2}{\sqrt{6}}$

071 $\dfrac{3}{\sqrt{21}}$

[072~077] 다음 수의 분모를 유리화하시오.

072 $\dfrac{\sqrt{7}}{\sqrt{3}}=\dfrac{\sqrt{7}\times\square}{\sqrt{3}\times\square}=\square$

073 $\dfrac{\sqrt{5}}{\sqrt{7}}$

074 $\dfrac{\sqrt{3}}{\sqrt{13}}$

075 $\dfrac{\sqrt{14}}{\sqrt{3}}$

076 $-\dfrac{\sqrt{11}}{\sqrt{10}}$

077 $\dfrac{\sqrt{6}}{\sqrt{21}}$

[078~085] 다음 수의 분모를 유리화하시오.

078 $\frac{3}{2\sqrt{2}}=\frac{3\times\square}{2\sqrt{2}\times\square}=\square$

079 $\frac{2}{3\sqrt{5}}$

080 $\frac{7}{2\sqrt{14}}$

081 $\frac{\sqrt{5}}{6\sqrt{7}}$

082 $\frac{\sqrt{3}}{2\sqrt{10}}$

083 $\frac{3\sqrt{2}}{2\sqrt{3}}$

084 $\frac{\sqrt{6}}{2\sqrt{15}}$

085 $\frac{3\sqrt{35}}{5\sqrt{30}}$

• 분모가 $\sqrt{a^2b}$ 꼴이면 $a\sqrt{b}$ 꼴로 고친후 유리화한다.

[086~092] 다음 수의 분모를 유리화하시오.

086 $\frac{5}{\sqrt{12}}=\frac{5}{\square\sqrt{3}}=\frac{5\times\square}{\square\sqrt{3}\times\square}=\square$

087 $\frac{7}{\sqrt{18}}$

088 $\frac{8}{\sqrt{24}}$

089 $\frac{\sqrt{3}}{\sqrt{8}}$

090 $\frac{\sqrt{2}}{\sqrt{45}}$

091 $\frac{\sqrt{7}}{\sqrt{72}}$

092 $\frac{\sqrt{10}}{\sqrt{56}}$

학교 시험 문제는 이렇게

093 $\frac{7}{\sqrt{14}}=a\sqrt{14}$, $\frac{\sqrt{2}}{\sqrt{5}}=b\sqrt{10}$일 때, $2a+5b$의 값을 구하시오. (단, a, b는 유리수)

06 제곱근의 곱셈과 나눗셈의 혼합 계산

제곱근의 곱셈과 나눗셈의 혼합 계산은 다음과 같은 순서로 한다.

❶ 나눗셈은 역수의 곱셈으로 고친다.

❷ 근호 안의 제곱인 인수를 근호 밖으로 꺼낸 후 계산한다. 이때 계산 결과의 분모에 무리수가 있으면 분모의 유리화를 이용하여 간단히 한다.

예 $\sqrt{5}\times\sqrt{8}\div\sqrt{3}=\sqrt{5}\times2\sqrt{2}\times\frac{1}{\sqrt{3}}=\frac{2\sqrt{10}}{\sqrt{3}}=\frac{2\sqrt{30}}{3}$

(제곱인 인수 꺼내기 / 나눗셈을 역수의 곱셈으로 고치기 / 분모를 유리화하기)

정답과 해설 • 13쪽

● 제곱근의 곱셈과 나눗셈의 혼합 계산 중요

[094~104] 다음 식을 간단히 하시오.

094 $\sqrt{2}\times\sqrt{10}\div\sqrt{5}$

095 $2\sqrt{3}\div\sqrt{2}\times\sqrt{7}$

096 $\sqrt{54}\times\sqrt{8}\div\sqrt{6}$

097 $\sqrt{27}\times4\sqrt{3}\div\sqrt{5}$

098 $3\sqrt{5}\times(-\sqrt{8})\div\sqrt{6}$

099 $-\sqrt{40}\div2\sqrt{20}\times6\sqrt{10}$

100 $\frac{1}{\sqrt{3}}\div\sqrt{\frac{5}{6}}\times\frac{\sqrt{5}}{\sqrt{7}}$

101 $\frac{\sqrt{5}}{\sqrt{3}}\times\frac{1}{\sqrt{2}}\div\frac{\sqrt{10}}{2}$

102 $\frac{4}{\sqrt{3}}\times\frac{2}{\sqrt{2}}\div\sqrt{\frac{9}{8}}$

103 $-\frac{\sqrt{8}}{\sqrt{18}}\div\sqrt{\frac{3}{10}}\times\sqrt{\frac{6}{5}}$

104 $\frac{\sqrt{80}}{3}\div\sqrt{60}\times\frac{6\sqrt{3}}{\sqrt{10}}$

학교 시험 문제는 이렇게

105 $\frac{\sqrt{2}}{\sqrt{7}}\times2\sqrt{5}\div\frac{\sqrt{10}}{5}=a\sqrt{7}$일 때, 유리수 a의 값을 구하시오.

07 제곱근의 덧셈과 뺄셈

제곱근의 덧셈과 뺄셈은 근호 안의 수가 같은 것끼리 모아서 계산한다.

l, m, n이 유리수이고, $a>0$일 때

(1) $m\sqrt{a}+n\sqrt{a}=(m+n)\sqrt{a}$ 　 예 $4\sqrt{2}+3\sqrt{2}=(4+3)\sqrt{2}=7\sqrt{2}$

(2) $m\sqrt{a}-n\sqrt{a}=(m-n)\sqrt{a}$ 　 예 $7\sqrt{2}-4\sqrt{2}=(7-4)\sqrt{2}=3\sqrt{2}$

(3) $m\sqrt{a}+n\sqrt{a}-l\sqrt{a}=(m+n-l)\sqrt{a}$ 　 예 $5\sqrt{2}+3\sqrt{2}-2\sqrt{2}=(5+3-2)\sqrt{2}=6\sqrt{2}$

주의 근호 안의 수가 서로 다르면 더 이상 간단히 할 수 없다.

➡ $\sqrt{2}+\sqrt{3}\neq\sqrt{2+3}$, $\sqrt{5}-\sqrt{3}\neq\sqrt{5-3}$

정답과 해설 • 14쪽

● 제곱근의 덧셈과 뺄셈

[106~111] 다음을 계산하시오.

106 $2\sqrt{2}+3\sqrt{2}=(\square+3)\sqrt{2}=\square$

107 $4\sqrt{3}+\sqrt{3}$

108 $\sqrt{5}+2\sqrt{5}$

109 $5\sqrt{6}+3\sqrt{6}$

110 $3\sqrt{7}+6\sqrt{7}+\sqrt{7}$

111 $6\sqrt{10}+\sqrt{10}+2\sqrt{10}$

[112~117] 다음을 계산하시오.

112 $4\sqrt{2}-3\sqrt{2}=(4-\square)\sqrt{2}=\square$

113 $5\sqrt{3}-3\sqrt{3}$

114 $6\sqrt{5}-\sqrt{5}$

115 $5\sqrt{6}-9\sqrt{6}$

116 $8\sqrt{7}-3\sqrt{7}-2\sqrt{7}$

117 $7\sqrt{10}-4\sqrt{10}-5\sqrt{10}$

[118~124] 다음을 계산하시오.

118 $4\sqrt{2}+5\sqrt{2}-7\sqrt{2}=(4+\square-7)\sqrt{2}=\square$

119 $-3\sqrt{3}+9\sqrt{3}-2\sqrt{3}$

120 $4\sqrt{5}-7\sqrt{5}+\sqrt{5}$

121 $-\sqrt{6}+2\sqrt{6}-8\sqrt{6}$

122 $-\frac{\sqrt{7}}{6}-\frac{\sqrt{7}}{2}+\frac{\sqrt{7}}{3}$

123 $-\sqrt{10}-\frac{\sqrt{10}}{4}+\frac{\sqrt{10}}{3}$

124 $\frac{2\sqrt{11}}{5}-\sqrt{11}+\frac{3\sqrt{11}}{2}$

● 근호 안의 수가 다른 제곱근의 덧셈과 뺄셈

[125~131] 다음을 계산하시오.

125 $5\sqrt{2}+6\sqrt{3}+\sqrt{2}-4\sqrt{3}$

$=(\square+\square)\sqrt{2}+(\square-\square)\sqrt{3}$

$=\square$

126 $\sqrt{2}+\sqrt{5}-2\sqrt{2}+4\sqrt{5}$

127 $9\sqrt{7}-4\sqrt{3}+2\sqrt{7}+\sqrt{3}$

128 $\sqrt{3}-\sqrt{13}+5\sqrt{3}+2\sqrt{13}$

129 $-3\sqrt{6}+2\sqrt{11}+5\sqrt{6}-3\sqrt{11}$

130 $4\sqrt{10}-2\sqrt{5}-6\sqrt{5}-7\sqrt{10}$

131 $2\sqrt{7}-4\sqrt{15}+\sqrt{7}-3\sqrt{15}$

• $\sqrt{a^2b}=a\sqrt{b}$를 이용한 제곱근의 덧셈과 뺄셈 중요

• $\sqrt{a^2b}$ 꼴은 $a\sqrt{b}$ 꼴로 고친 후 계산한다.

[132~138] 다음을 계산하시오.

132 $\sqrt{8}+\sqrt{72}=\square\sqrt{2}+\square\sqrt{2}=\square$

133 $\sqrt{45}+\sqrt{125}$

134 $\sqrt{48}-\sqrt{27}$

135 $\sqrt{18}-\sqrt{32}$

136 $\sqrt{80}+\sqrt{20}-7\sqrt{5}$

137 $\sqrt{108}-\sqrt{12}+\sqrt{75}$

138 $\sqrt{50}-\sqrt{63}+\sqrt{98}-\sqrt{28}$

학교 시험 문제는 이렇게

139 $\sqrt{5}+\sqrt{24}-3\sqrt{20}+\sqrt{54}=a\sqrt{5}+b\sqrt{6}$일 때, 유리수 a, b에 대하여 $a+b$의 값을 구하시오.

• 분모의 유리화를 이용한 제곱근의 덧셈과 뺄셈

• 분모에 무리수가 있으면 분모를 유리화한 후 계산한다.

[140~146] 다음을 계산하시오.

140 $3\sqrt{2}+\frac{4}{\sqrt{2}}=3\sqrt{2}+\square\sqrt{2}=\square$

141 $\sqrt{3}-\frac{12}{\sqrt{3}}$

142 $-\frac{7}{\sqrt{5}}+\frac{2\sqrt{5}}{5}$

143 $\sqrt{27}-\frac{2}{3\sqrt{3}}-\sqrt{12}$

144 $\frac{6}{\sqrt{18}}-\frac{\sqrt{8}}{4}+6\sqrt{2}$

145 $\frac{21}{\sqrt{7}}-\sqrt{27}+\sqrt{63}+\frac{6}{\sqrt{12}}$

146 $\frac{3}{\sqrt{45}}+\frac{5}{\sqrt{8}}-\frac{\sqrt{18}}{4}-\frac{4}{\sqrt{20}}$

08 근호를 포함한 식의 분배법칙

(1) 분배법칙을 이용한 제곱근의 덧셈과 뺄셈

$a>0$, $b>0$, $c>0$일 때

① $\sqrt{a}(\sqrt{b}+\sqrt{c})=\sqrt{a}\sqrt{b}+\sqrt{a}\sqrt{c}=\sqrt{ab}+\sqrt{ac}$ 　예 $\sqrt{2}(1+\sqrt{3})=\sqrt{2}\times1+\sqrt{2}\times\sqrt{3}=\sqrt{2}+\sqrt{6}$

② $(\sqrt{a}+\sqrt{b})\sqrt{c}=\sqrt{a}\sqrt{c}+\sqrt{b}\sqrt{c}=\sqrt{ac}+\sqrt{bc}$ 　예 $(\sqrt{3}+1)\sqrt{2}=\sqrt{3}\times\sqrt{2}+1\times\sqrt{2}=\sqrt{6}+\sqrt{2}$

(2) $\dfrac{\sqrt{b}+\sqrt{c}}{\sqrt{a}}$ 꼴의 분모의 유리화

$a>0$, $b>0$, $c>0$일 때, $\dfrac{\sqrt{b}+\sqrt{c}}{\sqrt{a}}=\dfrac{(\sqrt{b}+\sqrt{c})\times\sqrt{a}}{\sqrt{a}\times\sqrt{a}}=\dfrac{\sqrt{ab}+\sqrt{ac}}{a}$

예 $\dfrac{\sqrt{2}+\sqrt{3}}{\sqrt{5}}=\dfrac{(\sqrt{2}+\sqrt{3})\times\sqrt{5}}{\sqrt{5}\times\sqrt{5}}=\dfrac{\sqrt{10}+\sqrt{15}}{5}$

정답과 해설 • 16쪽

● 분배법칙을 이용한 제곱근의 덧셈과 뺄셈

[147~158] 다음을 계산하시오.

147 $\sqrt{3}(\sqrt{2}+\sqrt{7})=\square\times\sqrt{2}+\square\times\sqrt{7}$
$=\square$

148 $\sqrt{5}(\sqrt{3}+\sqrt{11})$

149 $2\sqrt{6}(\sqrt{7}-\sqrt{10})$

150 $-\sqrt{5}(2\sqrt{3}+\sqrt{5})$

151 $-\sqrt{7}(\sqrt{2}-\sqrt{5})$

152 $-\sqrt{2}(\sqrt{3}+\sqrt{6})$

153 $(\sqrt{2}+\sqrt{3})\sqrt{7}=\sqrt{2}\times\square+\sqrt{3}\times\square$
$=\square$

154 $(\sqrt{5}+\sqrt{7})\sqrt{2}$

155 $(2\sqrt{11}-\sqrt{2})\sqrt{3}$

156 $(\sqrt{3}+\sqrt{5})\times(-\sqrt{6})$

157 $(\sqrt{15}-\sqrt{8})\times(-\sqrt{3})$

158 $(2\sqrt{7}+4\sqrt{5})\times\left(-\dfrac{\sqrt{2}}{2}\right)$

• $\dfrac{\sqrt{b}+\sqrt{c}}{\sqrt{a}}$ 꼴의 분모의 유리화

[159~164] 다음 수의 분모를 유리화하시오.

159 $\dfrac{\sqrt{3}+\sqrt{5}}{\sqrt{2}}=\dfrac{(\sqrt{3}+\sqrt{5})\times\square}{\sqrt{2}\times\square}=\dfrac{\square}{2}$

160 $\dfrac{\sqrt{6}+\sqrt{13}}{\sqrt{5}}$

161 $\dfrac{\sqrt{7}-2}{\sqrt{7}}$

162 $\dfrac{\sqrt{10}+\sqrt{3}}{4\sqrt{2}}$

163 $\dfrac{\sqrt{3}-9\sqrt{2}}{2\sqrt{5}}$

164 $\dfrac{-\sqrt{3}+\sqrt{2}}{2\sqrt{6}}$

[165~169] 다음 수의 분모를 유리화하시오.

165 $\dfrac{\sqrt{12}+\sqrt{5}}{\sqrt{8}}$

166 $\dfrac{\sqrt{8}+\sqrt{3}}{\sqrt{18}}$

167 $\dfrac{\sqrt{27}+\sqrt{32}}{\sqrt{20}}$

168 $\dfrac{\sqrt{50}-\sqrt{28}}{\sqrt{48}}$

169 $\dfrac{-\sqrt{14}+\sqrt{45}}{\sqrt{63}}$

학교 시험 문제는 이렇게

170 $\dfrac{\sqrt{15}-1}{\sqrt{5}}+\dfrac{5+2\sqrt{15}}{\sqrt{3}}=a\sqrt{3}+b\sqrt{5}$일 때, 유리수 a, b에 대하여 ab의 값을 구하시오.

09

근호를 포함한 복잡한 식의 계산

근호를 포함한 복잡한 식의 계산은 다음과 같은 순서로 한다.
❶ 괄호가 있으면 분배법칙을 이용하여 괄호를 푼다.
❷ $\sqrt{a^2b}$ 꼴은 $a\sqrt{b}$ 꼴로 고친다.
❸ 분모에 무리수가 있으면 분모를 유리화한다.
❹ 곱셈, 나눗셈을 먼저 한 후 덧셈, 뺄셈을 한다.

정답과 해설 • 17쪽

● 근호를 포함한 복잡한 식의 계산 중요

[171~182] 다음을 계산하시오.

171 $\sqrt{72}+\sqrt{24}\times\sqrt{3}$

172 $\sqrt{60}-\sqrt{30}\div(-\sqrt{2})$

173 $\sqrt{6}\div\frac{4\sqrt{3}}{3}-\sqrt{10}\times\frac{\sqrt{5}}{5}$

174 $\sqrt{27}-\sqrt{2}(\sqrt{14}+\sqrt{6})$

175 $\sqrt{3}(2-\sqrt{6})-9\div\sqrt{3}$

176 $\sqrt{108}-\frac{\sqrt{60}}{3\sqrt{2}}\div\frac{1}{\sqrt{3}}\times\sqrt{\frac{6}{5}}$

177 $\left(2\sqrt{7}+\frac{7\sqrt{2}}{\sqrt{7}}\right)\div\sqrt{2}-\sqrt{14}$

178 $\frac{\sqrt{2}-\sqrt{6}}{\sqrt{8}}+\sqrt{12}$

179 $\sqrt{2}(\sqrt{2}-\sqrt{3})-\frac{\sqrt{2}+\sqrt{12}}{\sqrt{3}}$

180 $\frac{5-\sqrt{15}}{\sqrt{5}}+\sqrt{5}(\sqrt{20}-1)$

181 $(\sqrt{24}-1)\times\frac{1}{\sqrt{6}}-\sqrt{12}\left(\frac{1}{\sqrt{2}}+\frac{1}{\sqrt{3}}\right)$

182 $\sqrt{5}\{\sqrt{(-3)^2}-\sqrt{15}\}+(\sqrt{10}+\sqrt{54})\div\sqrt{2}$

기본 문제 × 확인하기

1 다음을 간단히 하시오.

(1) $\sqrt{3}\times(-2\sqrt{7})$　　(2) $5\sqrt{\frac{8}{3}}\times2\sqrt{\frac{9}{4}}$

(3) $\frac{\sqrt{12}}{\sqrt{4}}$　　(4) $-15\sqrt{21}\div3\sqrt{15}$

2 다음 수를 $a\sqrt{b}$ 꼴로 나타내시오.

(단, a는 유리수이고 b는 가장 작은 자연수)

(1) $\sqrt{32}$　　(2) $-\sqrt{54}$

(3) $\sqrt{\frac{7}{36}}$　　(4) $\sqrt{0.13}$

3 다음 수를 $\sqrt{a}$ 또는 $-\sqrt{a}$ 꼴로 나타내시오.

(1) $3\sqrt{3}$　　(2) $2\sqrt{\frac{3}{4}}$

(3) $\frac{\sqrt{75}}{5}$　　(4) $-\frac{5}{3}\sqrt{\frac{3}{2}}$

4 $\sqrt{5}=2.236$일 때, 다음 제곱근의 값을 구하시오.

(1) $\sqrt{500}$　　(2) $\sqrt{50000}$

(3) $\sqrt{0.05}$　　(4) $\sqrt{0.0005}$

5 다음 수의 분모를 유리화하시오.

(1) $\frac{6}{\sqrt{5}}$　　(2) $\frac{\sqrt{3}}{\sqrt{2}}$

(3) $\frac{4}{3\sqrt{7}}$　　(4) $\frac{6}{\sqrt{24}}$

6 다음 식을 간단히 하시오.

(1) $\sqrt{3}\div\sqrt{7}\times\sqrt{14}$

(2) $\sqrt{45}\times\sqrt{6}\div\sqrt{3}$

(3) $\sqrt{15}\div2\sqrt{20}\times4\sqrt{6}$

(4) $-\sqrt{\frac{10}{3}}\times\frac{3}{\sqrt{5}}\div\sqrt{\frac{1}{2}}$

7 다음을 계산하시오.

(1) $4\sqrt{2}+6\sqrt{2}$

(2) $7\sqrt{5}-5\sqrt{5}$

(3) $6\sqrt{3}+5\sqrt{3}-3\sqrt{3}$

(4) $\frac{\sqrt{7}}{5}-\frac{\sqrt{7}}{4}+\frac{\sqrt{7}}{2}$

8 다음을 계산하시오.

(1) $5\sqrt{6}-9\sqrt{11}-8\sqrt{6}$

(2) $\sqrt{2}+3\sqrt{5}-2\sqrt{2}+2\sqrt{5}$

(3) $2\sqrt{3}-\sqrt{7}-4\sqrt{3}+2\sqrt{7}$

(4) $-2\sqrt{13}-3\sqrt{2}+4\sqrt{2}-5\sqrt{13}$

9 다음을 계산하시오.

(1) $5\sqrt{2}-\sqrt{18}$

(2) $\sqrt{27}-2\sqrt{12}$

(3) $\sqrt{7}-\sqrt{28}+\sqrt{63}$

(4) $\sqrt{32}+\sqrt{8}-\sqrt{50}$

10 다음을 계산하시오.

(1) $5\sqrt{5}+\dfrac{10}{\sqrt{5}}$

(2) $\sqrt{32}-\dfrac{5}{\sqrt{2}}$

(3) $\sqrt{20}+\dfrac{4}{\sqrt{2}}-3\sqrt{5}$

(4) $\dfrac{\sqrt{8}}{2}+\dfrac{4}{\sqrt{18}}-3\sqrt{2}$

11 다음을 계산하시오.

(1) $\sqrt{2}(\sqrt{11}+\sqrt{7})$

(2) $(\sqrt{5}-2)\sqrt{5}$

(3) $-\sqrt{3}(\sqrt{8}+\sqrt{12})$

(4) $(\sqrt{6}-\sqrt{18})\times(-\sqrt{3})$

12 다음 수의 분모를 유리화하시오.

(1) $\dfrac{\sqrt{2}+\sqrt{3}}{\sqrt{5}}$

(2) $\dfrac{\sqrt{5}-2}{\sqrt{10}}$

(3) $\dfrac{3\sqrt{2}-\sqrt{3}}{2\sqrt{2}}$

(4) $\dfrac{\sqrt{8}+\sqrt{5}}{\sqrt{12}}$

13 다음을 계산하시오.

(1) $\sqrt{2}\times\sqrt{6}+\sqrt{21}\div\sqrt{7}$

(2) $\dfrac{2}{\sqrt{3}}(6-\sqrt{24})-\dfrac{4}{\sqrt{2}}$

(3) $\dfrac{\sqrt{2}-\sqrt{6}}{\sqrt{2}}-\sqrt{12}(2-\sqrt{3})$

학교 시험 문제 × 확인하기

1 다음 중 옳지 않은 것은?

① $\sqrt{2}\sqrt{3}\sqrt{5}=\sqrt{30}$　　② $\sqrt{5}\div\sqrt{\frac{1}{2}}=\sqrt{10}$

③ $\sqrt{\frac{5}{12}}\sqrt{\frac{3}{5}}=\frac{1}{2}$　　④ $-\sqrt{\frac{14}{5}}\div\sqrt{\frac{7}{15}}=-\sqrt{3}$

⑤ $3\sqrt{5}\times2\sqrt{7}=6\sqrt{35}$

2 다음 중 옳지 않은 것은?

① $\sqrt{12}=2\sqrt{3}$　　② $-6\sqrt{2}=-\sqrt{72}$

③ $\sqrt{0.21}=\frac{\sqrt{21}}{100}$　　④ $\frac{\sqrt{3}}{4}=\sqrt{\frac{3}{16}}$

⑤ $-\sqrt{\frac{11}{9}}=-\frac{\sqrt{11}}{3}$

3 $\sqrt{3}=1.732$, $\sqrt{30}=5.477$일 때, 다음 중 옳지 않은 것은?

① $\sqrt{300}=17.32$　　② $\sqrt{3000}=54.77$

③ $\sqrt{30000}=547.7$　　④ $\sqrt{0.3}=0.5477$

⑤ $\sqrt{0.03}=0.1732$

4 다음 중 분모를 유리화한 것으로 옳지 않은 것은?

① $\frac{12}{\sqrt{5}}=\frac{12\sqrt{5}}{5}$　　② $\frac{4}{3\sqrt{2}}=\frac{2\sqrt{2}}{3}$

③ $\frac{4}{\sqrt{3}\sqrt{5}}=\frac{4\sqrt{15}}{15}$　　④ $\frac{\sqrt{3}}{\sqrt{20}}=\frac{\sqrt{3}}{10}$

⑤ $-\frac{12}{\sqrt{24}}=-\sqrt{6}$

5 $\sqrt{\frac{5}{6}}\div\frac{\sqrt{50}}{\sqrt{3}}\times\frac{\sqrt{32}}{\sqrt{5}}$를 간단히 하시오.

6 다음 그림의 삼각형과 직사각형의 넓이가 서로 같을 때, 직사각형의 세로의 길이 x의 값은?

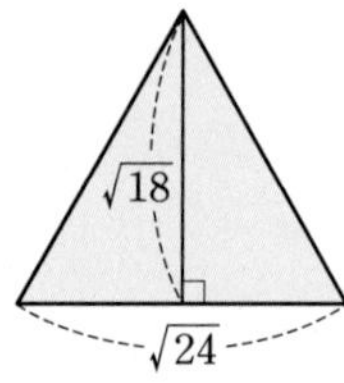

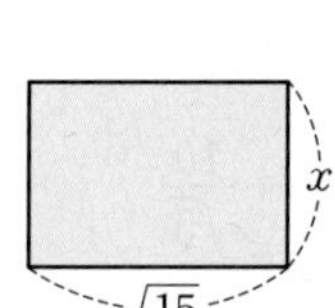

① $\frac{2\sqrt{5}}{5}$　　② $\frac{3\sqrt{5}}{5}$　　③ $\frac{4\sqrt{5}}{5}$

④ $\sqrt{5}$　　⑤ $\frac{6\sqrt{5}}{5}$

7 다음 중 옳은 것은?

① $\sqrt{5}+\sqrt{2}=\sqrt{7}$
② $5\sqrt{3}-2\sqrt{3}=3$
③ $4\sqrt{2}+\sqrt{3}=5\sqrt{5}$
④ $\sqrt{10}-\sqrt{5}=\sqrt{5}$
⑤ $2\sqrt{7}-3\sqrt{7}+4\sqrt{7}=3\sqrt{7}$

8 $-\sqrt{8}+4\sqrt{3}-\sqrt{75}+4\sqrt{2}=a\sqrt{2}+b\sqrt{3}$일 때, 유리수 a, b에 대하여 $a+b$의 값은?

① $\frac{1}{2}$　② 1　③ $\frac{3}{2}$
④ 2　⑤ $\frac{5}{2}$

9 $\sqrt{7}+\frac{7}{4\sqrt{7}}-\frac{1}{2\sqrt{7}}=a\sqrt{7}$일 때, 유리수 a의 값을 구하시오.

10 $\sqrt{80}-\sqrt{27}+\frac{6}{\sqrt{3}}-\frac{10}{\sqrt{20}}=a\sqrt{3}+b\sqrt{5}$일 때, 유리수 a, b에 대하여 ab의 값을 구하시오.

11 $\sqrt{6}(\sqrt{2}+3\sqrt{3})-7\sqrt{2}$를 계산하면?

① $-2\sqrt{2}-2\sqrt{3}$　② $-\sqrt{2}-\sqrt{3}$　③ $\sqrt{2}+\sqrt{3}$
④ $2\sqrt{2}-\sqrt{3}$　⑤ $2\sqrt{2}+2\sqrt{3}$

12 $\frac{2\sqrt{2}-\sqrt{5}}{\sqrt{2}}+\frac{\sqrt{6}-\sqrt{15}}{\sqrt{6}}=a+b\sqrt{10}$일 때, 유리수 a, b에 대하여 $a-b$의 값은?

① 3　② $\frac{10}{3}$　③ $\frac{11}{3}$
④ 4　⑤ $\frac{13}{3}$

13 다음을 계산하시오.

$$(\sqrt{12}+4)\div\sqrt{2}-\sqrt{3}(6\sqrt{2}-\sqrt{6})$$

3

다항식의 곱셈

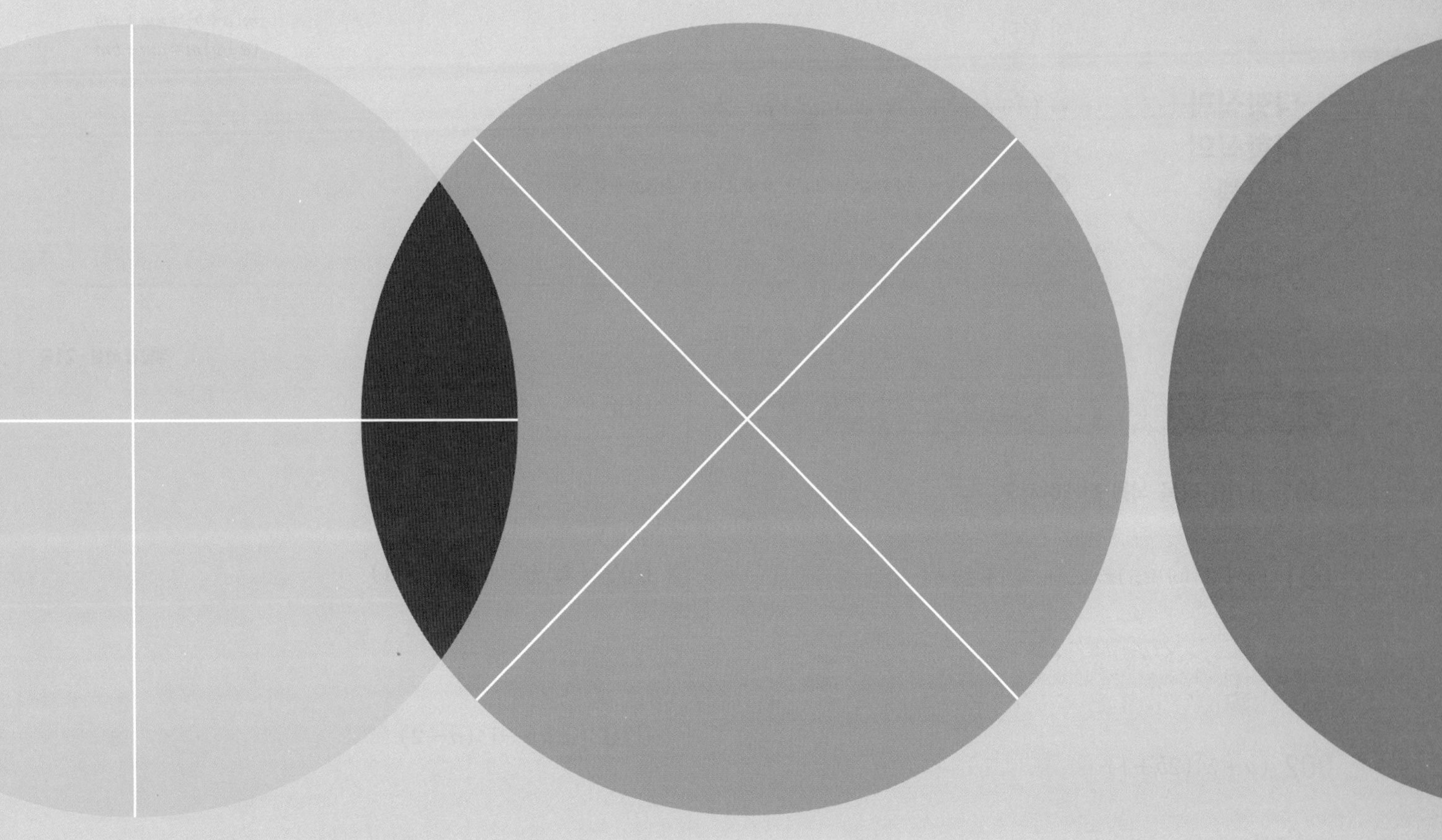

- 다항식과 다항식의 곱셈
- 전개식에서 특정한 항의 계수 구하기
- 곱셈 공식 - 합의 제곱
- 곱셈 공식 - 차의 제곱
- 곱셈 공식 - 합과 차의 곱
- 곱셈 공식
  - 일차항의 계수가 1인 두 일차식의 곱
- 곱셈 공식
  - 일차항의 계수가 1이 아닌 두 일차식의 곱
- 곱셈 공식 종합
- 곱셈 공식을 이용한 수의 계산
- 곱셈 공식을 이용한 무리수의 계산
- 곱셈 공식을 이용한 분모의 유리화
- 식의 값 구하기
  - 두 수의 합(또는 차)과 곱이 주어진 경우
- 식의 값 구하기
  - 곱이 1인 두 수의 합(또는 차)이 주어진 경우
- 식의 값 구하기
  - $x=a\pm\sqrt{b}$ 꼴이 주어진 경우

01 다항식과 다항식의 곱셈

분배법칙을 이용하여 식을 전개한 후 동류항이 있으면 동류항끼리 모아서 간단히 한다.

➡ $(a+b)(c+d)=\underset{①}{ac}+\underset{②}{ad}+\underset{③}{bc}+\underset{④}{bd}$

예 $(x+1)(x+2)=x^2+2x+x+2=x^2+3x+2$ (동류항: $2x$, x)

• 분배법칙
$m(a+b)=ma+mb$
$(a+b)m=am+bm$

정답과 해설 • 21쪽

● 다항식과 다항식의 곱셈

[001~010] 다음 식을 전개하시오.

001 $(x+3)(y+5)=\underset{①}{xy}+\underset{②}{\square}+\underset{③}{3y}+\underset{④}{\square}$

002 $(a+5)(2b+1)$

003 $(2a+1)(-b+2)$

004 $(x-4y)(3x+5)$

005 $(a-2b)(3c-d)$

006 $(2x+1)(3x+2)=\underset{①}{6x^2}+\underset{②}{\square}+\underset{③}{3x}+\underset{④}{\square}$
$=\square$

007 $(4a+3b)(2a-5b)$

008 $(-x+7)(2x+3)$

009 $(2x+3)(3x+y-1)$

010 $(a+b-1)(a-2)$

● 전개식에서 특정한 항의 계수 구하기

• 다항식과 다항식의 곱셈에서 특정한 항의 계수를 구할 때는 필요한 항이 나오는 부분만 전개한다.

[011~014] 다음을 전개한 식에서 xy의 계수를 구하시오.

011 $(2x-y)(5x+4y)$ ➡ $8xy+(-5xy)=\square xy$

012 $(x+7y)(-2x+y)$

013 $(x+2y)(3x-y+1)$

014 $(x-3y+5)(4x-y)$

02

곱셈 공식 (1)

합의 제곱, 차의 제곱

(1) $(a+b)^2=a^2+2ab+b^2$ → 합의 제곱

곱의 2배

예 $(x+1)^2=x^2+2\times x\times 1+1^2=x^2+2x+1$

(2) $(a-b)^2=a^2-2ab+b^2$ → 차의 제곱

곱의 2배

예 $(x-1)^2=x^2-2\times x\times 1+1^2=x^2-2x+1$

• $(a+b)^2=(a+b)(a+b)$
$=a^2+ab+ab+b^2$
$=a^2+2ab+b^2$

• $(a-b)^2=(a-b)(a-b)$
$=a^2-ab-ab+b^2$
$=a^2-2ab+b^2$

정답과 해설 • 21쪽

곱셈 공식 - 합의 제곱

[015~022] 다음 식을 전개하시오.

015 $(x+5)^2=\square^2+2\times\square\times5+5^2$
$=\square$

016 $(a+2)^2$

017 $\left(x+\frac{1}{4}\right)^2$

018 $(2a+3)^2$

019 $(5x+2y)^2$

020 $\left(\frac{1}{2}a+\frac{1}{3}b\right)^2$

021 $(-2x+3)^2$

022 $(-4a+b)^2$

곱셈 공식 - 차의 제곱

[023~030] 다음 식을 전개하시오.

023 $(x-4)^2=x^2-2\times x\times\square+\square^2$
$=\square$

024 $(a-3)^2$

025 $\left(x-\frac{1}{2}\right)^2$

026 $(3a-1)^2$

027 $(x-6y)^2$

028 $(2a-5b)^2$

029 $(-x-2)^2$

030 $(-3a-4b)^2$

곱셈 공식 (2)

합과 차의 곱

$(a+b)(a-b)=a^2-b^2$
합 차 제곱의 차

예 $(x+1)(x-1)=x^2-1^2=x^2-1$

참고 (합과 차의 곱)=(부호가 같은 것)^2−(부호가 다른 것)^{2}이므로

- $(-a+b)(a+b)=(b-a)(b+a)=b^2-a^2$
- $(-a+b)(-a-b)=(-a)^2-b^2=a^2-b^2$

• $(a+b)(a-b)$
$=a^2-ab+ab-b^2$
$=a^2-b^2$

정답과 해설 • 21쪽

곱셈 공식 - 합과 차의 곱

[031~040] 다음 식을 전개하시오.

031 $(x+3)(x-3)=x^2-\square^2=\square$

032 $(4-a)(4+a)$

033 $\left(a+\frac{1}{2}\right)\left(a-\frac{1}{2}\right)$

034 $(3x+2)(3x-2)$

035 $(7a-1)(7a+1)$

036 $(2x+5y)(2x-5y)$

037 $(4a-3b)(4a+3b)$

038 $\left(x+\frac{1}{3}y\right)\left(x-\frac{1}{3}y\right)$

039 $(-a+6)(-a-6)$

040 $(-3x-2y)(-3x+2y)$

[041~044] 다음 식을 전개하시오.

041 $(2+5x)(-5x+2)=(2+\square)(2-\square)$
$=2^2-(\square)^2=\square$

042 $(4a-b)(b+4a)$

043 $(-a+3)(a+3)$

044 $(-3x-2y)(3x-2y)$

04

곱셈 공식 (3)

일차항의 계수가 1인 두 일차식의 곱

$(x+a)(x+b)=x^2+(a+b)x+ab$

(합: $a+b$, 곱: ab)

예 $(x+1)(x+2)=x^2+(1+2)x+1\times2=x^2+3x+2$

• $(x+a)(x+b)$
$=x^2+bx+ax+ab$
$=x^2+(a+b)x+ab$

정답과 해설 • 22쪽

곱셈 공식 - 일차항의 계수가 1인 두 일차식의 곱

[045~051] 다음 식을 전개하시오.

045 $(x+2)(x+7)=x^2+(2+\square)x+2\times\square$
$=\square$

046 $(y+3)(y-4)$

047 $(a+2)(a+3)$

048 $(b+2)(b-5)$

049 $(x-8)(x+3)$

050 $(y-5)(y-1)$

051 $\left(a-\frac{2}{3}\right)\left(a+\frac{5}{3}\right)$

[052~058] 다음 식을 전개하시오.

052 $(a+2b)(a+4b)$

053 $(x+3y)(x+6y)$

054 $(a+b)(a-4b)$

055 $(x+2y)(x-7y)$

056 $(a-4b)(a+9b)$

057 $(x-6y)(x+10y)$

058 $(a-b)\left(a-\frac{1}{7}b\right)$

05 곱셈 공식 (4)

일차항의 계수가 1이 아닌 두 일차식의 곱

$(ax+b)(cx+d)=acx^2+(ad+bc)x+bd$

곱, 곱

• $(ax+b)(cx+d)$
$=acx^2+adx+bcx+bd$
$=acx^2+(ad+bc)x+bd$

예 $(2x+1)(3x+2)=(2\times3)x^2+(2\times2+1\times3)x+1\times2=6x^2+7x+2$

정답과 해설 • 22쪽

• 곱셈 공식 - 일차항의 계수가 1이 아닌 두 일차식의 곱 중요

[059~065] 다음 식을 전개하시오.

059 $(x+3)(2x+1)$

$=(1\times2)x^2+(1\times\square+3\times\square)x+3\times\square$

$=\square$

060 $(3a+4)(2a+3)$

061 $(2x+3)(x-5)$

062 $(5a-6)(4a+3)$

063 $(2y-1)(-3y+2)$

064 $\left(3b-\frac{1}{5}\right)\left(5b-\frac{1}{2}\right)$

065 $(-7x-1)(4x-2)$

[066~072] 다음 식을 전개하시오.

066 $(x+2y)(2x+5y)$

067 $(5a+3b)(3a-2b)$

068 $(2x-3y)(3x+4y)$

069 $\left(a+\frac{1}{2}b\right)\left(4a-\frac{1}{3}b\right)$

070 $(-3x+2y)(5x-3y)$

071 $(a-2b)(3a-4b)$

072 $(-6x-7y)(-3x+2y)$

● 곱셈 공식 종합 중요

[073~083] 다음 식을 간단히 하시오.

073 $(a+2b)^2+(3a-b)^2$

074 $(x+4)^2-(x+2)(x-2)$

075 $(4x-3y)(4x+3y)+(x+3y)^2$

076 $(a-2b)^2-(2a+3b)(2a-3b)$

077 $(3x+5y)(3x-5y)-(2x-4y)(2x+4y)$

078 $4(x+3)(x-3)+(x-5)(x-2)$

079 $(b-4)^2+2(b+3)(b-5)$

080 $(a-b)(a-4b)+(2a+b)^2$

081 $3(x-1)^2-(2x+1)(x-3)$

082 $(2b-1)(2b+3)-(3b-2)(4b+5)$

083 $(3x+y)(x-2y)+(3x-4y)^2$

[084~088] 다음 식에서 상수 A, B의 값을 각각 구하시오.

084 $(x+A)^2=x^2+8x+B$

085 $(3x-A)^2=9x^2-12x+B$

086 $(2x+Ay)(2x-5y)=Bx^2-25y^2$

087 $(y+A)(y-4)=y^2+By-28$

088 $(2x-1)(x+A)=2x^2+x-B$

06 곱셈 공식을 이용한 수의 계산

(1) 수의 제곱의 계산

곱셈 공식 $(a+b)^2=a^2+2ab+b^2$ 또는 $(a-b)^2=a^2-2ab+b^2$을 이용한다.

예 $101^2=(100+1)^2$, $99^2=(100-1)^2$

(2) 두 수의 곱의 계산

곱셈 공식 $(a+b)(a-b)=a^2-b^2$ 또는 $(x+a)(x+b)=x^2+(a+b)x+ab$를 이용한다.

예 $101\times99=(100+1)(100-1)$, $101\times102=(100+1)(100+2)$

정답과 해설 • 24쪽

● 곱셈 공식을 이용한 수의 계산 중요

[089~095] 곱셈 공식을 이용하여 다음을 계산하시오.

089 $51^2=(50+\square)^2$
$=50^2+2\times50\times\square+\square^2$
$=\square$

090 102^2

091 201^2

092 10.1^2

093 $49^2=(50-\square)^2$
$=50^2-2\times50\times\square+\square^2$
$=\square$

094 97^2

095 9.9^2

[096~101] 곱셈 공식을 이용하여 다음을 계산하시오.

096 $51\times49=(50+\square)(50-\square)$
$=50^2-\square^2$
$=\square$

097 93×87

098 3.1×2.9

099 $51\times53=(50+1)(50+\square)$
$=50^2+(1+\square)\times50+1\times\square$
$=\square$

100 32×35

101 201×198

학교 시험 문제는 이렇게

102 곱셈 공식을 이용하여 $\dfrac{4999\times5001+1}{5000}$을 계산하시오.

07

곱셈 공식을 이용한 무리수의 계산

제곱근을 문자로 생각하고 곱셈 공식을 이용하여 계산한다.

예 $(\sqrt{2}+1)(\sqrt{2}-1)=(\sqrt{2})^2-1^2=2-1=1$

↑ $(a+b)(a-b)=a^2-b^2$ 이용

$(\sqrt{2}+1)^2=(\sqrt{2})^2+2\times\sqrt{2}\times1+1^2$

↕ ↕ ↕

$(a+1)^2=a^2+2\times a\times1+1^2$

정답과 해설 • 25쪽

● 곱셈 공식을 이용한 무리수의 계산

[103~117] 다음을 계산하시오.

103 $(\sqrt{7}+\sqrt{5})^2$

104 $(2+\sqrt{3})^2$

105 $(2\sqrt{5}+3)^2$

106 $(\sqrt{5}-\sqrt{3})^2$

107 $(\sqrt{6}-2)^2$

108 $(3\sqrt{2}-\sqrt{11})^2$

109 $(\sqrt{2}+\sqrt{3})(\sqrt{2}-\sqrt{3})$

110 $(1-\sqrt{6})(1+\sqrt{6})$

111 $(2\sqrt{3}+3)(2\sqrt{3}-3)$

112 $(\sqrt{3}+2)(\sqrt{3}+4)$

113 $(\sqrt{7}+1)(\sqrt{7}-6)$

114 $(\sqrt{10}-3)(\sqrt{10}+5)$

115 $(\sqrt{2}+4)(2\sqrt{2}+3)$

116 $(\sqrt{6}+4)(2\sqrt{6}-3)$

117 $(7\sqrt{5}+\sqrt{2})(\sqrt{5}-3\sqrt{2})$

학교 시험 문제는 이렇게

118 $(\sqrt{7}+3)(\sqrt{7}-4)=a+b\sqrt{7}$일 때, 유리수 a, b에 대하여 $a+b$의 값을 구하시오.

08 곱셈 공식을 이용한 분모의 유리화

분모가 두 수의 합 또는 차로 되어 있는 무리수이면
곱셈 공식 $(a+b)(a-b)=a^2-b^2$을 이용하여 분모를 유리화한다.

예 $\dfrac{1}{\sqrt{2}+1}=\dfrac{\sqrt{2}-1}{(\sqrt{2}+1)(\sqrt{2}-1)}=\dfrac{\sqrt{2}-1}{(\sqrt{2})^2-1^2}=\sqrt{2}-1$

부호 반대　$(a+b)(a-b)=a^2-b^2$ 이용

분모	분모, 분자에 곱해야 할 수
$a+\sqrt{b}$	$a-\sqrt{b}$
$a-\sqrt{b}$	$a+\sqrt{b}$
$\sqrt{a}+\sqrt{b}$	$\sqrt{a}-\sqrt{b}$
$\sqrt{a}-\sqrt{b}$	$\sqrt{a}+\sqrt{b}$

부호 반대

정답과 해설 • 25쪽

● 곱셈 공식을 이용한 분모의 유리화 중요

[119~130] 다음 수의 분모를 유리화하시오.

119 $\dfrac{2}{\sqrt{3}+1}=\dfrac{2(\boxed{})}{(\sqrt{3}+1)(\boxed{})}=\boxed{}$

120 $\dfrac{2}{2-\sqrt{3}}$

121 $\dfrac{3}{\sqrt{5}+\sqrt{2}}$

122 $\dfrac{8}{\sqrt{7}-\sqrt{3}}$

123 $-\dfrac{6}{3\sqrt{2}+\sqrt{6}}$

124 $\dfrac{10}{2\sqrt{3}-\sqrt{2}}$

125 $\dfrac{\sqrt{2}}{\sqrt{3}+\sqrt{2}}$

126 $\dfrac{\sqrt{3}}{3-\sqrt{6}}$

127 $\dfrac{2-\sqrt{2}}{2+\sqrt{2}}$

128 $\dfrac{3+\sqrt{7}}{3-\sqrt{7}}$

129 $\dfrac{\sqrt{5}-\sqrt{3}}{\sqrt{5}+\sqrt{3}}$

130 $\dfrac{\sqrt{6}+\sqrt{2}}{\sqrt{6}-\sqrt{2}}$

09 식의 값 구하기

다음의 각 경우에 곱셈 공식을 변형한 식을 이용하여 식의 값을 구한다.

(1) 두 수의 합(또는 차)과 곱이 주어진 경우

① $a^2+b^2=(a+b)^2-2ab$, $a^2+b^2=(a-b)^2+2ab$

② $(a+b)^2=(a-b)^2+4ab$, $(a-b)^2=(a+b)^2-4ab$

(2) 곱이 1인 두 수의 합(또는 차)이 주어진 경우

① $a^2+\frac{1}{a^2}=\left(a+\frac{1}{a}\right)^2-2=\left(a-\frac{1}{a}\right)^2+2$

② $\left(a+\frac{1}{a}\right)^2=\left(a-\frac{1}{a}\right)^2+4$, $\left(a-\frac{1}{a}\right)^2=\left(a+\frac{1}{a}\right)^2-4$

정답과 해설 • 26쪽

● 식의 값 구하기 - 두 수의 합(또는 차)과 곱이 주어진 경우 중요

[131~132] $a+b=4$, $ab=3$일 때, 다음 □ 안에 알맞은 것을 쓰시오.

131 $a^2+b^2=(a+b)^2-\square$
$=\square-\square=\square$

132 $(a-b)^2=(a+b)^2-\square$
$=\square-\square=\square$

[133~135] $a-b=1$, $ab=6$일 때, 다음 □ 안에 알맞은 것을 쓰시오.

133 $a^2+b^2=(a-b)^2+\square$
$=\square+\square=\square$

134 $(a+b)^2=(a-b)^2+\square$
$=\square+\square=\square$

135 $\frac{b}{a}+\frac{a}{b}=\frac{\square}{ab}=\square$

[136~141] 다음을 구하시오.

136 $x+y=6$, $xy=3$일 때, x^2+y^2의 값

137 $a+b=-8$, $ab=6$일 때, $(a-b)^2$의 값

138 $x+y=3$, $x^2+y^2=5$일 때, xy의 값

139 $x-y=3$, $xy=-1$일 때, x^2+y^2의 값

140 $a-b=5$, $ab=6$일 때, $(a+b)^2$의 값

141 $x-y=-4$, $x^2+y^2=8$일 때, xy의 값

학교 시험 문제는 이렇게

142 $a+b=2$, $ab=1$일 때, $\frac{b}{a}+\frac{a}{b}$의 값을 구하시오.

● 식의 값 구하기 - 곱이 1인 두 수의 합(또는 차)이 주어진 경우

[143~144] $a+\frac{1}{a}=6$일 때, 다음 □ 안에 알맞은 것을 쓰시오.

143 $a^2+\frac{1}{a^2}=\left(a+\frac{1}{a}\right)^2-\square$
$=\square-\square=\square$

144 $\left(a-\frac{1}{a}\right)^2=\left(a+\frac{1}{a}\right)^2-\square$
$=\square-\square=\square$

[145~146] $a-\frac{1}{a}=3$일 때, 다음 □ 안에 알맞은 것을 쓰시오.

145 $a^2+\frac{1}{a^2}=\left(a-\frac{1}{a}\right)^2+\square$
$=\square+\square=\square$

146 $\left(a+\frac{1}{a}\right)^2=\left(a-\frac{1}{a}\right)^2+\square$
$=\square+\square=\square$

[147~150] 다음을 구하시오.

147 $a+\frac{1}{a}=7$일 때, $a^2+\frac{1}{a^2}$의 값

148 $x+\frac{1}{x}=-5$일 때, $\left(x-\frac{1}{x}\right)^2$의 값

149 $a-\frac{1}{a}=-9$일 때, $a^2+\frac{1}{a^2}$의 값

150 $x-\frac{1}{x}=4$일 때, $\left(x+\frac{1}{x}\right)^2$의 값

● 식의 값 구하기 - $x=a\pm\sqrt{b}$ 꼴이 주어진 경우

방법 ① 주어진 조건을 변형하여 식의 값을 구한다.
$x=a+\sqrt{b} \Rightarrow x-a=\sqrt{b} \Rightarrow (x-a)^2=b$
방법 ② x의 값을 직접 대입하여 식의 값을 구한다.

[151~155] 다음을 구하시오.

151 $x=2+\sqrt{3}$일 때, x^2-4x+5의 값

방법 ① $x=2+\sqrt{3}$에서 $x-\square=\sqrt{3}$이므로
이 식의 양변을 제곱하면 $(x-\square)^2=(\sqrt{3})^2$
$x^2-4x+\square=3$, $x^2-4x=\square$
$\therefore \underline{x^2-4x}+5=\square+5=\square$
방법 ② $x=2+\sqrt{3}$을 x^2-4x+5에 대입하면
$(2+\sqrt{3})^2-4(2+\sqrt{3})+5$
$=4+\square+3-8-4\sqrt{3}+5=\square$

152 $x=-1+\sqrt{5}$일 때, x^2+2x-3의 값

153 $x=4+\sqrt{7}$일 때, x^2-8x+4의 값

154 $x=1-\sqrt{2}$일 때, $2x^2-4x$의 값

155 $x=\sqrt{6}-5$일 때, $-x^2-10x+1$의 값

기본 문제 × 확인하기

1 $(x+1)(x+y+8)$을 전개하시오.

2 다음 식을 전개하시오.

(1) $\left(a+\frac{1}{5}\right)^2$ (2) $(x-2y)^2$

(3) $(-3x+1)^2$ (4) $(-a-4b)^2$

3 다음 식을 전개하시오.

(1) $\left(a+\frac{1}{3}\right)\left(a-\frac{1}{3}\right)$ (2) $(2x+y)(2x-y)$

(3) $(-a+9)(-a-9)$ (4) $(5y+x)(-x+5y)$

4 다음 식을 전개하시오.

(1) $\left(x+\frac{1}{2}\right)\left(x+\frac{1}{4}\right)$ (2) $(a+3b)(a-7b)$

(3) $(2x+y)(3x+2y)$ (4) $(-a+5)(4a-3)$

5 다음 식을 간단히 하시오.

(1) $(2x-5)^2+(2x+1)(2x-1)$

(2) $(4x-1)(3x+2)-(x+3)(x+5)$

6 곱셈 공식을 이용하여 다음을 계산하시오.

(1) 103^2 (2) 69^2

(3) 5.3×4.7 (4) 51×52

7 다음을 계산하시오.

(1) $(\sqrt{7}+1)^2$ (2) $(\sqrt{6}+\sqrt{5})(\sqrt{6}-\sqrt{5})$

(3) $(\sqrt{2}+1)(\sqrt{2}+3)$ (4) $(3\sqrt{3}+2)(2\sqrt{3}-1)$

8 다음 수의 분모를 유리화하시오.

(1) $\frac{1}{\sqrt{3}+1}$ (2) $\frac{\sqrt{5}}{2-\sqrt{5}}$

(3) $\frac{4}{\sqrt{6}+\sqrt{2}}$ (4) $\frac{\sqrt{3}+\sqrt{2}}{\sqrt{3}-\sqrt{2}}$

9 $a+b=2$, $ab=-8$일 때, 다음 식의 값을 구하시오.

(1) a^2+b^2 (2) $(a-b)^2$

10 $x+\frac{1}{x}=4$일 때, 다음 식의 값을 구하시오.

(1) $x^2+\frac{1}{x^2}$ (2) $\left(x-\frac{1}{x}\right)^2$

학교 시험 문제 × 확인하기

1 $(x+3y)(2x-5y+1)$의 전개식에서 x^2의 계수를 a, xy의 계수 b라 할 때, $a+b$의 값은?

① -3　② -1　③ 1
④ 2　⑤ 3

2 다음 중 $\left(-\frac{1}{2}x-y\right)^2$과 전개식이 같은 것은?

① $\frac{1}{4}(x+2y)^2$　② $\frac{1}{4}(x-2y)^2$
③ $\frac{1}{2}(x+2y)^2$　④ $\frac{1}{2}(x-2y)^2$
⑤ $-\frac{1}{2}(x+2y)^2$

3 다음 그림에서 색칠한 직사각형의 넓이는?

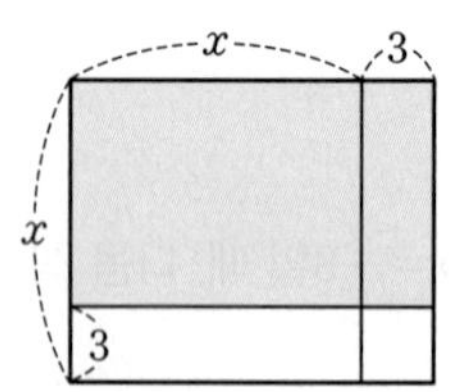

① x^2+9　② x^2-9　③ $9-x^2$
④ x^2+6x+9　⑤ x^2-6x+9

4 $(Ax-2)^2$을 전개한 식이 $Bx^2-20x+4$일 때, 상수 A, B에 대하여 $B-A$의 값은?

① -30　② -20　③ 15
④ 20　⑤ 30

5 $(3x+A)(Bx-2)=15x^2+Cx-4$일 때, 상수 A, B, C에 대하여 $A+B+C$의 값을 구하시오.

6 다음 중 옳은 것은?

① $(2x+3)^2=4x^2+9$
② $(3-x)^2=9-6x-x^2$
③ $(4x-y)(4x+y)=4x^2-y^2$
④ $(x+1)(x+3)=x^2+3x+3$
⑤ $(x+2y)(3x-y)=3x^2+5xy-2y^2$

7 $(5x-4)(3x-2)-3(2x-3)^2$을 간단히 하면 ax^2+bx+c일 때, 상수 a, b, c에 대하여 $a+b+c$의 값을 구하시오.

8 다음 중 9.3×10.7을 계산하는 데 이용되는 가장 편리한 곱셈 공식은?

① $(a+b)^2=a^2+2ab+b^2$ (단, $a>0$, $b>0$)
② $(a-b)^2=a^2-2ab+b^2$ (단, $a>0$, $b>0$)
③ $(a+b)(a-b)=a^2-b^2$
④ $(x+a)(x+b)=x^2+(a+b)x+ab$
⑤ $(ax+b)(cx+d)=acx^2+(ad+bc)x+bd$

9 곱셈 공식을 이용하여 $\dfrac{2016\times2024+16}{2020}$을 계산하면?

① 2012　② 2016　③ 2020
④ 2024　⑤ 2028

10 다음 중 옳지 않은 것은?

① $(1+\sqrt{2})^2=3+2\sqrt{2}$
② $(2-\sqrt{3})^2=7-4\sqrt{3}$
③ $(\sqrt{10}+3)(\sqrt{10}-3)=1$
④ $(\sqrt{5}+3)(\sqrt{5}-2)=-1+\sqrt{5}$
⑤ $(3\sqrt{5}+1)(2\sqrt{5}-3)=33-7\sqrt{5}$

11 $\dfrac{4}{\sqrt{10}-2\sqrt{2}}-\dfrac{8}{\sqrt{10}+2\sqrt{2}}=a\sqrt{2}+b\sqrt{10}$일 때, 유리수 a, b에 대하여 $a+b$의 값을 구하시오.

12 $x-y=-6$, $xy=4$일 때, $\dfrac{x}{y}+\dfrac{y}{x}$의 값은?

① 3　② 5　③ 7
④ 9　⑤ 11

13 $x+\dfrac{1}{x}=3$일 때, $x^2-2+\dfrac{1}{x^2}$의 값을 구하시오.

14 $x=5+\sqrt{3}$일 때, $x^2-10x+30$의 값은?

① 5　② 6　③ 7
④ 8　⑤ 9

4

다항식의 인수분해

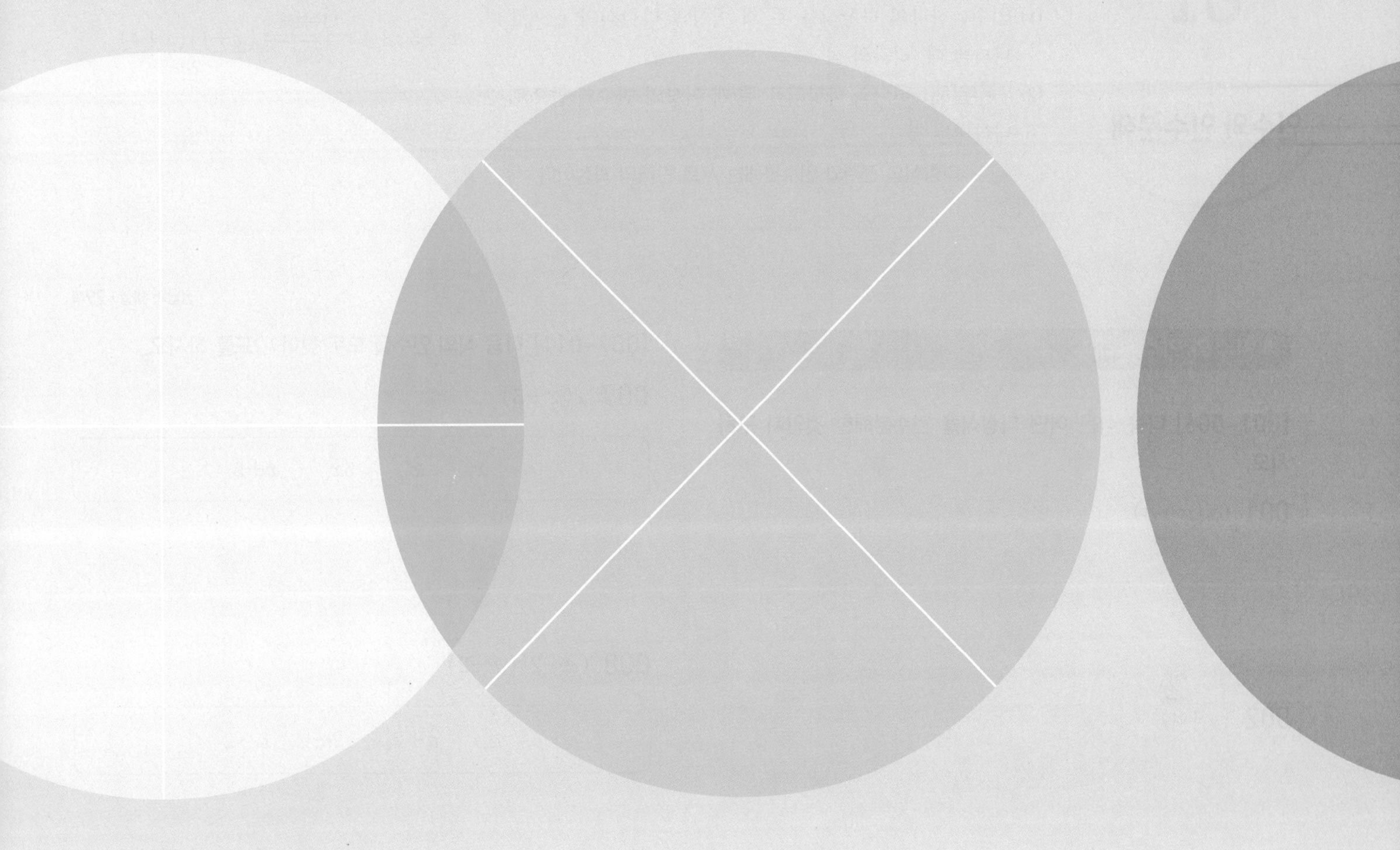

- 인수와 인수분해
- 공통인 인수를 이용한 인수분해
- 인수분해 공식: $a^2 \pm 2ab + b^2$
- 완전제곱식이 될 조건
- 인수분해 공식: $a^2 - b^2$
- 인수분해 공식: $x^2 + (a+b)x + ab$
- 인수분해 공식: $acx^2 + (ad+bc)x + bd$
- 인수분해 공식 종합
- 공통부분이 있는 경우의 인수분해
- 항이 4개인 경우의 인수분해
- 인수분해 공식을 이용한 수의 계산
- 인수분해 공식을 이용한 식의 값 구하기

01 인수와 인수분해

(1) 인수: 하나의 다항식을 두 개 이상의 다항식의 곱으로 나타낼 때, 각각의 식

(2) 인수분해: 하나의 다항식을 두 개 이상의 인수의 곱으로 나타내는 것

참고 다항식의 전개와 인수분해는 서로 반대의 과정이다.

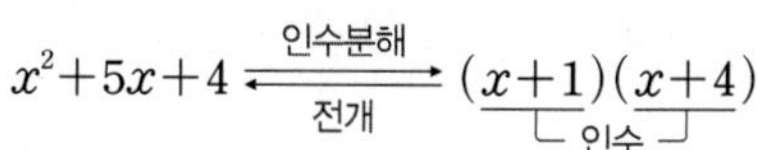

정답과 해설 • 29쪽

● 인수와 인수분해

[001~006] 다음 식은 어떤 다항식을 인수분해한 것인지 구하시오.

001 $6x(x+3)$

002 $(a+8)^2$

003 $(b-5)^2$

004 $(x-4)(x+4)$

005 $(x+1)(x-7)$

006 $(2a-5)(3a+2)$

[007~011] 다음 식의 인수를 모두 찾아 ○표를 하시오.

007 $x(x+5)$

x, x^2, $5x$, $x+5$

008 $(a+2)(a-2)$

a, $a+2$, $2a$, $a-2$

009 $4xy(1-x)$

4, x^2, xy, $y(1-x)$, $4xy+1$

010 $a^2(a+2b)$

a, a^2, $2b$, $a+2b$, $a(a+2b)$

011 $-2x^2(x-3)$

$2x$, $3-x$, x^2-3, x^3

02 공통인 인수를 이용한 인수분해

다항식의 각 항에 공통인 인수가 있을 때는 분배법칙을 이용하여 공통인 인수를 묶어 내어 인수분해한다.

예 $2x^2+4x=2x\times x+2x\times 2=2x(x+2)$

주의 인수분해할 때는 각 항에 공통인 인수가 남지 않도록 모두 묶어 낸다.

$ma+mb=m(a+b)$

공통인 인수를 묶어 낸다.

정답과 해설 • 29쪽

● 공통인 인수를 이용한 인수분해 중요

[012~018] 다음 식을 인수분해하시오.

012 $\underline{a}x-\underline{a}y=a\times\square-a\times\square$

$=a(\square)$

013 $xy-2xz$

014 x^2+x^3

015 $-6a^2-3ab$

016 x^2y+xy^2-xy

017 $2a^2-4ab+2ac$

018 $-abx^2+abx-abc$

[019~024] 다음 식을 인수분해하시오.

019 $x(\underline{x-3})+2(\underline{x-3})=\square\times(x-3)+\square\times(x-3)$

$=(x-3)(\square)$

020 $3(a+b)-(a+b)b$

021 $a(2x-5)-b(2x-5)$

022 $x(x-4)+(4-x)$

023 $2(a-2b)+(1-x)(a-2b)$

024 $(2x-y)(x-5)-(x+y)(5-x)$

학교 시험 문제는 이렇게

025 다음 중 $3x^2y-9xy^2$의 인수가 아닌 것은?

① $3x$ ② y ③ $3xy$

④ $3x-y$ ⑤ $y(x-3y)$

03 × 인수분해 공식(1)

$a^2 \pm 2ab + b^2$의 인수분해

(1) $a^2 + 2ab + b^2 = (a+b)^2$ (같은 부호)　예 $x^2+2x+1=x^2+2\times x\times 1+1^2=(x+1)^2$

(2) $a^2 - 2ab + b^2 = (a-b)^2$ (같은 부호)　예 $x^2-2x+1=x^2-2\times x\times 1+1^2=(x-1)^2$

참고 모든 항에 공통인 인수가 있으면 그 인수를 먼저 묶어 낸 후 인수분해 공식을 이용한다.

예 $ax^2+2ax+a=a(x^2+2x+1)=a(x+1)^2$

정답과 해설 • 29쪽

● 인수분해 공식: $a^2 \pm 2ab + b^2$

[026~033] 다음 식을 인수분해하시오.

026 $a^2+6a+9=a^2+2\times a\times\square+\square^2$
$=(a+\square)^2$

027 $x^2+14x+49$

028 $a^2+10ab+25b^2$

029 $2a^2+24a+72$

030 $a^2-8a+16$

031 $x^2-x+\frac{1}{4}$

032 $x^2-4xy+4y^2$

033 $x^3-18x^2y+81xy^2$

[034~041] 다음 식을 인수분해하시오.

034 $4a^2+20a+25=(2a)^2+2\times 2a\times\square+\square^2$
$=(2a+\square)^2$

035 $16x^2+8x+1$

036 $25a^2+40ab+16b^2$

037 $27x^2+18xy+3y^2$

038 $81a^2-18a+1$

039 $9x^2-12x+4$

040 $4x^2-28xy+49y^2$

041 $8ax^2-40axy+50ay^2$

04 완전제곱식이 될 조건

(1) 완전제곱식: $(x-5)^2$, $2(a+b)^2$, $-3(2a-b)^2$과 같이 다항식의 제곱으로 이루어진 식 또는 그 식에 수를 곱한 식

(2) 다음과 같은 방법으로 완전제곱식 $(a\pm b)^2=a^2\pm 2ab+b^2$을 만들 수 있다.

① $a^2+2ab+b^2$ (제곱, 제곱) 예 $4x^2+12x+\square=(2x)^2+2\times 2x\times 3+\square=(2x+3)^2$ ➡ $\square=9$

② $a^2\pm 2ab+(\pm b)^2$ (곱의 2배) 예 $4x^2+\square x+9=(2x)^2+\square x+(\pm 3)^2=(2x\pm 3)^2$ ➡ $\square=\pm 12$

정답과 해설 • 30쪽

● 완전제곱식이 될 조건 중요

[042~048] 다음 식이 완전제곱식이 되도록 하는 상수 A의 값을 구하시오.

042 $x^2+4x+A=x^2+2\times x\times 2+A \rightarrow (x+2)^2$ (제곱, 제곱)

➡ $A=\square^2=\square$

043 x^2-8x+A

044 $x^2+20x+A$

045 $x^2-10xy+Ay^2$

046 $4x^2+20x+A=(2x)^2+2\times 2x\times 5+A \rightarrow (2x+5)^2$ (제곱, 제곱)

047 $9x^2-6x+A$

048 $49a^2+28ab+Ab^2$

[049~053] 다음 식이 완전제곱식이 되도록 하는 상수 A의 값을 모두 구하시오.

049 $x^2+Ax+36=x^2+Ax+(\pm 6)^2 \rightarrow (x\pm 6)^2$ (곱의 2배)

➡ $A=\pm 2\times 1\times\square=\square$

050 $x^2+Ax+100$

051 $16x^2+Ax+25$

052 $64x^2+Ax+9$

053 $4x^2+Axy+36y^2$

학교 시험 문제는 이렇게

054 $(x+1)(x-5)+k$가 완전제곱식이 되도록 하는 상수 k의 값을 구하시오.

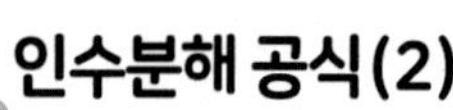

05 인수분해 공식 (2)

a^2-b^2의 인수분해

$\underbrace{a^2-b^2}_{\text{제곱의 차}}=\underbrace{(a+b)}_{\text{합}}\underbrace{(a-b)}_{\text{차}}$

예 $x^2-4=x^2-2^2=(x+2)(x-2)$

정답과 해설 • 30쪽

● 인수분해 공식: a^2-b^2

[055~062] 다음 식을 인수분해하시오.

055 $x^2-9=x^2-\square^2$
$=(x+3)(\square)$

056 x^2-36

057 a^2-49

058 $25-x^2$

059 $64-a^2$

060 $-x^2+121$

061 $x^2-\frac{1}{4}$

062 $\frac{1}{100}-a^2$

[063~070] 다음 식을 인수분해하시오.

063 $4x^2-9=(\square)^2-\square^2$
$=(2x+3)(\square)$

064 $16a^2-25$

065 $36a^2-1$

066 $4-49x^2$

067 $144-25x^2$

068 $-4x^2+81$

069 $9x^2-\frac{1}{16}$

070 $\frac{1}{4}a^2-1$

[071~078] 다음 식을 인수분해하시오.

071 $x^2-16y^2=x^2-(\square)^2$
$=(x+\square)(x-\square)$

072 a^2-25b^2

073 x^2-36y^2

074 $-4a^2+b^2$

075 $9x^2-4y^2$

076 $49a^2-64b^2$

077 $-100x^2+9y^2$

078 $\frac{9}{25}a^2-4b^2$

[079~084] 다음 식을 인수분해하시오.

079 $2x^2-8=2(x^2-\square)$
$=2(x+\square)(x-\square)$

080 $25x-4x^3$

081 $5x^2-\frac{5}{36}$

082 ax^2-81ay^2

083 $64a^3-49ab^2$

084 $-\frac{2}{81}y^2+72x^2$

학교 시험 문제는 이렇게

085 $8x^2-18y^2=a(bx+cy)(bx-cy)$일 때, 자연수 a, b, c에 대하여 $a+b+c$의 값을 구하시오.

06

인수분해 공식(3)

$x^2+(a+b)x+ab$의 인수분해

$x^2+\underbrace{(a+b)}_{합}x+\underbrace{ab}_{곱}=(x+a)(x+b)$

❶ 곱해서 상수항(ab)이 되는 두 정수를 모두 찾는다.

❷ ❶의 두 정수 중 합이 일차항의 계수($a+b$)가 되는 정수를 고른다.

❸ ❷의 두 정수를 각각 상수항으로 하는 두 일차식의 곱으로 나타낸다.

예 x^2+2x-3

➡ 곱이 -3이고 합이 2인 두 정수: 3, -1

➡ 인수분해: $(x+3)(x-1)$

곱이 -3인 두 정수	두 정수의 합
3, -1	2
1, -3	-2

정답과 해설 • 32쪽

● 인수분해 공식: $x^2+(a+b)x+ab$ 중요

[086~089] 다음 □ 안에 알맞은 수를 쓰고, 주어진 식을 인수분해하시오.

086 x^2+4x+3

➡ 곱이 3이고 합이 4인 두 정수: □, □

곱이 3인 두 정수	두 정수의 합
-1, -3	-4
□, □	□

➡ 인수분해: ____________

087 x^2+3x-4

➡ 곱이 -4이고 합이 3인 두 정수: □, □

➡ 인수분해: ____________

088 x^2+5x+6

➡ 곱이 6이고 합이 5인 두 정수: □, □

➡ 인수분해: ____________

089 x^2-6x+8

➡ 곱이 8이고 합이 -6인 두 정수: □, □

➡ 인수분해: ____________

[090~093] 다음 □ 안에 알맞은 식을 쓰고, 주어진 식을 인수분해하시오.

090 $x^2-xy-2y^2$

➡ 곱이 -2이고 합이 -1인 두 정수: □, □

곱이 -2인 두 정수	두 정수의 합
2, -1	1
□, □	□

➡ 인수분해: ____________

091 $x^2+3xy-28y^2$

➡ 곱이 -28이고 합이 3인 두 정수: □, □

➡ 인수분해: ____________

092 $a^2-11ab+30b^2$

➡ 곱이 30이고 합이 -11인 두 정수: □, □

➡ 인수분해: ____________

093 $a^2+ab-20b^2$

➡ 곱이 -20이고 합이 1인 두 정수: □, □

➡ 인수분해: ____________

[094~101] 다음 식을 인수분해하시오.

094 x^2+x-6

095 $x^2+7x+10$

096 a^2+6a+5

097 $a^2-5a-14$

098 $x^2-10x+24$

099 $2x^2+16x+30$

100 $3a^2-3a-36$

101 $ax^2-4ax+3a$

[102~109] 다음 식을 인수분해하시오.

102 $x^2-3xy-18y^2$

103 $x^2+8xy+7y^2$

104 $a^2+3ab+2b^2$

105 $a^2-5ab+6b^2$

106 $x^2-3xy-10y^2$

107 $3x^2+6xy-45y^2$

108 $2a^2-4ab-6b^2$

109 $x^3-7x^2y+12xy^2$

학교 시험 문제는 이렇게

110 x^2+x-20이 x의 계수가 1인 두 일차식의 곱으로 인수분해될 때, 두 일차식의 합을 구하시오.

07

인수분해 공식(4)

$acx^2+(ad+bc)x+bd$의 인수분해

$acx^2+(ad+bc)x+bd=(ax+b)(cx+d)$

❶ 곱해서 이차항이 되는 두 식을 세로로 나열한다.
❷ 곱해서 상수항이 되는 두 정수를 세로로 나열한다.
❸ 대각선 방향으로 곱하여 더한 식이 일차항이 되는 것을 찾는다.
❹ 두 일차식의 곱으로 나타낸다.

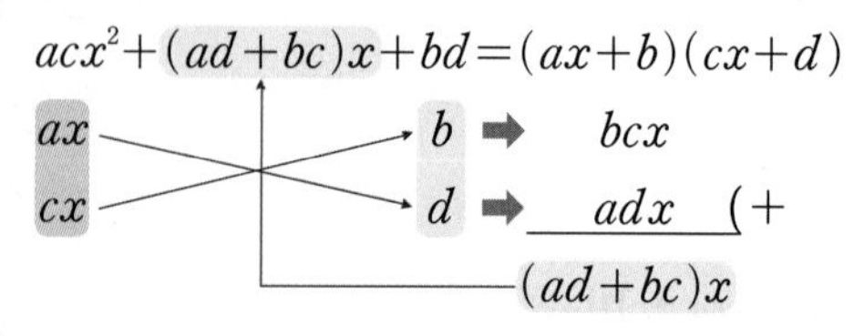

정답과 해설 • 33쪽

● 인수분해 공식: $acx^2+(ad+bc)x+bd$ 중요

[111~114] 다음 빈칸에 알맞은 것을 쓰고, 주어진 식을 인수분해하시오.

111 $3x^2+4x+1=$ ______________

x ☐ → ☐
☐ 1 → ☐ (+
☐

112 $2x^2-5x+2=$ ______________

113 $3x^2+xy-10y^2=$ ______________

114 $4x^2-31xy-8y^2=$ ______________

[115~120] 다음 식을 인수분해하시오.

115 $3a^2+2a-5$

116 $6a^2+11a+4$

117 $8x^2+10x-63$

118 $15x^2-11x-14$

119 $6x^2-21x+9$

120 $4a^3+9a^2-9a$

[121~128] 다음 식을 인수분해하시오.

121 $3a^2-ab-10b^2$

122 $8x^2-14xy+3y^2$

123 $10a^2+11ab-6b^2$

124 $12x^2-7xy-10y^2$

125 $15a^2+8ab+b^2$

126 $4x^2+30xy+36y^2$

127 $6ax^2-13axy+6ay^2$

128 $9a^2b-6ab^2-3b^3$

학교 시험 문제는 이렇게

129 $2x^2-7x-15=(ax+b)(x+c)$일 때, 정수 a, b, c에 대하여 $a+b+c$의 값을 구하시오.

인수분해 공식 종합 중요

[130~133] 다음 두 다항식의 공통인 인수를 보기에서 고르시오.

보기

$x-2$, $x+3$, $x-5$, $3x-2$

130 x^2-25, $x^2-2x-15$

131 x^2-4x+4, x^2+2x-8

132 $x^2-6x-27$, $5x^2+13x-6$

133 $9x^2-4$, $3x^2+4x-4$

[134~137] 다음 식에서 상수 A, B의 값을 각각 구하시오.

134 $x^2+Ax-24=(x-4)(x+B)$

135 $x^2-8xy+Ay^2=(x-By)(x-6y)$

136 $2x^2+Ax+6=(x+2)(2x+B)$

137 $3x^2-23xy-Ay^2=(3x+By)(x-8y)$

08 복잡한 식의 인수분해 (1)

공통부분이 있으면 공통부분을 한 문자로 놓고 인수분해한 후 원래의 식을 대입하여 정리한다.

예 $(x+1)^2+2(x+1)$ ← $x+1=A$로 놓는다.
$=A^2+2A$ ← 인수분해한다.
$=A(A+2)$ ← $A=x+1$을 대입한다.
$=(x+1)(x+1+2)$
$=(x+1)(x+3)$

• 공통부분이 한 개이면 한 문자로, 두 개이면 서로 다른 두 문자로 놓는다.

정답과 해설 • 34쪽

• 공통부분이 있는 경우의 인수분해

[138~142] 다음 식을 인수분해하시오.

138 $(x+3)^2-2(x+3)+1$ ← $x+3=A$로 놓는다.
$=A^2-2\square+1$ ← 인수분해한다.
$=(\square-1)^2$ ← $A=x+3$을 대입한다.
$=(x+\square)^2$

139 $(x+1)^2+5(x+1)+6$

140 $6(x-2)^2+7(x-2)-3$

141 $(x+y)(x+y-1)-2$

142 $(2x-y)(2x-y-1)-6$

[143~147] 다음 식을 인수분해하시오.

143 $(2a+1)^2-(a-2)^2$ ← $2a+1=A$, $a-2=B$로 놓는다.
$=\square^2-\square^2$ ← 인수분해한다.
$=(A+B)(\square)$ ← $A=2a+1$, $B=a-2$를 대입한다.
$=(\square+a-2)\{\square-(a-2)\}$
$=(\square)(a+3)$

144 $(a-1)^2-(b-1)^2$

145 $(3x-1)^2-(x+3)^2$

146 $(x+2)^2-2(x+2)(y-1)-3(y-1)^2$

147 $2(x-1)^2+(x-1)(y+1)-(y+1)^2$

09 복잡한 식의 인수분해 (2)

(1) 공통인 인수가 생기도록 (2항)+(2항)으로 묶어 인수분해한다.

예 $\underline{ab+a}\underline{-b-1}=a(b+1)-(b+1)=(a-1)(b+1)$

(2) A^2-B^2 꼴이 되도록 (3항)+(1항) 또는 (1항)+(3항)으로 묶어 인수분해한다.

예 $\underline{x^2+2xy+y^2}\underline{-4}=\underbrace{(x+y)^2-2^2}_{A^2-B^2}=(x+y+2)(x+y-2)$

정답과 해설 • 35쪽

● 항이 4개인 경우의 인수분해

[148~153] 다음 식을 인수분해하시오.

148 $\underline{ax+x}\underline{+ay+y}=x(\square)+y(\square)$
$=(\square)(x+y)$

149 $a^2+a+ab+b$

150 $a^2+6a+ax+6x$

151 $x^2-y^2-3x+3y$

152 x^3-x^2-x+1

153 $ab^2+4b^2-9a-36$

[154~159] 다음 식을 인수분해하시오.

154 $\underline{x^2+4x+4}\underline{-y^2}=(\square)^2-y^2$
$=(\square+y)(\square-y)$

155 $4x^2-12x+9-16y^2$

156 $a^2+4ab+4b^2-1$

157 $25-x^2+6xy-9y^2$

158 x^2-y^2-2y-1

159 $x^2+16y^2-9-8xy$

10 인수분해 공식을 이용한 수의 계산과 식의 값

(1) 인수분해 공식을 이용한 수의 계산

인수분해 공식을 이용할 수 있도록 수의 모양을 바꾸어 계산한다.

예
- $12\times21+12\times19=12(21+19)=12\times40=480$ → $ma+mb=m(a+b)$ 이용하기
- $47^2+2\times47\times3+3^2=(47+3)^2=50^2=2500$ → $a^2\pm2ab+b^2=(a\pm b)^2$ 이용하기
- $28^2-22^2=(28+22)(28-22)=50\times6=300$ → $a^2-b^2=(a+b)(a-b)$ 이용하기

(2) 인수분해 공식을 이용한 식의 값 구하기

주어진 식을 인수분해한 후 문자에 수를 대입하거나 주어진 조건을 대입하여 식의 값을 구한다.

예 $x=99$일 때, x^2+2x+1의 값

➡ $x^2+2x+1=(x+1)^2=(99+1)^2=100^2=10000$

인수분해한다. $x=99$를 대입한다.

정답과 해설 • 35쪽

● 인수분해 공식을 이용한 수의 계산 중요

[160~173] 인수분해 공식을 이용하여 다음을 계산하시오.

160 $35\times9+15\times9=(\square+15)\times9=\square\times9=\square$

161 $5\times87+5\times13$

162 $11\times83-23\times11$

163 $23^2+2\times23\times7+7^2=(\square+7)^2=\square^2=\square$

164 $56^2+2\times56\times14+14^2$

165 $47^2-2\times47\times7+7^2$

166 $103^2-6\times103+9$

167 $35^2-25^2=(\square+25)(35-\square)$
$=\square\times\square$
$=\square$

168 76^2-24^2

169 84^2-16^2

170 $3\times29^2-3\times21^2=\square(29^2-21^2)$
$=\square(29+\square)(29-\square)$
$=\square\times50\times\square$
$=\square$

171 $105^2\times10-95^2\times10$

172 $7.8\times5.5^2-7.8\times4.5^2$

173 $\sqrt{25^2-24^2}$

● 인수분해 공식을 이용한 식의 값 구하기 중요

[174~185] 인수분해 공식을 이용하여 다음 식의 값을 구하시오.

174 $x=18$일 때, x^2+2x

$x^2+2x=x(\square)$ → 인수분해한다.
$=18(18+\square)$ → $x=18$을 대입한다.
$=18\times\square$
$=\square$

175 $x=97$일 때, x^2+6x+9

176 $x=5+\sqrt{10}$일 때, $x^2-10x+25$

177 $x=96$일 때, x^2-16

178 $x=99$일 때, x^2-x-2

179 $x=\frac{1}{2+\sqrt{3}}$일 때, x^2-5x+6

180 $x=\sqrt{3}-\sqrt{2}$, $y=\sqrt{3}+\sqrt{2}$일 때, $x^2-2xy+y^2$

$x^2-2xy+y^2=(\square)^2$ → 인수분해한다.
$=\{(\sqrt{3}-\sqrt{2})-(\square)\}^2$ → $x=\sqrt{3}-\sqrt{2}$, $y=\sqrt{3}+\sqrt{2}$를 대입한다.
$=(\square)^2$
$=\square$

181 $x=2+\sqrt{5}$, $y=2-\sqrt{5}$일 때, x^2-y^2

182 $x=6+\sqrt{2}$, $y=2$일 때, x^2-9y^2

183 $x=2\sqrt{2}+1$, $y=\sqrt{2}-1$일 때, $x^2-xy-2y^2$

184 $x=5.75$, $y=0.25$일 때, $2x^2-8xy+6y^2$

185 $x=\sqrt{5}+2$, $y=\sqrt{5}-1$일 때, $xy+x-2y-2$

기본 문제 × 확인하기

1 다음 식의 인수를 모두 찾아 ○표를 하시오.

(1) $2xy(x-4)$

$2x$,	x^2,	$x-4$,	$2xy-4$,	$y(x-4)$

(2) $(a+1)^2(a^2-2)$

$a-2$, $(a+1)^2$, $(a-2)^2$,
$a(a^2-2)$, $(a+1)(a^2-2)$

2 다음 식을 인수분해하시오.

(1) a^2+5a

(2) $3x^2-6xy$

(3) $xy-y^2+4y$

(4) $a(a-3)+(3-a)$

3 다음 식을 인수분해하시오.

(1) $a^2+\frac{1}{4}a+\frac{1}{64}$

(2) $4x^2-12x+9$

(3) $9x^2+24xy+16y^2$

(4) $8a^2-8ab+2b^2$

4 다음 식이 완전제곱식이 되도록 □ 안에 알맞은 수를 쓰시오.

(1) $x^2+6x+\square$

(2) $16x^2-24x+\square$

(3) $x^2+(\square)x+25$

(4) $4x^2+(\square)x+1$

5 다음 식을 인수분해하시오.

(1) a^2-16

(2) $\frac{1}{9}x^2-4$

(3) $-4x^2+49y^2$

(4) $5a^2b-45b$

6 다음 식을 인수분해하시오.

(1) $x^2+8x+15$

(2) $a^2-9a+18$

(3) $x^2+3xy-10y^2$

(4) $a^2-7ab+12b^2$

(5) $2x^2+18x-72$

(6) $3x^2-12xy-36y^2$

7 다음 식을 인수분해하시오.

(1) $3x^2+8x+4$

(2) $4a^2+4a-3$

(3) $5x^2-7xy-6y^2$

(4) $10a^2-31ab-14b^2$

(5) $6x^2-2x-4$

(6) $7a^2b-11ab^2+4b^3$

8 다음 식을 인수분해하시오.

(1) $(x+2)^2-2(x+2)+1$

(2) $(3x+2y)(3x+2y)-9$

9 다음 식을 인수분해하시오.

(1) $(3x+4)^2-(2x-3)^2$

(2) $(x+5)^2-2(x+5)(y-4)-3(y-4)^2$

10 다음 식을 인수분해하시오.

(1) $xy+x+y+1$

(2) a^2x-x-a^2+1

11 다음 식을 인수분해하시오.

(1) $x^2+6x+9-y^2$

(2) $16-4x^2-y^2+4xy$

12 인수분해 공식을 이용하여 다음을 계산하시오.

(1) $15\times47+15\times53$

(2) $72^2-2\times72\times2+2^2$

(3) $12\times51^2-12\times49^2$

13 인수분해 공식을 이용하여 다음 식의 값을 구하시오.

(1) $x=98$일 때, x^2+4x+4

(2) $x=3+\sqrt{2}$, $y=3-\sqrt{2}$일 때, x^2y+xy^2

학교 시험 문제 × 확인하기

1 다음 중 $x^2(2x-1)$의 인수가 아닌 것은?

① x　　② $2x-1$　　③ x^2
④ $2x^3$　　⑤ $x(2x-1)$

2 다음 두 다항식의 1이 아닌 공통인 인수를 구하시오.

$$6x^2-12x,\quad x(y+1)-2(y+1)$$

3 다음 중 완전제곱식으로 인수분해되지 않는 것은?

① x^2-4x+4　　② $2a^2+16a+32$
③ $9x^2+6x-1$　　④ $\frac{4}{9}a^2-\frac{4}{3}a+1$
⑤ $ax^2+2axy+ay^2$

4 다음 식이 모두 완전제곱식으로 인수분해될 때, □ 안에 알맞은 수 중 그 절댓값이 가장 큰 것은?

① $x^2+6x+\square$　　② $a^2-12ab+\square b^2$
③ $4x^2+16x+\square$　　④ $x^2+\square x+49$
⑤ $25x^2+\square x+4$

5 $(2x-1)(2x-3)+k$가 완전제곱식이 되도록 하는 상수 k의 값을 구하시오.

6 $5x^2-80y^2=a(bx+cy)(bx-cy)$일 때, 자연수 a, b, c에 대하여 $a+b+c$의 값은?

① 6　　② 7　　③ 8
④ 9　　⑤ 10

7 $x^2-11x+18$은 x의 계수가 1인 두 일차식의 곱으로 나타낼 수 있다. 이때 두 일차식의 합을 구하시오.

8 $3x^2+Ax-12$가 $(x+B)(3x-2)$로 인수분해될 때, 상수 A, B에 대하여 $A-B$의 값은?

① 6　　② 8　　③ 10
④ 12　　⑤ 14

9 다음 중 인수분해한 것이 옳지 않은 것은?

① $3y-6x^2y=3y(1-2x^2)$

② $x^2+x+\frac{1}{4}=\left(x+\frac{1}{2}\right)^2$

③ $16x^2-9=(4x+3)(4x-3)$

④ $x^2-2xy-8y^2=(x-2y)(x+4y)$

⑤ $6x^2-2x-20=2(x-2)(3x+5)$

10 다음 보기에서 $(3x-5)^2-(2x+7)^2$의 인수를 모두 고른 것은?

보기	
ㄱ. $x+2$	ㄴ. $5x+2$
ㄷ. $x-12$	ㄹ. $(2x+7)(3x-5)$

① ㄱ, ㄴ ② ㄱ, ㄷ ③ ㄴ, ㄷ
④ ㄴ, ㄹ ⑤ ㄱ, ㄷ, ㄹ

11 x^2-4y^2-x+2y가 x의 계수가 1인 두 일차식으로 인수분해될 때, 이 두 일차식의 합을 구하시오.

12 $4x^2+20x+25-9y^2$의 인수를 모두 고르면? (정답 2개)

① $2x-3y-5$ ② $2x-3y+5$
③ $2x+3y-5$ ④ $2x+3y+5$
⑤ $2x+3y+9$

13 다음 중 $9\times8.5^2-9\times1.5^2$을 계산하는 데 이용되는 가장 편리한 인수분해 공식을 모두 고르면? (정답 2개)

① $ma+ma=m(a+b)$

② $a^2+2ab+b^2=(a+b)^2$

③ $a^2-b^2=(a+b)(a-b)$

④ $x^2+(a+b)x+ab=(x+a)(x+b)$

⑤ $acx^2+(ad+bc)x+bd=(ax+b)(cx+d)$

14 인수분해 공식을 이용하여 $\frac{999\times2000-2000}{999^2-1}$을 계산하시오.

15 $x=\frac{1}{\sqrt{2}+1}$, $y=\frac{1}{\sqrt{2}-1}$일 때, x^2-y^2의 값을 구하시오.

5

이차방정식

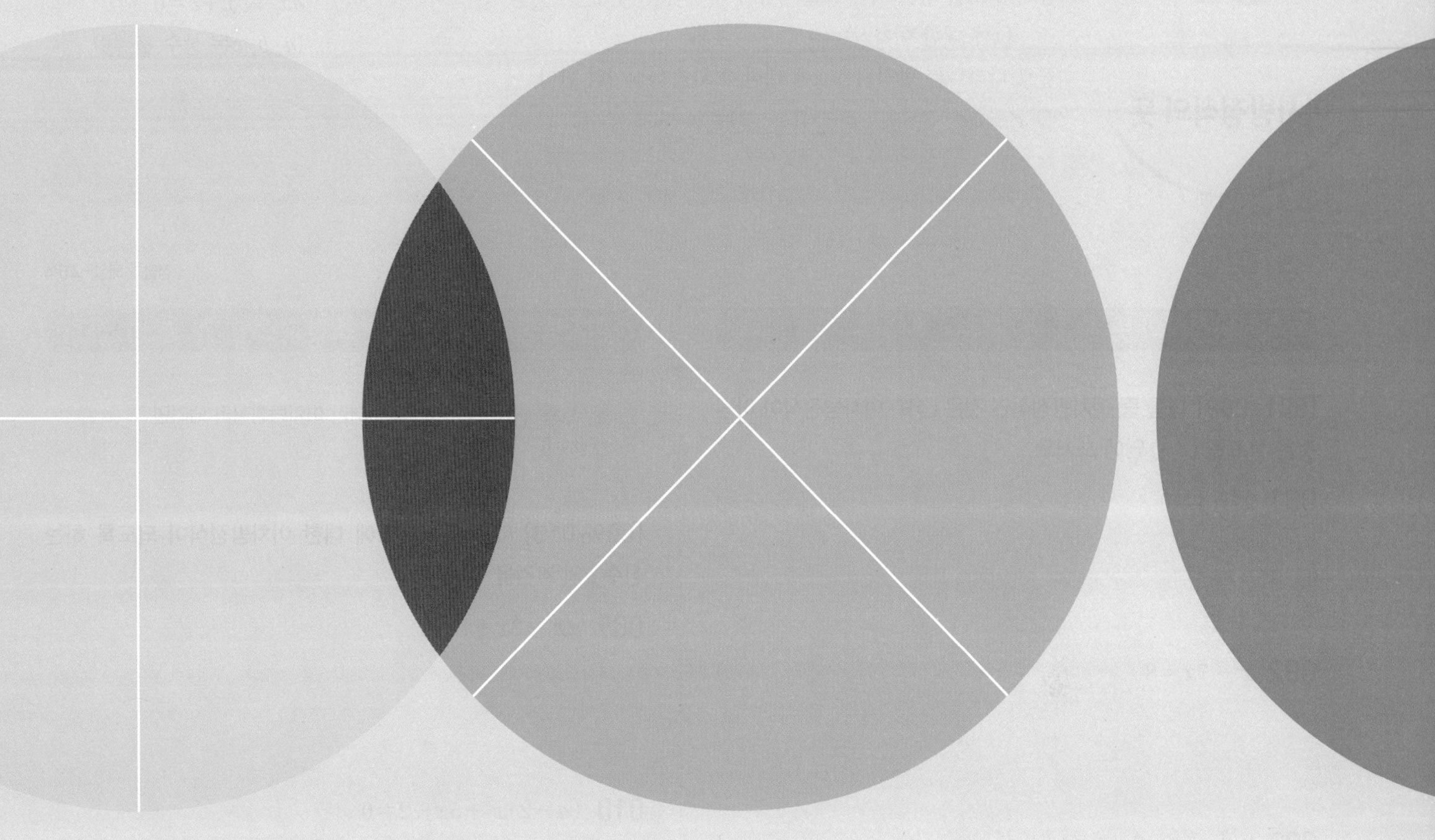

- 이차방정식의 뜻
- 이차방정식이 되기 위한 조건
- 이차방정식의 해
- 이차방정식의 한 근이 주어질 때, 상수의 값 구하기
- 이차방정식의 한 근이 문자로 주어질 때, 식의 값 구하기
- $AB=0$의 성질을 이용한 이차방정식의 풀이
- 인수분해를 이용한 이차방정식의 풀이
- 한 근이 주어질 때, 다른 한 근 구하기
- 이차방정식의 중근
- 이차방정식이 중근을 가질 조건
- $x^2=q(q\geq0)$ 꼴의 이차방정식
- $(x+p)^2=q(q\geq0)$ 꼴의 이차방정식
- 완전제곱식을 이용한 이차방정식의 풀이
- 이차방정식의 근의 공식
- 여러 가지 이차방정식의 풀이
- 공통부분이 있는 이차방정식의 풀이
- 이차방정식의 근의 개수
- 근의 개수에 따른 상수의 값의 범위 구하기
- 이차방정식 구하기
- 수에 대한 문제
- 연속하는 수에 대한 문제
- 실생활에 대한 문제
- 쏘아 올린 물체에 대한 문제
- 도형에 대한 문제
- 변의 길이를 줄이거나 늘인 도형에 대한 문제

이차방정식의 뜻

등식의 모든 항을 좌변으로 이항하여 정리한 식이

(x에 대한 이차식)$=0$

꼴로 나타나는 방정식을 x에 대한 이차방정식이라 한다.

예 $x^2+2x-3=0$, $(x+1)(x-2)=0$ → $x^2-x-2=0$

$ax^2+bx+c=0$
(a, b, c는 상수, $a\neq0$)

정답과 해설 • 40쪽

● 이차방정식의 뜻 중요

[001~008] 다음 중 이차방정식인 것은 ○표, 이차방정식이 아닌 것은 ×표를 ( ) 안에 쓰시오.

001 $x^2-4=0$ ( )

002 $x^2-7x=8$ ( )

003 $3x^2-5x+9=-x^2+2x$ ( )

004 $(x+1)(x+2)=x^2+6$ ( )

005 $\frac{1}{x^2}+3=0$ ( )

006 x^2+3x+6 ( )

007 $x^3+x-1=x^3+2x^2-3x$ ( )

008 $5x(x-2)=3x^2+6x+1$ ( )

● 이차방정식이 되기 위한 조건

- 등식 $ax^2+bx+c=0$이 x에 대한 이차방정식이 되려면
  ➡ $a\neq0$

[009~013] 다음 등식이 x에 대한 이차방정식이 되도록 하는 상수 a의 조건을 구하시오.

009 $ax^2-3x+7=0$

010 $(a-2)x^2+5x-2=0$

011 $(a+5)x^2+6x-5=0$

012 $ax^2+4x-1=3x^2$

013 $ax^2-3x=2x^2+1$

학교 시험 문제는 이렇게

014 $kx^2+3x-5=2x^2-5x$가 x에 대한 이차방정식일 때, 다음 중 상수 k의 값이 될 수 없는 것은?

① 1 ② 2 ③ 3
④ 4 ⑤ 5

02 이차방정식의 해

(1) **이차방정식의 해(근)**: x에 대한 이차방정식을 참이 되게 하는 미지수 x의 값

예 이차방정식 $x^2-1=0$에

$x=1$을 대입하면 ➡ $1^2-1=0$ (참)

$x=-2$를 대입하면 ➡ $(-2)^2-1\neq 0$ (거짓)

따라서 $x=1$은 이차방정식 $x^2-1=0$의 해이고, $x=-2$는 해가 아니다.

참고 $x=p$가 이차방정식 $ax^2+bx+c=0$의 해(근)이다.

➡ $x=p$를 $ax^2+bx+c=0$에 대입하면 등식이 성립한다.

➡ $ap^2+bp+c=0$

(2) **이차방정식을 푼다**: 이차방정식의 해(근)를 모두 구하는 것

정답과 해설 • 40쪽

● 이차방정식의 해

[015~018] x의 값이 -1, 0, 1, 2, 3일 때, 다음 이차방정식의 해를 구하시오.

015 $x^2-3x+2=0$

x의 값	좌변	우변	참, 거짓
-1	$(-1)^2-3\times(-1)+2=6$	0	거짓
0			
1			
2			
3			

➡ 해: ______

016 $x^2+4x+3=0$

017 $(x-5)^2=4$

018 $(x+2)^2=4(x+1)+1$

[019~024] 다음 [　] 안의 수가 주어진 이차방정식의 해이면 ○표, 이차방정식의 해가 아니면 ×표를 (　) 안에 쓰시오.

019 $x^2+3x-4=0$ 　[1] 　(　　)

➡ $x=1$을 대입하면 $1^2+3\times1-4=0$ (참)

020 $2x^2-x-1=0$ 　[-1] 　(　　)

021 $x^2+x-2=0$ 　[2] 　(　　)

022 $3x^2+2x-1=0$ 　$\left[\frac{1}{3}\right]$ 　(　　)

023 $(x-4)(x+3)=0$ 　[-3] 　(　　)

024 $(x+1)(x-6)=x$ 　[4] 　(　　)

● 이차방정식의 한 근이 주어질 때, 상수의 값 구하기 중요

• 이차방정식의 한 근이 $x=$▲이다.
➡ $x=$▲를 이차방정식에 대입하면 등식이 성립한다.

[025~029] 다음 [ ] 안의 수가 주어진 이차방정식의 한 근일 때, 상수 a의 값을 구하시오.

025 $x^2-3x+a=0$ [1]

> $x^2-3x+a=0$에 $x=\square$을 대입하면
> $\square^2-3\times\square+a=0$
> $\therefore a=\square$

026 $2x^2+x-a=0$ [-2]

027 $x^2+ax+5=0$ [1]

028 $3x^2-ax-8=0$ [2]

029 $ax^2-4x+5=0$ [-1]

학교 시험 문제는 이렇게

030 이차방정식 $x^2+ax-3=0$의 한 근이 $x=2$이고, 이차방정식 $x^2+bx-15=0$의 한 근이 $x=3$일 때, 상수 a, b에 대하여 ab의 값을 구하시오.

● 이차방정식의 한 근이 문자로 주어질 때, 식의 값 구하기

• 이차방정식 $x^2+ax+b=0$의 한 근이 $x=m$이면
➡ $m^2+am+b=0$이 성립한다.

[031~036] 다음을 구하시오.

031 이차방정식 $x^2+2x-4=0$의 한 근이 $x=m$일 때, m^2+2m의 값

> $x^2+2x-4=0$에 $x=m$을 대입하면
> $m^2+2m-4=\square$
> $\therefore m^2+2m=\square$

032 이차방정식 $3x^2-x-6=0$의 한 근이 $x=m$일 때, $3m^2-m$의 값

033 이차방정식 $7x^2-6x-14=0$의 한 근이 $x=k$일 때, $7k^2-6k+3$의 값

034 이차방정식 $x^2-5x+1=0$의 한 근이 $x=a$일 때, $5a-a^2$의 값

035 이차방정식 $3x^2-6x-4=0$의 한 근이 $x=a$일 때, $6a^2-12a$의 값

036 이차방정식 $2x^2+8x-1=0$의 한 근이 $x=k$일 때, $4k^2+16k+4$의 값

03 인수분해를 이용한 이차방정식의 풀이

(1) $AB=0$의 성질

두 수 또는 두 식 A, B에 대하여 $AB=0$이면 $A=0$ 또는 $B=0$이다.

예 $\underset{A}{\underline{x}}\,(\underset{B}{\underline{x-1}})=0$이면 $\underset{A}{\underline{x}}=0$ 또는 $\underset{B}{\underline{x-1}}=0$ $\quad\therefore x=0$ 또는 $x=1$

참고 '$A=0$ 또는 $B=0$'은 다음 세 가지 중 하나가 성립함을 의미한다.

① $A=0$, $B\neq0$ ② $A\neq0$, $B=0$ ③ $A=0$, $B=0$

(2) 인수분해를 이용한 이차방정식의 풀이

$ax^2+bx+c=0$ 꼴로 정리한 이차방정식의 좌변을 두 일차식의 곱으로 인수분해할 수 있을 때는 $AB=0$의 성질을 이용하여 이차방정식을 푼다.

예 $x^2-3x+2=0$이면 $(\underset{A}{\underline{x-1}})(\underset{B}{\underline{x-2}})=0$

$\underset{A}{\underline{x-1}}=0$ 또는 $\underset{B}{\underline{x-2}}=0$ $\quad\therefore x=1$ 또는 $x=2$

참고 괄호가 있는 이차방정식은 괄호를 풀어 $ax^2+bx+c=0$ 꼴로 나타낸 후 해를 구한다.

정답과 해설 • 41쪽

● $AB=0$의 성질을 이용한 이차방정식의 풀이

[037~042] 다음 이차방정식을 푸시오.

037 $(x+1)(x-3)=0$

➡ $x+1=\square$ 또는 $x-3=\square$

$\therefore x=\square$ 또는 $x=\square$

038 $(x-2)(x-5)=0$

039 $x(x+7)=0$

040 $(2x-3)(3x-4)=0$

041 $(2x-9)(2x+9)=0$

042 $(-7x+5)(3x+1)=0$

● 인수분해를 이용한 이차방정식의 풀이 중요

[043~048] 인수분해를 이용하여 다음 이차방정식을 푸시오.

043 $x^2+2x=0$

➡ $x(\square)=0$ ← $ma+mb=m(a+b)$

$x=\square$ 또는 $\square=0$

$\therefore x=\square$ 또는 $x=\square$

044 $x^2-6x=0$

045 $4x^2+28x=0$

046 $6x^2-2x=0$

047 $4x^2=5x$

048 $(x+2)(2x+3)=6$

[049~054] 인수분해를 이용하여 다음 이차방정식을 푸시오.

049 $x^2-4=0$

➡ $(x+2)(\square)=0$ ← $a^2-b^2=(a+b)(a-b)$

$x+2=\square$ 또는 $\square=0$

$\therefore x=\square$ 또는 $x=\square$

050 $x^2-25=0$

051 $64-9x^2=0$

052 $9x^2=16$

053 $4(x^2+1)=5$

054 $(x+1)(x+2)=3x+3$

[055~061] 인수분해를 이용하여 다음 이차방정식을 푸시오.

055 $x^2+4x+3=0$

➡ $(x+3)(\square)=0$ ← $x^2+(a+b)x+ab=(x+a)(x+b)$

$x+3=\square$ 또는 $\square=0$

$\therefore x=\square$ 또는 $x=\square$

056 $x^2+x-2=0$

057 $x^2-7x+10=0$

058 $x^2=5x-6$

059 $2x^2-2x-20=x^2-3x$

060 $(x+3)(x-1)=5$

061 $(x+5)(x-5)=3x+3$

[062~068] 인수분해를 이용하여 다음 이차방정식을 푸시오.

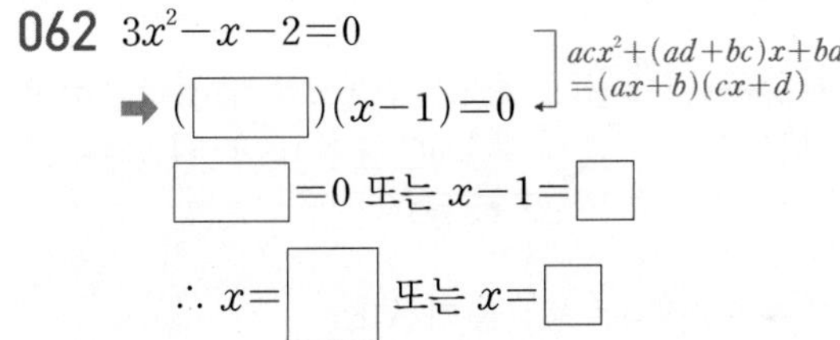

062 $3x^2-x-2=0$

➡ $(\square)(x-1)=0$ ← $acx^2+(ad+bc)x+bd=(ax+b)(cx+d)$

$\square=0$ 또는 $x-1=\square$

$\therefore x=\square$ 또는 $x=\square$

063 $8x^2-2x-3=0$

064 $3x^2-16x+5=0$

065 $2x^2=5x+3$

066 $x^2+7x+10=-x^2-2x$

067 $(3x+2)(5x-3)=-4$

068 $2(x+4)(x-4)=10-5x$

● 한 근이 주어질 때, 다른 한 근 구하기 중요

[069~074] 다음 [ ] 안의 수가 주어진 이차방정식의 해일 때, 상수 a의 값과 다른 한 근을 각각 구하시오.

069 $x^2+ax-8=0$ [2]

> $x^2+ax-8=0$에 $x=2$를 대입하면
>
> $2^2+2a-8=0$, $2a-4=0$
>
> $\therefore a=\square$
>
> 즉, $x^2+\square x-8=0$에서 $(x+\square)(x-2)=0$
>
> $\therefore x=\square$ 또는 $x=2$

➡ a의 값: ______, 다른 한 근: ______

070 $x^2-2x+a=0$ [-2]

071 $2x^2+ax-9=0$ [-3]

072 $5x^2-3x+a-2=0$ [1]

073 $x^2+ax-a-1=0$ [4]

074 $(a+1)x^2-3x+a=0$ [-1]

04 이차방정식의 중근

(1) 이차방정식의 중근

이차방정식의 두 해가 중복될 때, 이 해를 이차방정식의 중근이라 한다.

예) $x^2-2x+1=0$에서 $(x-1)^2=0$, 즉 $(x-1)(x-1)=0$ $\therefore$ $\underline{x=1}$ 또는 $\underline{x=1}$ (해가 중복된다.) $\therefore$ $x=1$ → 중근

(2) 이차방정식이 중근을 가질 조건

이차방정식이 (완전제곱식)$=0$ 꼴로 나타내어지면 이 이차방정식은 중근을 가진다.
(완전제곱식)$=0$ → $a(x-m)^2=0$

➡ 이차방정식 $x^2+ax+b=0$이 중근을 가지면 $b=\left(\dfrac{a}{2}\right)^2$ → (상수항)$=\left(\dfrac{x\text{의 계수}}{2}\right)^2$

정답과 해설 • 44쪽

● 이차방정식의 중근

[075~080] 인수분해를 이용하여 다음 이차방정식을 푸시오.

075 $x^2+2x+1=0$

➡ $(\square)^2=0$ $\therefore$ $x=\square$

076 $x^2-10x+25=0$

077 $x^2-8x+16=0$

078 $x^2+\dfrac{1}{2}x+\dfrac{1}{16}=0$

079 $9x^2+6x+1=0$

080 $4x^2+12x+9=0$

● 이차방정식이 중근을 가질 조건

[081~089] 다음 이차방정식이 중근을 가질 때, 상수 k의 값을 구하시오.

081 $x^2-4x+k=0$

➡ $k=\left(\dfrac{\square}{2}\right)^2=\square$

082 $x^2+18x+k=0$

083 $x^2-3x+k=0$

084 $x^2-8x+4a=0$

085 $x^2+2x+k-1=0$

086 $x^2-10x+2k=-1$

087 $x^2-k+10=6x$

088 $(x+4)^2=x+k$

089 $(x+1)(x-2)=k$

[090~093] 다음 이차방정식이 중근을 가질 때, 상수 k의 값을 모두 구하시오.

090 $x^2+kx+4=0$

➡ $4=\left(\frac{k}{2}\right)^2$, $k^2=\square$ $\quad\therefore k=\pm\square$

091 $x^2-kx+9=0$

092 $x^2+2kx+25=0$

093 $x^2+kx=-\frac{1}{4}$

• 이차방정식의 x^2의 계수가 1이 아닐 때는 x^2의 계수로 양변을 나누어 x^2의 계수를 1로 만든 후 중근을 가질 조건을 생각한다.

[094~098] 다음 이차방정식이 중근을 가질 때, 상수 k의 값을 구하시오.

094 $2x^2-4x+k=0$

➡ 양변을 x^2의 계수 $\square$로 나누면 ______

➡ $k=\square$

095 $9x^2+24x+k=0$

096 $5x^2-20x-k=0$

097 $4x^2-2kx+1=0$ (단, $k>0$)

098 $2x^2+x=-kx-8$ (단, $k<0$)

학교 시험 문제는 이렇게

099 이차방정식 $x^2-2ax-a+2=0$이 중근을 가질 때, 양수 a의 값을 구하시오.

05 제곱근을 이용한 이차방정식의 풀이

(1) 이차방정식 $x^2=q(q\geq 0)$의 해

➡ $x=\pm\sqrt{q}$

예 $x^2=2$
$\therefore x=\pm\sqrt{2}$ ← 제곱근 이용하기

(2) 이차방정식 $(x+p)^2=q(q\geq 0)$의 해

➡ $x+p=\pm\sqrt{q}$ ➡ $x=-p\pm\sqrt{q}$

예 $(x+1)^2=2$
$x+1=\pm\sqrt{2}$ ← 제곱근 이용하기
$\therefore x=-1\pm\sqrt{2}$ ← 좌변에 x만 남기기

정답과 해설 • 45쪽

● $x^2=q(q\geq 0)$ 꼴의 이차방정식

[100~105] 제곱근을 이용하여 다음 이차방정식을 푸시오.

100 $x^2=10$

101 $x^2=16$

102 $x^2-5=0$

103 $3x^2=39$

➡ $x^2=$ □ $\therefore x=$ □

104 $4x^2=44$

105 $6x^2-7=0$

● $(x+p)^2=q(q\geq 0)$ 꼴의 이차방정식

[106~112] 제곱근을 이용하여 다음 이차방정식을 푸시오.

106 $(x+1)^2=3$

➡ $x+1=\pm$ □ $\therefore x=$ □ $\pm$ □

107 $(x-4)^2=20$

108 $(x-5)^2=9$

109 $3(x+7)^2=18$

➡ $(x+7)^2=$ □

$x+7=\pm$ □ $\therefore x=$ □ $\pm$ □

110 $2(x+2)^2=8$

111 $(4x-1)^2=13$

112 $(2x+5)^2-8=0$

06 완전제곱식을 이용한 이차방정식의 풀이

이차방정식 $ax^2+bx+c=0$에서 좌변을 인수분해할 수 없을 때는 다음과 같이 $(x+p)^2=q$ 꼴로 고친 후 제곱근을 이용하여 해를 구한다.
(└→ 완전제곱식: $(x+p)^2$)

$2x^2+4x-12=0$
❶ x^2의 계수를 1로 만든다.
$x^2+2x-6=0$
❷ 상수항을 우변으로 이항한다.
$x^2+2x=6$
❸ 양변에 $\left(\dfrac{x\text{의 계수}}{2}\right)^2$을 더한다.
$x^2+2x+\left(\dfrac{2}{2}\right)^2=6+\left(\dfrac{2}{2}\right)^2$
❹ 좌변을 완전제곱식으로 고친다.
$(x+1)^2=7$
❺ 제곱근을 이용하여 해를 구한다.
$\therefore x=-1\pm\sqrt{7}$

정답과 해설 • 46쪽

● 완전제곱식을 이용한 이차방정식의 풀이 중요

113 다음은 완전제곱식을 이용하여 이차방정식을 푸는 과정이다. □ 안에 알맞은 수를 쓰시오.

(1) $x^2+10x+22=0$

$x^2+10x=\square$

$x^2+10x+\square=\square+\square$ ← 양변에 $\left(\dfrac{x\text{의 계수}}{2}\right)^2$을 더한다.

$(x+\square)^2=\square$

$x+\square=\pm\square$

$\therefore x=\square$

(2) $2x^2-12x+14=0$

← 양변을 x^2의 계수 2로 나눈다.

$x^2-6x+\square=0$

$x^2-6x=\square$

$x^2-6x+\square=\square+\square$ ← 양변에 $\left(\dfrac{x\text{의 계수}}{2}\right)^2$을 더한다.

$(x-\square)^2=\square$

$x-\square=\pm\square$

$\therefore x=\square$

[114~121] 완전제곱식을 이용하여 다음 이차방정식을 푸시오.

114 $x^2-2x-9=0$

115 $x^2+8x+13=0$

116 $x^2-3x+1=0$

117 $3x^2-18x+6=0$

118 $4x^2-16x-8=0$

119 $5x^2+30x+5=0$

120 $16x^2-8x-4=0$

121 $-2x^2-8x+6=0$

07 이차방정식의 근의 공식

(1) x에 대한 이차방정식 $ax^2+bx+c=0(a\neq0)$의 해는

➡ $x=\dfrac{-b\pm\sqrt{b^2-4ac}}{2a}$(단, $b^2-4ac\geq0$)

예 $x^2-5x+2=0$의 해

➡ 근의 공식에 $a=1$, $b=-5$, $c=2$를 대입

➡ $x=\dfrac{-(-5)\pm\sqrt{(-5)^2-4\times1\times2}}{2\times1}=\dfrac{5\pm\sqrt{17}}{2}$

(2) x에 대한 이차방정식 $ax^2+2b'x+c=0(a\neq0)$의 해는
└ 일차항의 계수가 짝수

➡ $x=\dfrac{-b'\pm\sqrt{b'^2-ac}}{a}$(단, $b'^2-ac\geq0$)

예 $x^2-4x+2=0$의 해

➡ 근의 공식에 $a=1$, $b'=-2$, $c=2$를 대입

➡ $x=\dfrac{-(-2)\pm\sqrt{(-2)^2-1\times2}}{1}=2\pm\sqrt{2}$

참고 일차항의 계수가 짝수일 때, (2)의 공식을 이용하면 분모, 분자를 약분하는 과정이 생략되어 계산이 간단해진다.

정답과 해설 • 46쪽

● 이차방정식의 근의 공식 중요

122 다음은 근의 공식을 이용하여 이차방정식의 해를 구하는 과정이다. □ 안에 알맞은 수를 쓰시오.

(1) $x^2+3x-6=0$

➡ 근의 공식에 $a=$□, $b=$□, $c=$□을 대입하면

$x=\dfrac{-□\pm\sqrt{□^2-4\times□\times(□)}}{2\times□}$

$=$□

(2) $x^2-6x-5=0$

➡ 일차항의 계수가 짝수일 때의 근의 공식에

$a=$□, $b'=$□, $c=$□를 대입하면

$x=\dfrac{-(□)\pm\sqrt{(□)^2-□\times(□)}}{□}$

$=$□

[123~130] 근의 공식을 이용하여 다음 이차방정식을 푸시오.

123 $x^2-3x+1=0$

➡ $a=$□, $b=$□, $c=$□

➡ $x=$ __________

124 $x^2-x-4=0$

125 $x^2+3x-5=0$

126 $x^2+9x+2=0$

127 $2x^2+5x-1=0$

128 $4x^2-7x+2=0$

129 $5x^2-x-3=0$

130 $(x+1)(x-2)=6$

[131~137] 일차항의 계수가 짝수일 때의 근의 공식을 이용하여 다음 이차방정식을 푸시오.

131 $x^2+4x+2=0$

➡ $a=\square$, $b'=\square$, $c=\square$

➡ $x=$ ____________

132 $x^2-6x-1=0$

133 $x^2+14x-3=0$

134 $5x^2-8x-2=0$

135 $2x^2+10x-3=0$

136 $9x^2+12x+2=0$

137 $(x-5)(x-1)=8x-3$

학교 시험 문제는 이렇게

138 이차방정식 $4x^2-9x+1=0$의 해가 $x=\dfrac{A\pm\sqrt{B}}{8}$일 때, 유리수 A, B에 대하여 $A+B$의 값을 구하시오.

08 여러 가지 이차방정식의 풀이

(1) 여러 가지 이차방정식의 풀이

① 계수에 소수가 있으면 양변에 10의 거듭제곱을 곱하여 계수를 정수로 바꾸어 정리한 후 이차방정식을 푼다.

② 계수에 분수가 있으면 양변에 분모의 최소공배수를 곱하여 계수를 정수로 바꾸어 정리한 후 이차방정식을 푼다.

(2) 공통부분이 있는 이차방정식의 풀이

공통부분을 A로 놓고 정리하여 A의 값을 구한 후 A에 원래의 식을 대입하여 해를 구한다.

예 $(x+1)^2+3(x+1)+2=0 \xrightarrow{x+1=A\text{로 놓는다.}} A^2+3A+2=0$

● 이차방정식의 풀이

$ax^2+bx+c=0$ → 인수분해가 되는가? → 예: 인수분해 / 아니오: 근의 공식

정답과 해설 • 47쪽

● 여러 가지 이차방정식의 풀이 중요

[139~143] 다음 이차방정식을 푸시오.

139 $0.1x^2-0.1x-0.2=0$

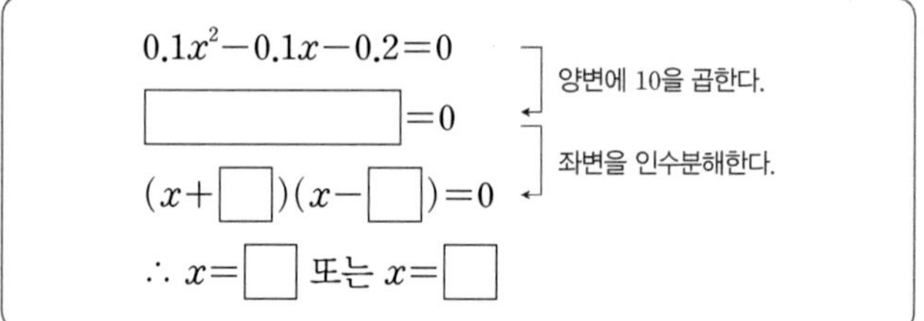

140 $0.2x^2+0.3x-0.5=0$

141 $0.01x^2-0.03x=0.18$

142 $4.9x^2-2.5=0$

143 $0.5x^2-0.6x=0.7$

[144~148] 다음 이차방정식을 푸시오.

144 $\frac{1}{6}x^2-x+\frac{1}{2}=0$

$\frac{1}{6}x^2-x+\frac{1}{2}=0$
양변에 6을 곱한다.
$\square=0$
근의 공식을 이용한다.
$\therefore x=\square$

145 $\frac{1}{4}x^2-\frac{3}{2}x+2=0$

146 $\frac{1}{2}x^2-\frac{1}{3}x-\frac{1}{6}=0$

147 $\frac{1}{5}x^2+\frac{1}{2}x=-\frac{1}{5}$

148 $\frac{1}{3}x+\frac{1}{6}=\frac{1}{4}x^2$

[149~154] 다음 이차방정식을 푸시오.

149 $\frac{1}{3}x^2-2x-0.5=0$

150 $1.2x^2-0.4x-\frac{1}{2}=0$

151 $\frac{x(x-3)}{4}=\frac{1}{2}$

152 $\frac{x(x-2)}{5}=\frac{(x+1)(x-3)}{3}$

153 $0.5x^2-\frac{x^2+x}{4}=1$

154 $0.3(x-2)^2=\frac{(x+2)(x-3)}{5}$

학교 시험 문제는 이렇게

155 $0.2x^2+\frac{1}{10}x=\frac{2}{5}$의 해가 $x=\frac{p\pm\sqrt{q}}{4}$일 때, 유리수 p, q에 대하여 $p+q$의 값을 구하시오.

● 공통부분이 있는 이차방정식의 풀이

[156~161] 다음 이차방정식을 푸시오.

156 $(x+2)^2-4(x+2)-5=0$

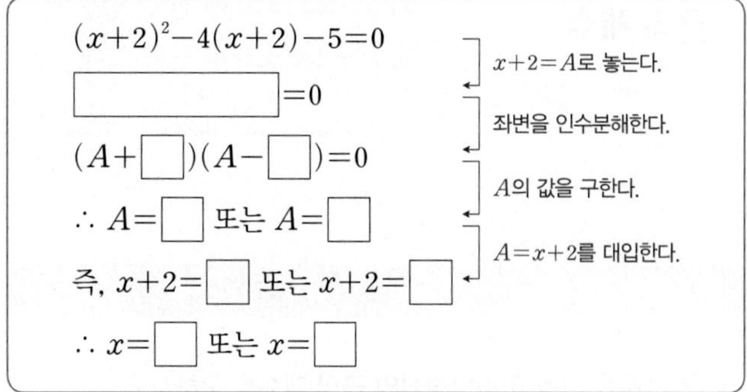

157 $(x+1)^2-2(x+1)+1=0$

158 $9(x-4)^2+6(x-4)+1=0$

159 $(x-3)^2-5(x-3)+4=0$

160 $2(x+1)^2-3(x+1)-5=0$

161 $4(2x-1)^2+4(2x-1)-3=0$

09 이차방정식의 근의 개수

이차방정식 $ax^2+bx+c=0(a\neq0)$의 근의 개수는 근의 공식 $x=\frac{-b\pm\sqrt{b^2-4ac}}{2a}$에서 b^2-4ac의 부호에 의해 결정된다.

(1) $b^2-4ac>0$ ➡ 서로 다른 두 근을 가진다. ➡ 근이 2개
(2) $b^2-4ac=0$ ➡ 한 근(중근)을 가진다. ➡ 근이 1개
(3) $b^2-4ac<0$ ➡ 근이 없다. ➡ 근이 0개 → 근호 안의 수가 음수이므로 근이 없다.

근이 존재할 조건 ➡ $b^2-4ac\geq0$

정답과 해설 • 49쪽

● 이차방정식의 근의 개수

[162~168] 다음 이차방정식의 근의 개수를 구하시오.

162 $x^2-4x+1=0$

➡ $a=$ ☐, $b=$ ☐, $c=$ ☐ 이므로 $b^2-4ac=$ ☐

➡ b^2-4ac ◯ 0이므로 근의 개수는 ☐

163 $x^2+3x+4=0$

164 $x^2+x-4=0$

165 $-3x^2-5=5x$

166 $4x^2+4x+1=0$

167 $6x^2+3x+1=0$

168 $-2x^2+8x+3=0$

● 근의 개수에 따른 상수의 값의 범위 구하기

[169~171] 이차방정식 $x^2+5x+k=0$의 근이 다음과 같을 때, 상수 k의 값 또는 범위를 구하시오.

169 서로 다른 두 근

170 중근

171 근이 없다.

[172~174] 이차방정식 $3x^2+2x-k=0$의 근이 다음과 같을 때, 상수 k의 값 또는 범위를 구하시오.

172 서로 다른 두 근

173 중근

174 근이 없다.

학교 시험 문제는 이렇게

175 이차방정식 $x^2-7x+7k=0$이 근을 가질 때, 상수 k의 값의 범위를 구하시오.

10 이차방정식 구하기

(1) 두 근이 α, β이고 x^2의 계수가 $a(a\neq0)$인 이차방정식 ➡ $a(x-\alpha)(x-\beta)=0$

예 두 근이 1, 2이고 x^2의 계수가 1인 이차방정식
➡ $(x-1)(x-2)=0$에서 $x^2-3x+2=0$

(2) 중근이 α이고 x^2의 계수가 $a(a\neq0)$인 이차방정식 ➡ $a(x-\alpha)^2=0$ → (완전제곱식)=0

예 중근이 1이고 x^2의 계수가 2인 이차방정식
➡ $2(x-1)^2=0$에서 $2x^2-4x+2=0$

정답과 해설 • 50쪽

● 이차방정식 구하기 중요

[176~186] 다음 조건을 만족시키는 x에 대한 이차방정식을 $ax^2+bx+c=0$ 꼴로 나타내시오. (단, a, b, c는 상수)

176 두 근이 2, 3이고 x^2의 계수가 1인 이차방정식
➡ $(x-\square)(x-\square)=0$
➡ $\square=0$

177 두 근이 1, 3이고 x^2의 계수가 1인 이차방정식

178 두 근이 3, -6이고 x^2의 계수가 -1인 이차방정식

179 두 근이 -2, 1이고 x^2의 계수가 -2인 이차방정식

180 두 근이 -1, -4이고 x^2의 계수가 3인 이차방정식

181 두 근이 $\frac{1}{2}$, $-\frac{5}{2}$이고 x^2의 계수가 4인 이차방정식

182 중근이 3이고 x^2의 계수가 1인 이차방정식
➡ $(x-\square)^2=0$
➡ $\square=0$

183 중근이 4이고 x^2의 계수가 1인 이차방정식

184 중근이 -3이고 x^2의 계수가 3인 이차방정식

185 중근이 -4이고 x^2의 계수가 -1인 이차방정식

186 중근이 $\frac{3}{2}$이고 x^2의 계수가 -3인 이차방정식

학교 시험 문제는 이렇게

187 이차방정식 $2x^2+ax+b=0$의 두 근이 -2, 5일 때, 상수 a, b의 값을 각각 구하시오.

11 이차방정식의 활용

[이차방정식을 활용하여 문제를 해결하는 과정]

미지수 정하기 ➡ 이차방정식 세우기 ➡ 이차방정식 풀기 ➡ 확인하기

↳ 나이, 물건의 개수, 사람 수 등은 자연수이어야 하고, 시간, 길이 등은 양수를 답으로 한다.

참고 연속하는 수에 대한 문제에서 미지수 정하기

(1) 연속하는 두 자연수 ➡ x, $x+1$

(2) 연속하는 두 짝수(홀수) ➡ x, $x+2$

(3) 연속하는 세 자연수 ➡ $x-1$, x, $x+1$ 또는 x, $x+1$, $x+2$

정답과 해설 • 50쪽

● 수에 대한 문제

[188~190] 어떤 자연수에 1을 더한 다음 제곱한 수는 이 자연수의 9배보다 1만큼 크다고 한다. 어떤 자연수를 구하려고 할 때, 다음 물음에 답하시오.

188 다음 □ 안에 알맞은 식을 쓰고, 이를 이용하여 x에 대한 이차방정식을 세우시오.

> 어떤 자연수를 x라 하면
> 어떤 자연수에 1을 더한 다음 제곱한 수는 □,
> 어떤 자연수의 9배보다 1만큼 큰 수는 □

➡ 이차방정식: ______________

189 188에서 세운 이차방정식을 푸시오.

190 어떤 자연수를 구하시오.

191 어떤 자연수에서 3을 뺀 다음 제곱한 수는 이 자연수보다 27만큼 크다고 할 때, 어떤 자연수를 구하시오.

● 연속하는 수에 대한 문제 중요

[192~194] 연속하는 두 짝수의 곱이 288이다. 이 두 자연수를 구하려고 할 때, 다음 물음에 답하시오.

192 다음 □ 안에 알맞은 식을 쓰고, 이를 이용하여 x에 대한 이차방정식을 세우시오.

> 연속하는 두 짝수 중 작은 수를 x라 하면 큰 수는 □

➡ 이차방정식: ______________

193 192에서 세운 이차방정식을 푸시오.

194 연속하는 두 짝수를 구하시오.

[195~197] 연속하는 세 자연수 중 가장 작은 수와 가운데 수의 제곱의 합이 가장 큰 수의 10배보다 5만큼 크다고 한다. 이 세 자연수를 구하려고 할 때, 다음 물음에 답하시오.

195 다음 □ 안에 알맞은 식을 쓰고, 이를 이용하여 x에 대한 이차방정식을 세우시오.

> 연속하는 세 자연수 중 가운데 수를 x라 하면
> 가장 작은 수는 □, 가장 큰 수는 □

➡ 이차방정식: ______________

196 195에서 세운 이차방정식을 푸시오.

197 연속하는 세 자연수를 구하시오.

● 실생활에 대한 문제

[198~200] 오빠와 동생의 나이의 차는 5살이고, 동생의 나이의 제곱은 오빠의 나이의 3배보다 3살이 많다고 한다. 동생의 나이를 구하려고 할 때, 다음 물음에 답하시오.

198 다음 □ 안에 알맞은 식을 쓰고, 이를 이용하여 x에 대한 이차방정식을 세우시오.

> 동생의 나이를 x살이라 하면 오빠의 나이는 (□)살

➡ 이차방정식: ____________

199 198에서 세운 이차방정식을 푸시오.

200 동생의 나이를 구하시오.

[201~203] 사과 84개를 남김없이 한 모둠의 학생들에게 똑같이 나누어 주었더니 한 학생이 받은 사과의 개수가 모둠의 학생 수보다 5만큼 적다고 한다. 이 모둠의 학생은 모두 몇 명인지 구하려고 할 때, 다음 물음에 답하시오.

201 다음 □ 안에 알맞은 식을 쓰고, 이를 이용하여 x에 대한 이차방정식을 세우시오.

> 모둠의 학생을 x명이라 하면
> 한 학생이 받은 사과는 (□)개

➡ 이차방정식: ____________

202 201에서 세운 이차방정식을 푸시오.

203 모둠의 학생은 모두 몇 명인지 구하시오.

● 쏘아 올린 물체에 대한 문제 중요

> (1) 쏘아 올린 물체의 높이가 hm인 경우는 올라갈 때와 내려올 때 두 번 생긴다. (단, 가장 높이 올라간 경우는 제외한다.)
> (2) 물체가 지면에 떨어졌을 때의 높이는 0m이다.

[204~206] 지면에서 지면에 수직인 방향으로 초속 40m로 쏘아 올린 공의 x초 후의 지면으로부터의 높이는 $(40x-5x^2)$m라 한다. 이 공의 높이가 처음으로 75m가 되는 것은 공을 쏘아 올린 지 몇 초 후인지 구하려고 할 때, 다음 물음에 답하시오.

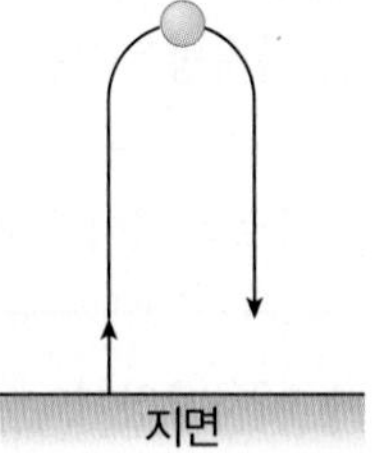

204 x에 대한 이차방정식을 세우시오.

205 204에서 세운 이차방정식을 푸시오.

206 공의 높이가 처음으로 75m가 되는 것은 공을 쏘아 올린 지 몇 초 후인지 구하시오.

207 지면으로부터 5m의 높이의 건물 옥상에서 초속 30m로 지면에 수직인 방향으로 던져 올린 야구공의 t초 후의 지면으로부터의 높이는 $(-5t^2+30t+5)$m라 한다. 이 야구공의 지면으로부터의 높이가 처음으로 45m가 되는 것은 야구공을 던져 올린 지 몇 초 후인지 구하시오.

208 지면에서 지면에 수직인 방향으로 초속 35m로 쏘아 올린 물체의 t초 후의 지면으로부터의 높이는 $(-5t^2+35t)$m라 한다. 이 물체가 지면에 떨어지는 것은 물체를 쏘아 올린 지 몇 초 후인지 구하시오.

● 도형에 대한 문제 중요

[209~211] 가로의 길이가 세로의 길이보다 3 cm 짧은 직사각형의 넓이가 108 cm²라 한다. 이 직사각형의 가로의 길이를 구하려고 할 때, 다음 물음에 답하시오.

209 다음 □ 안에 알맞은 식을 쓰고, 이를 이용하여 x에 대한 이차방정식을 세우시오.

> 가로의 길이를 x cm라 하면 세로의 길이는 (□) cm

➡ 이차방정식: ______________

210 209에서 세운 이차방정식을 푸시오.

211 직사각형의 가로의 길이를 구하시오.

212 가로의 길이가 세로의 길이보다 4 cm 긴 직사각형의 넓이가 96 cm²일 때, 이 직사각형의 세로의 길이를 구하시오.

213 높이가 밑변의 길이보다 5 cm 긴 삼각형의 넓이가 33 cm²일 때, 이 삼각형의 밑변의 길이를 구하시오.

● 변의 길이를 줄이거나 늘인 도형에 대한 문제 중요

> • 한 변의 길이가 x cm인 정사각형의 가로의 길이를 a cm만큼 늘이고, 세로의 길이를 b cm만큼 줄여서 만든 직사각형의 넓이는
> ➡ $(x+a)(x-b)$ cm²

[214~216] 오른쪽 그림과 같이 가로, 세로의 길이가 각각 8 cm, 9 cm인 직사각형에서 가로의 길이는 x cm 늘이고 세로의 길이는 x cm 줄여서 만든 직사각형의 넓이가 70 cm²라 한다. 새로 만든 직사각형의 가로의 길이를 구하려고 할 때, 다음 물음에 답하시오.

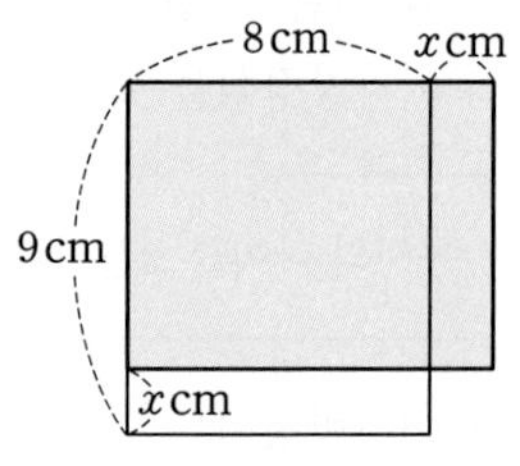

214 다음 □ 안에 알맞은 식을 쓰고, 이를 이용하여 x에 대한 이차방정식을 세우시오.

> 새로 만든 직사각형의 가로의 길이는 (□) cm,
> 세로의 길이는 (□) cm

➡ 이차방정식: ______________

215 214에서 세운 이차방정식을 푸시오.

216 새로 만든 직사각형의 가로의 길이를 구하시오.

217 다음 그림과 같이 한 변의 길이가 x cm인 정사각형에서 가로의 길이는 3 cm 늘이고 세로의 길이는 2 cm 줄여서 만든 직사각형의 넓이가 36 cm²일 때, x의 값을 구하시오.

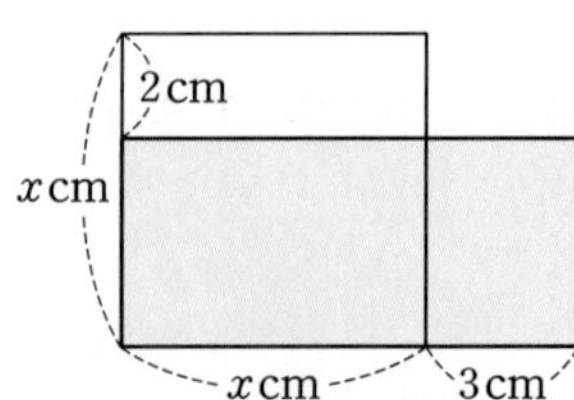

기본 문제 × 확인하기

정답과 해설 • 52쪽

1 다음 중 이차방정식인 것은 ○표, 이차방정식이 아닌 것은 ×표를 (   ) 안에 쓰시오.

(1) $x^2-3x=-2$ (   )

(2) $4x^2+5x-1$ (   )

(3) $(x+1)(x-3)=-2x$ (   )

(4) $x^2-\frac{1}{x}=x^2-6$ (   )

2 다음 이차방정식을 푸시오.

(1) $2x(x+1)=0$

(2) $(x-4)\left(x-\frac{1}{3}\right)=0$

(3) $5(x-1)(3x+4)=0$

3 인수분해를 이용하여 다음 이차방정식을 푸시오.

(1) $x^2+3x=0$

(2) $x^2-11x+24=0$

(3) $(x+1)(3x-2)=2$

(4) $4x^2+20x+25=0$

(5) $x^2+9=-6x$

(6) $(x+1)(4x-3)=5x-4$

4 다음 이차방정식이 중근을 가질 때, 상수 k의 값을 구하시오.

(1) $x^2-6x+k=0$

(2) $x^2+kx+16=0$

(3) $3x^2+18x+k=0$

5 제곱근을 이용하여 다음 이차방정식을 푸시오.

(1) $x^2-48=0$

(2) $16x^2=9$

(3) $(3x-1)^2=5$

(4) $2(x+3)^2-54=0$

6 완전제곱식을 이용하여 다음 이차방정식을 푸시오.

(1) $x^2+2x-5=0$

(2) $x^2-4x-1=0$

(3) $2x^2-8x+3=0$

(4) $3x^2+7x+3=0$

7 근의 공식을 이용하여 다음 이차방정식을 푸시오.

(1) $x^2+x-7=0$

(2) $x^2-4x-2=0$

(3) $2x^2+9x+6=0$

(4) $(x+4)(x-4)=6x+1$

8 다음 이차방정식을 푸시오.

(1) $0.1x^2+0.4x-4.5=0$

(2) $\frac{1}{6}x^2-\frac{1}{2}=\frac{1}{5}x$

(3) $\frac{1}{4}x^2+0.2x=\frac{2}{5}$

9 다음 이차방정식의 근의 개수를 구하시오.

(1) $x^2+5x+2=0$

(2) $4x^2-4x+1=0$

(3) $-x^2+3x-7=0$

10 이차방정식 $x^2-3x+k=0$의 근이 다음과 같을 때, 상수 k의 값 또는 범위를 구하시오.

(1) 서로 다른 두 근

(2) 중근

(3) 근이 없다.

11 다음 조건을 만족시키는 x에 대한 이차방정식을 $ax^2+bx+c=0$ 꼴로 나타내시오. (단, a, b, c는 상수)

(1) 두 근이 3, 7이고 x^2의 계수가 1인 이차방정식

(2) 두 근이 $\frac{1}{2}$, $-\frac{1}{4}$이고 x^2의 계수가 8인 이차방정식

(3) 중근이 -5이고 x^2의 계수가 2인 이차방정식

(4) 중근이 $\frac{1}{3}$이고 x^2의 계수가 -9인 이차방정식

12 어떤 자연수를 제곱한 수는 그 수를 3배한 것보다 10만큼 클 때, 어떤 자연수를 구하려고 한다. 다음 물음에 답하시오.

(1) 어떤 자연수를 x라 할 때, x에 대한 이차방정식을 세우시오.

(2) 어떤 자연수를 구하시오.

13 연속하는 두 자연수의 제곱의 합이 145일 때, 이 두 자연수를 구하려고 한다. 다음 물음에 답하시오.

(1) 연속하는 두 자연수 중 작은 수를 x라 할 때, x에 대한 이차방정식을 세우시오.

(2) 연속하는 두 자연수를 구하시오.

14 지면에서 지면에 수직인 방향으로 초속 20 m로 쏘아 올린 물체의 x초 후의 지면으로부터의 높이는 $(20x-5x^2)$ m라 한다. 이 물체의 높이가 20 m가 되는 것은 물체를 쏘아 올린 지 몇 초 후인지 구하려고 할 때, 다음 물음에 답하시오.

(1) x에 대한 이차방정식을 세우시오.

(2) 이 물체의 높이가 20 m가 되는 것은 물체를 쏘아 올린 지 몇 초 후인지 구하시오.

15 오른쪽 그림과 같이 가로, 세로의 길이가 각각 8 cm, 4 cm인 직사각형의 가로, 세로의 길이를 각각 x cm씩 늘였더니 넓이가 처음 직사각형의 넓이보다 28 cm²만큼 커졌다. 다음 물음에 답하시오.

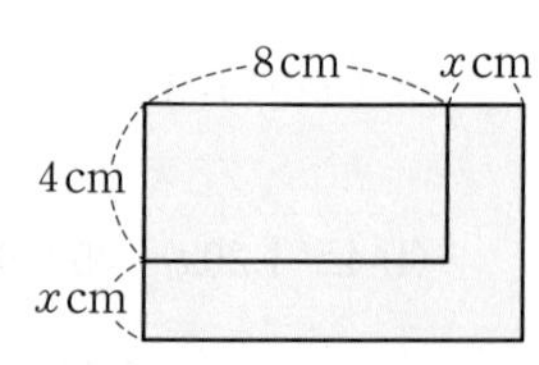

(1) x에 대한 이차방정식을 세우시오.

(2) x의 값을 구하시오.

학교 시험 문제 × 확인하기

정답과 해설 • 54쪽

1 $ax^2+4x+1=2(x+1)(x-5)$가 x에 대한 이차방정식이 되기 위한 상수 a의 조건은?

① $a\neq0$　② $a\neq1$　③ $a\neq2$
④ $a\neq3$　⑤ $a\neq4$

2 다음 중 [　] 안의 수가 주어진 이차방정식의 해인 것은?

① $x^2-x-12=0$　[3]
② $(x-6)(x+7)=0$　[-3]
③ $x^2-2x-8=0$　[-2]
④ $5x^2-3x-10=0$　[-1]
⑤ $x^2=7x$　[-7]

3 이차방정식 $x^2-2x+a=0$의 한 근이 $x=3$이고, 이차방정식 $4x^2+bx-3=0$의 한 근이 $x=-\frac{1}{2}$일 때, 상수 a, b에 대하여 $a+b$의 값을 구하시오.

4 이차방정식 $x^2-4x+2=0$의 한 근이 $x=a$일 때, a^2-4a+6의 값을 구하시오.

5 다음 이차방정식의 두 근을 a, b라 할 때, $a-2b$의 값은? (단, $a>b$)

$$(x-2)(x-4)=3$$

① 1　② 3　③ 7
④ 9　⑤ 11

6 이차방정식 $2x^2+ax-6=0$의 한 근이 $x=6$일 때, 상수 a의 값과 다른 한 근을 각각 구하시오.

7 다음 보기의 이차방정식 중 중근을 가지는 것을 모두 고른 것은?

보기
ㄱ. $x^2=1$　ㄴ. $x^2+6x+9=0$
ㄷ. $2x^2-28x+98=0$　ㄹ. $x^2-x+\frac{1}{4}=0$
ㅁ. $(x+1)(x-7)=0$　ㅂ. $x^2+4x=0$

① ㄱ, ㄹ　② ㄴ, ㅁ　③ ㄷ, ㅂ
④ ㄴ, ㄷ, ㄹ　⑤ ㄷ, ㅁ, ㅂ

8 이차방정식 $x^2+2ax-8a+20=0$이 중근을 갖도록 하는 상수 a의 값을 모두 고르면? (정답 2개)

① -10　② -5　③ -4
④ 2　⑤ 8

9 이차방정식 $3(x+a)^2=7$의 해가 $x=5\pm\frac{\sqrt{b}}{3}$일 때, 유리수 a, b에 대하여 $a+b$의 값은?

① 2　② 12　③ 16
④ 24　⑤ 26

10 다음은 이차방정식 $x^2-6x-3=0$의 해를 완전제곱식을 이용하여 구하는 과정이다. (가)~(마)에 알맞은 수로 옳은 것은?

> $x^2-6x-3=0$에서
> $x^2-6x=$ (가)
> x^2-6x+ (나) $=$ (가) $+$ (나)
> $(x-$ (다) $)^2=$ (라)
> $\therefore x=$ (마)

① (가) -3　② (나) 36　③ (다) 3
④ (라) 33　⑤ (마) $3\pm\sqrt{33}$

11 이차방정식 $3x^2-5x+1=0$의 해가 $x=\frac{a\pm\sqrt{b}}{6}$일 때, 유리수 a, b에 대하여 $a+b$의 값은?

① 15　② 16　③ 17
④ 18　⑤ 19

12 이차방정식 $\frac{1}{5}x^2+0.5x=\frac{2}{5}x+0.3$의 두 근의 합은?

① $-\frac{5}{2}$　② $-\frac{1}{2}$　③ 0
④ $\frac{1}{2}$　⑤ $\frac{5}{2}$

13 이차방정식 $(x+4)^2-5(x+4)+6=0$을 푸시오.

14 다음 중 이차방정식 $3x^2-6x+k=0$이 근을 갖도록 하는 상수 k의 값은?

① 2　② $\frac{22}{7}$　③ $\frac{7}{2}$
④ 4　⑤ $\frac{27}{5}$

15 이차방정식 $x^2-mx+m+3=0$이 중근을 갖도록 하는 상수 m의 값을 모두 구하시오.

16 이차방정식 $4x^2-ax+b=0$의 두 근이 1, 2일 때, 상수 a, b에 대하여 $a-b$의 값은?

① -20 ② -4 ③ 0
④ 4 ⑤ 20

17 연속하는 세 홀수가 있다. 가장 큰 수의 제곱은 나머지 두 수의 제곱의 합보다 33만큼 작을 때, 세 홀수를 구하시오.

18 쿠키 140개를 남김없이 학생들에게 똑같이 나누어 주었더니 한 학생이 받은 쿠키의 개수가 학생 수보다 4만큼 많았다. 이때 학생은 모두 몇 명인가?

① 7명 ② 10명 ③ 14명
④ 20명 ⑤ 35명

19 지면으로부터 40 m의 높이의 건물 꼭대기에서 초속 30 m로 똑바로 위로 차 올린 공의 t초 후의 지면으로부터의 높이는 $(-5t^2+30t+40)$ m라 한다. 이 공의 지면으로부터의 높이가 처음으로 80 m가 되는 것은 공을 차 올린 지 몇 초 후인가?

① 1초 후 ② 2초 후 ③ 3초 후
④ 4초 후 ⑤ 5초 후

20 오른쪽 그림과 같이 어떤 원의 반지름의 길이를 5 cm만큼 늘였더니 넓이가 처음 원의 넓이의 4배가 되었다. 이때 처음 원의 반지름의 길이를 구하시오.

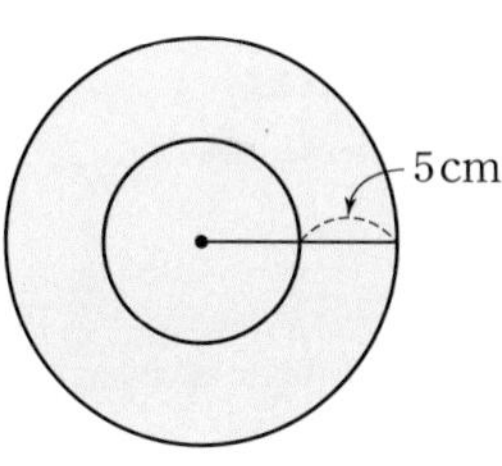

21 오른쪽 그림과 같이 가로, 세로의 길이가 각각 20 cm, 14 cm인 직사각형에서 가로의 길이는 1초에 1 cm씩 줄어들고, 세로의 길이는 1초에 2 cm씩 늘어난다. 새로 만든 직사각형의 넓이는 몇 초 후에 처음 직사각형의 넓이와 같아지는지 구하시오.

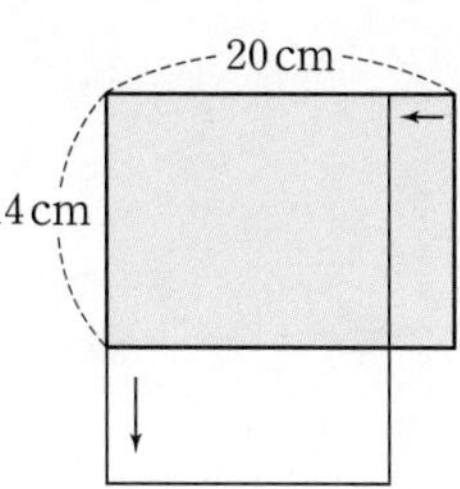

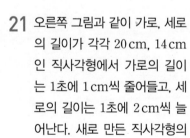

6

이차함수와 그 그래프

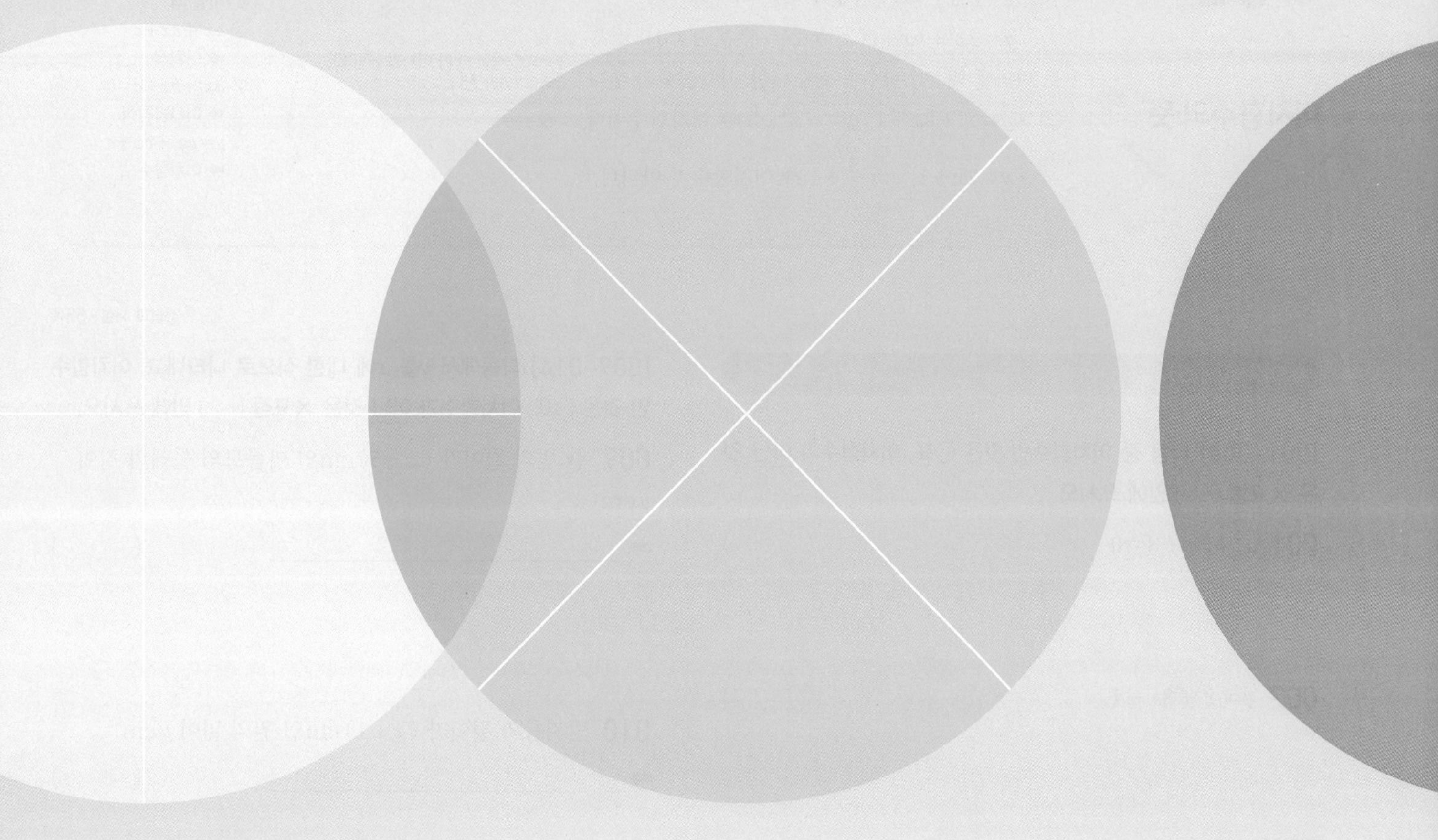

- 이차함수의 뜻
- 이차함수의 함숫값
- 함숫값이 주어질 때, 미지수의 값 구하기
- 이차함수 $y=x^2$의 그래프
- 이차함수 $y=x^2$의 그래프의 성질
- 이차함수 $y=ax^2$의 그래프의 성질
- 이차함수 $y=ax^2$의 그래프가 지나는 점
- 이차함수 $y=ax^2+q$의 그래프
- 이차함수 $y=ax^2+q$의 그래프의 성질
- 이차함수 $y=a(x-p)^2$의 그래프
- 이차함수 $y=a(x-p)^2$의 그래프의 성질
- 이차함수 $y=a(x-p)^2+q$의 그래프
- 이차함수 $y=a(x-p)^2+q$의 그래프의 성질
- 이차함수 $y=a(x-p)^2+q$의 그래프에서 a, p, q의 부호
- 이차함수 $y=ax^2+bx+c$를 $y=a(x-p)^2+q$ 꼴로 고치기
- 이차함수 $y=ax^2+bx+c$의 그래프
- 이차함수 $y=ax^2+bx+c$의 그래프가 x축과 만나는 점
- 이차함수 $y=ax^2+bx+c$의 그래프의 성질
- 이차함수 $y=ax^2+bx+c$의 그래프에서 a, b, c의 부호
- 이차함수의 식 구하기 - 꼭짓점과 다른 한 점이 주어질 때
- 이차함수의 식 구하기 - 축의 방정식과 서로 다른 두 점이 주어질 때
- 이차함수의 식 구하기 - 서로 다른 세 점이 주어질 때

01

이차함수의 뜻

함수 $y=f(x)$에서 y가 x에 대한 이차식

$y=ax^2+bx+c$(a, b, c는 상수, $a\neq0$)

로 나타날 때, 이 함수를 x에 대한 **이차함수**라 한다.

$y=ax^2+bx+c$가 이차함수이려면 $a\neq0$이어야 한다.

예 • $y=x^2+2x+1$, $y=-x^2+3$ ➡ 이차함수이다.

• $y=2x+1$, $y=\frac{3}{x}+1$ ➡ 이차함수가 아니다.

• $a\neq0$일 때,
① ax^2+bx+c
➡ 이차식
② $ax^2+bx+c=0$
➡ 이차방정식
③ $y=ax^2+bx+c$
➡ 이차함수

정답과 해설 • 55쪽

● 이차함수의 뜻 중요

[001~008] 다음 중 이차함수인 것은 ○표, 이차함수가 아닌 것은 ×표를 ( ) 안에 쓰시오.

001 $x^2+5x+3=0$ ( )

002 $y=x^2+3x-1$ ( )

003 $y=x+5$ ( )

004 $y=-x^2+5x-1$ ( )

005 $y=\frac{x^2}{2}-3x$ ( )

006 $y=\frac{1}{x}+2x$ ( )

007 $y=x(x-2)+3$ ( )

008 $y=(x+6)^2-x^2$ ( )

[009~014] 다음에서 y를 x에 대한 식으로 나타내고, 이차함수인 것은 ○표, 이차함수가 아닌 것은 ×표를 ( ) 안에 쓰시오.

009 한 변의 길이가 $(x-5)$ cm인 마름모의 둘레의 길이 y cm

➡ ________________ ( )

010 반지름의 길이가 $(x+1)$ cm인 원의 넓이 $y\text{ cm}^2$

➡ ________________ ( )

011 한 개에 500원인 지우개 $(3x-1)$개의 가격 y원

➡ ________________ ( )

012 자동차가 시속 60 km로 x시간 동안 달린 거리 y km

➡ ________________ ( )

013 x각형의 대각선의 개수 y개

➡ ________________ ( )

014 한 모서리의 길이가 x cm인 정육면체의 부피 $y\text{ cm}^3$

➡ ________________ ( )

● 이차함수의 함숫값

• 이차함수 $f(x)=ax^2+bx+c$에서 함숫값 $f(k)$
➡ $f(x)=ax^2+bx+c$에 $x=k$를 대입하여 얻은 값
➡ $f(k)=ak^2+bk+c$

[015~019] 이차함수 $f(x)=x^2+2x-1$에 대하여 다음 함숫값을 구하시오.

015 $f(1)$

016 $f(0)$

017 $f(-1)$

018 $f\left(\frac{1}{2}\right)$

019 $f(-2)+f(3)$

[020~024] 이차함수 $f(x)=-4x^2+8x+1$에 대하여 다음 함숫값을 구하시오.

020 $f(0)$

021 $f(2)$

022 $f(-1)$

023 $f\left(-\frac{1}{4}\right)$

024 $f\left(-\frac{1}{2}\right)-f(1)$

● 함숫값이 주어질 때, 미지수의 값 구하기

[025~030] 다음 이차함수가 주어진 함숫값을 만족시킬 때, 상수 a의 값을 모두 구하시오.

025 $f(x)=x^2-ax+6$, $f(2)=0$

$f(2)=\square^2-a\times\square+6=0$
$\therefore a=\square$

026 $f(x)=3x^2-2x+a$, $f(1)=7$

027 $f(x)=-ax^2-5x+7$, $f(-2)=1$

028 $f(x)=x^2+2x-8$, $f(a)=0$

$f(a)=a^2+2a-8=\square$
$(a+\square)(a-\square)=0$
$\therefore a=\square$ 또는 $a=\square$

029 $f(x)=-x^2-6x$, $f(a)=-7$

030 $f(x)=2x^2-3x-1$, $f(a)=1$

학교 시험 문제는 이렇게

031 이차함수 $f(x)=3x^2+ax-5$에서 $f(-1)=-4$, $f(2)=b$일 때, $a+b$의 값을 구하시오. (단, a는 상수)

02 이차함수 $y=x^2$의 그래프

(1) 이차함수 $y=x^2$의 그래프

① 원점 $(0, 0)$을 지나고 아래로 볼록한 곡선이다.

② y축에 대칭이다.

③ $x<0$일 때, x의 값이 증가하면 y의 값은 감소한다.
$x>0$일 때, x의 값이 증가하면 y의 값도 증가한다.

④ 이차함수 $y=-x^2$의 그래프와 x축에 서로 대칭이다.

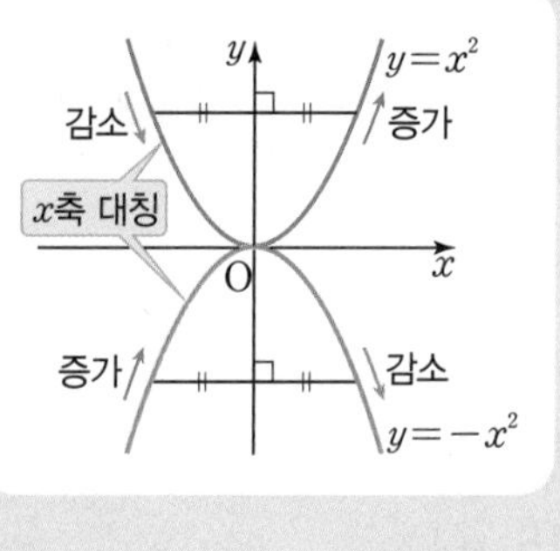

참고 이차함수 $y=-x^2$의 그래프

(1) 원점 $(0, 0)$을 지나고 위로 볼록한 곡선이다.

(2) y축에 대칭이다.

(3) $x<0$일 때, x의 값이 증가하면 y의 값도 증가한다.
$x>0$일 때, x의 값이 증가하면 y의 값은 감소한다.

(2) 포물선: 이차함수 $y=x^2$, $y=-x^2$의 그래프와 같은 모양의 곡선

① 축: 포물선은 선대칭도형이고, 그 대칭축을 포물선의 축이라 한다.

② 꼭짓점: 포물선과 축의 교점을 포물선의 꼭짓점이라 한다.

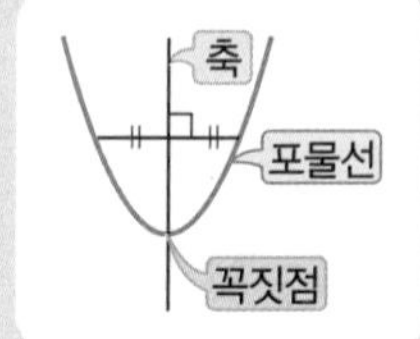

정답과 해설 • 56쪽

● 이차함수 $y=x^2$의 그래프

[032~033] 이차함수 $y=x^2$에 대하여 다음 물음에 답하시오.

032 다음 표를 완성하시오.

x	$\cdots$	-2	-1	0	1	2	$\cdots$
y	$\cdots$						$\cdots$

033 032의 표를 이용하여 x의 값의 범위가 실수 전체일 때, 이차함수 $y=x^2$의 그래프를 다음 좌표평면 위에 그리시오.

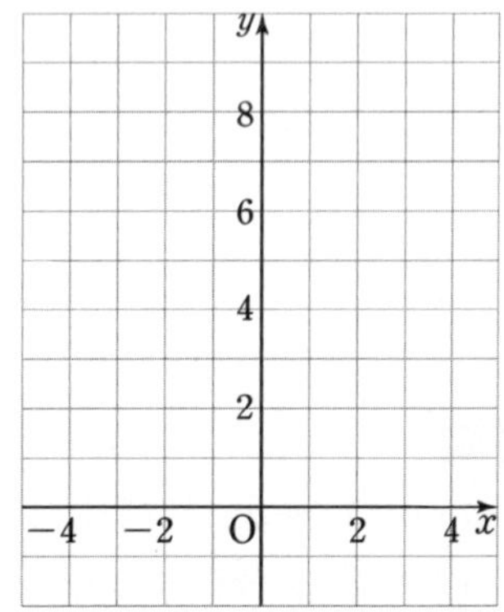

[034~035] 이차함수 $y=-x^2$에 대하여 다음 물음에 답하시오.

034 다음 표를 완성하시오.

x	$\cdots$	-2	-1	0	1	2	$\cdots$
y	$\cdots$						$\cdots$

035 034의 표를 이용하여 x의 값의 범위가 실수 전체일 때, 이차함수 $y=-x^2$의 그래프를 다음 좌표평면 위에 그리시오.

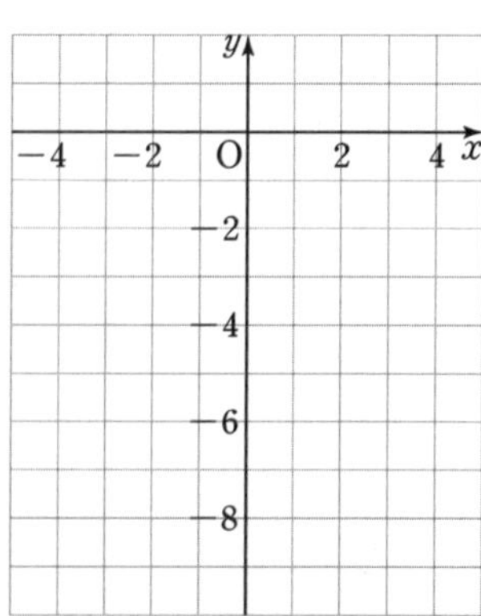

● 이차함수 $y=x^2$의 그래프의 성질

[036~043] 이차함수 $y=x^2$의 그래프에 대하여 다음 □ 안에 알맞은 것을 쓰시오.

036 점 (0, □)을 지난다.

037 그래프의 모양은 □로 볼록한 곡선이다.

038 □축에 대칭이다.

039 x의 값이 증가할 때, y의 값도 증가하는 x의 값의 범위는 □이다.

040 x의 값이 증가할 때, y의 값은 감소하는 x의 값의 범위는 □이다.

041 이차함수 $y=-x^2$의 그래프와 □축에 서로 대칭이다.

042 제□사분면과 제□사분면을 지난다.

043 점 $(-4,$ □)을 지난다.

[044~051] 이차함수 $y=-x^2$의 그래프에 대하여 다음 □ 안에 알맞은 것을 쓰시오.

044 점 (□, 0)을 지난다.

045 그래프의 모양은 □로 볼록한 곡선이다.

046 □축에 대칭이다.

047 x의 값이 증가할 때, y의 값도 증가하는 x의 값의 범위는 □이다.

048 x의 값이 증가할 때, y의 값은 감소하는 x의 값의 범위는 □이다.

049 이차함수 $y=$□의 그래프와 x축에 서로 대칭이다.

050 제□사분면과 제□사분면을 지난다.

051 점 (7, □)를 지난다.

03 이차함수 $y=ax^2$의 그래프

(1) 원점 O(0, 0)을 꼭짓점으로 하는 포물선이다.

(2) y축에 대칭이다. ➡ 축의 방정식: $x=0$(y축)

(3) **a의 부호:** 그래프의 모양을 결정한다.

➡ $a>0$이면 아래로 볼록, $a<0$이면 위로 볼록

(4) **a의 절댓값:** 그래프의 폭을 결정한다.

➡ a의 절댓값이 클수록 그래프의 폭이 좁아진다.
└ 그래프가 y축에 가까워진다.

(5) 이차함수 $y=-ax^2$의 그래프와 x축에 서로 대칭이다.

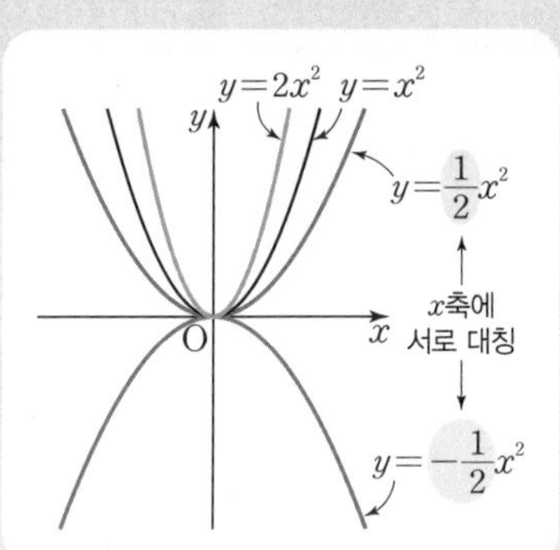

정답과 해설 • 57쪽

● 이차함수 $y=ax^2$의 그래프의 성질 중요

[052~057] 이차함수 $y=5x^2$의 그래프에 대하여 다음 □ 안에 알맞은 것을 쓰시오.

052 그래프의 모양은 □로 볼록한 포물선이고 □축에 대칭이다.

053 꼭짓점의 좌표는 (□, □)이고, 축의 방정식은 □이다.

054 제□사분면과 제□사분면을 지난다.

055 x의 값이 증가할 때, y의 값이 감소하는 x의 값의 범위는 □이다.

056 이차함수 $y=$□의 그래프와 x축에 서로 대칭이다.

057 점 $(-2,$ □$)$을 지난다.

[058~063] 이차함수 $y=-\frac{1}{4}x^2$의 그래프에 대하여 다음 □ 안에 알맞은 것을 쓰시오.

058 그래프의 모양은 □로 볼록한 포물선이고 □축에 대칭이다.

059 꼭짓점의 좌표는 (□, □)이고, 축의 방정식은 □이다.

060 제□사분면과 제□사분면을 지난다.

061 $x>0$일 때, x의 값이 증가하면 y의 값은 □한다.

062 이차함수 $y=$□의 그래프와 x축에 서로 대칭이다.

063 점 $(6,$ □$)$를 지난다.

[064~070] 다음 보기의 이차함수의 그래프에 대하여 물음에 답하시오.

보기

ㄱ. $y=7x^2$ ㄴ. $y=-6x^2$ ㄷ. $y=\frac{1}{3}x^2$

ㄹ. $y=-\frac{1}{3}x^2$ ㅁ. $y=-\frac{4}{3}x^2$ ㅂ. $y=\frac{1}{7}x^2$

ㅅ. $y=3x^2$ ㅇ. $y=-\frac{1}{2}x^2$ ㅈ. $y=-x^2$

064 그래프가 아래로 볼록한 것을 모두 고르시오.

065 그래프가 위로 볼록한 것을 모두 고르시오.

066 그래프의 폭이 가장 넓은 것을 고르시오.

067 그래프의 폭이 가장 좁은 것을 고르시오.

068 그래프가 x축에 서로 대칭인 것끼리 짝 지으시오.

069 그래프의 꼭짓점 이외의 모든 점들이 x축보다 위쪽에 있는 것을 모두 고르시오.

070 $x<0$일 때, x의 값이 증가하면 y의 값도 증가하는 것을 모두 고르시오.

● 이차함수 $y=ax^2$의 그래프가 지나는 점 중요

• 이차함수 $y=ax^2$의 그래프가 점 (p, q)를 지난다.
➡ $y=ax^2$에 $x=p$, $y=q$를 대입하면 등식이 성립한다.

[071~074] 이차함수 $y=2x^2$의 그래프가 다음 점을 지날 때, a의 값을 구하시오.

071 $(2, a)$

072 $(a, 6)$ (단, $a>0$)

073 $(a, 2a)$ (단, $a\neq0$)

074 $(a, a+1)$ (단, $a<0$)

[075~076] 이차함수 $y=ax^2$의 그래프가 다음 점을 지날 때, 상수 a의 값을 구하시오.

075 $(3, 12)$

076 $(-2, 8)$

학교 시험 문제는 이렇게

077 이차함수 $y=ax^2$의 그래프가 두 점 $(1, -3)$, $(2, b)$를 지날 때, $a+b$의 값을 구하시오. (단, a는 상수)

04 이차함수 $y=ax^2+q$의 그래프

이차함수 $y=ax^2+q$의 그래프는 이차함수 $y=ax^2$의 그래프를 y축의 방향으로 q만큼 평행이동한 것이다.

$$y=ax^2 \xrightarrow[q\text{만큼 평행이동}]{y\text{축의 방향으로}} y=ax^2+q$$

(1) **축의 방정식:** $x=0$(y축)

(2) **꼭짓점의 좌표:** $(0,\ q)$

참고 이차함수의 그래프를 평행이동하면 그래프의 모양과 폭은 변하지 않고 위치만 바뀐다.

➡ 그래프의 모양과 폭을 결정하는 x^2의 계수 a는 변하지 않는다.

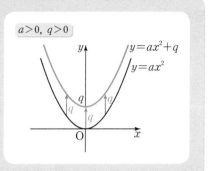

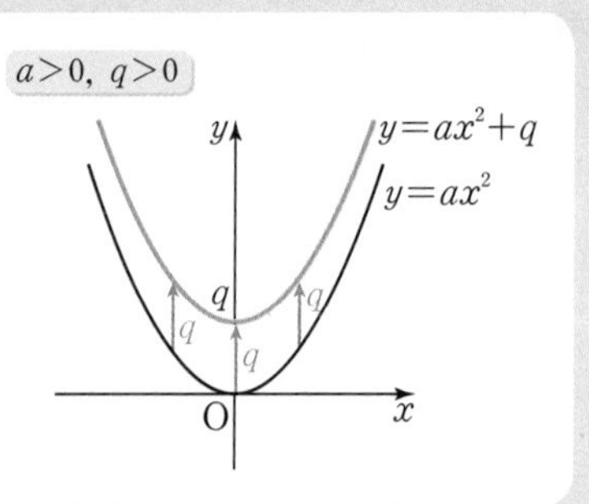

정답과 해설 • 58쪽

● 이차함수 $y=ax^2+q$의 그래프

[078~080] 다음 이차함수의 그래프를 y축의 방향으로 [ ] 안의 수만큼 평행이동한 그래프를 나타내는 이차함수의 식을 구하시오.

078 $y=4x^2$ $[5]$

079 $y=2x^2$ $[-1]$

080 $y=-\frac{2}{3}x^2$ $\left[\frac{1}{6}\right]$

[081~083] 다음 □ 안에 알맞은 것을 쓰시오.

081 이차함수 $y=2x^2+3$의 그래프는 이차함수 $y=2x^2$의 그래프를 y축의 방향으로 □만큼 평행이동한 것이다.

082 이차함수 $y=-\frac{3}{5}x^2-9$의 그래프는 이차함수 $y=$□x^2의 그래프를 y축의 방향으로 □만큼 평행이동한 것이다.

083 이차함수 $y=5x^2-\frac{7}{4}$의 그래프는 이차함수 $y=$□x^2의 그래프를 y축의 방향으로 □만큼 평행이동한 것이다.

● 이차함수 $y=ax^2+q$의 그래프의 성질 중요

[084~089] 다음 이차함수의 그래프의 축의 방정식과 꼭짓점의 좌표를 차례로 구하시오.

084 $y=3x^2+5$

085 $y=7x^2-4$

086 $y=-8x^2-\frac{2}{3}$

087 $y=-2x^2+1$

088 $y=\frac{1}{6}x^2+\frac{1}{5}$

089 $y=-\frac{1}{4}x^2-2$

[090~093] 이차함수 $y=2x^2+2$의 그래프를 오른쪽 좌표평면 위에 그리고, 그래프에 대한 다음 설명 중 옳은 것은 ○표, 옳지 않은 것은 ×표를 ( ) 안에 쓰시오.

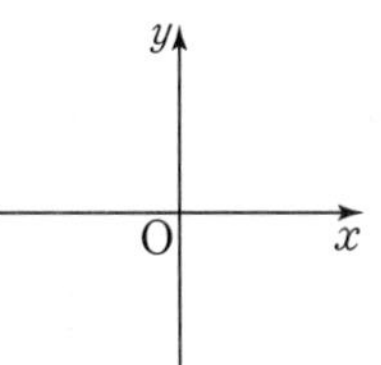

090 이차함수 $y=2x^2$의 그래프를 y축의 방향으로 2만큼 평행이동한 그래프이다. ( )

091 그래프의 모양은 위로 볼록한 포물선이다. ( )

092 제1사분면과 제2사분면을 지난다. ( )

093 점 $(-1, 0)$을 지난다. ( )

[094~097] 이차함수 $y=-\frac{1}{5}x^2-2$의 그래프를 오른쪽 좌표평면 위에 그리고 그래프에 대한 다음 설명 중 옳은 것은 ○표, 옳지 않은 것은 ×표를 ( ) 안에 쓰시오.

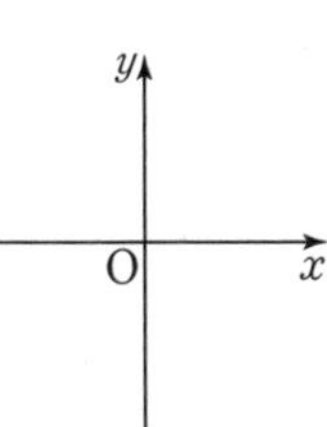

094 이차함수 $y=-\frac{1}{5}x^2$의 그래프를 x축의 방향으로 -2만큼 평행이동한 그래프이다. ( )

095 그래프의 모양은 아래로 볼록한 포물선이다. ( )

096 꼭짓점의 좌표는 $(0, -2)$이다. ( )

097 $x>0$일 때, x의 값이 증가하면 y의 값도 증가한다. ( )

[098~101] 이차함수 $y=\frac{4}{3}x^2-3$의 그래프를 오른쪽 좌표평면 위에 그리고, 그래프에 대한 다음 설명 중 옳은 것은 ○표, 옳지 않은 것은 ×표를 ( ) 안에 쓰시오.

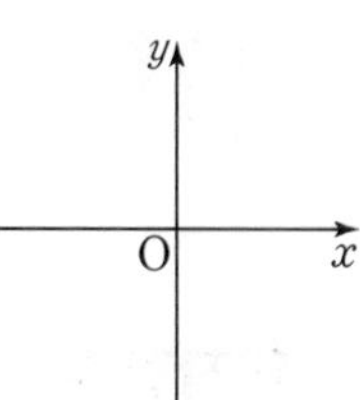

098 이차함수 $y=\frac{4}{3}x^2$의 그래프를 y축의 방향으로 3만큼 평행이동한 그래프이다. ( )

099 축의 방정식은 $y=0$이다. ( )

100 제1사분면과 제2사분면만을 지난다. ( )

101 x의 값이 증가할 때, y의 값은 감소하는 x의 값의 범위는 $x<0$이다. ( )

[102~104] 다음 이차함수의 그래프가 주어진 점을 지날 때, 상수 a의 값을 구하시오.

102 $y=\frac{1}{2}x^2-4$ $(4, a)$

103 $y=3x^2+a$ $(2, 7)$

104 $y=ax^2+3$ $(-1, 6)$

학교 시험 문제는 이렇게

105 이차함수 $y=5x^2$의 그래프를 y축의 방향으로 q만큼 평행이동한 그래프가 점 $(2, 9)$를 지날 때, q의 값을 구하시오.

05 이차함수 $y=a(x-p)^2$의 그래프

이차함수 $y=a(x-p)^2$의 그래프는 이차함수 $y=ax^2$의 그래프를 x축의 방향으로 p만큼 평행이동한 것이다.

$$y=ax^2 \xrightarrow[p\text{만큼 평행이동}]{x\text{축의 방향으로}} y=a(x-p)^2$$

(1) **축의 방정식**: $x=p$

(2) **꼭짓점의 좌표**: $(p,\ 0)$

참고 이차함수 $y=a(x-p)^2$의 그래프의 축의 방정식은 $x=p$이므로 그래프의 증가·감소의 범위는 $x=p$를 기준으로 생각한다.

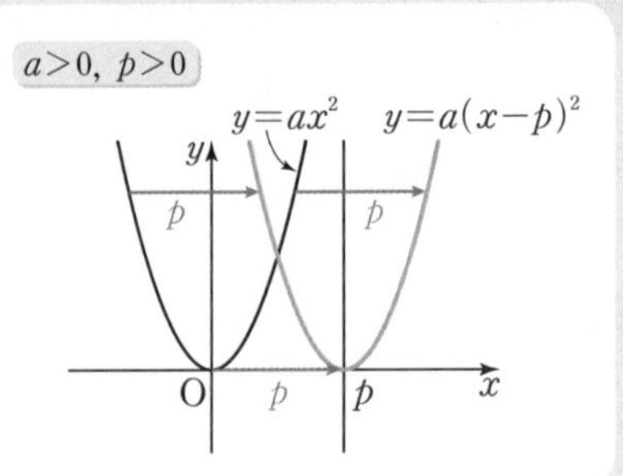

정답과 해설 • 59쪽

● 이차함수 $y=a(x-p)^2$의 그래프

[106~108] 다음 이차함수의 그래프를 x축의 방향으로 [ ] 안의 수만큼 평행이동한 그래프가 나타내는 이차함수의 식을 구하시오.

106 $y=4x^2$ $[5]$

107 $y=2x^2$ $[-3]$

108 $y=-\frac{2}{3}x^2$ $\left[\frac{1}{6}\right]$

[109~111] 다음 □ 안에 알맞은 것을 쓰시오.

109 이차함수 $y=-7(x-2)^2$의 그래프는 이차함수 $y=-7x^2$의 그래프를 x축의 방향으로 □만큼 평행이동한 것이다.

110 이차함수 $y=3\left(x-\frac{4}{5}\right)^2$의 그래프는 이차함수 $y=$□x^2의 그래프를 x축의 방향으로 □만큼 평행이동한 것이다.

111 이차함수 $y=-\frac{2}{9}\left(x+\frac{2}{5}\right)^2$의 그래프는 이차함수 $y=$□x^2의 그래프를 x축의 방향으로 □만큼 평행이동한 것이다.

● 이차함수 $y=a(x-p)^2$의 그래프의 성질 중요

[112~117] 다음 이차함수의 그래프의 축의 방정식과 꼭짓점의 좌표를 차례로 구하시오.

112 $y=3(x-2)^2$

113 $y=5(x+7)^2$

114 $y=-7\left(x-\frac{4}{3}\right)^2$

115 $y=-2(x+1)^2$

116 $y=\frac{6}{7}\left(x-\frac{1}{3}\right)^2$

117 $y=-\frac{1}{8}\left(x+\frac{1}{2}\right)^2$

[118~121] 이차함수 $y=\frac{1}{5}(x-1)^2$의 그래프를 오른쪽 좌표평면 위에 그리고, 그래프에 대한 다음 설명 중 옳은 것은 ○표, 옳지 <u>않은</u> 것은 ×표를 ( ) 안에 쓰시오.

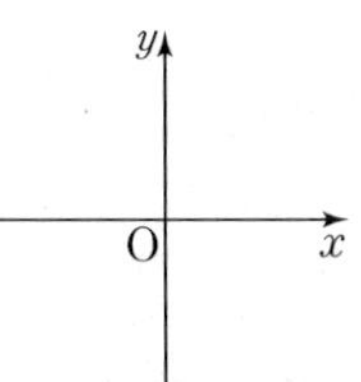

118 이차함수 $y=\frac{1}{5}x^2$의 그래프를 x축의 방향으로 -1만큼 평행이동한 그래프이다. ( )

119 그래프의 모양은 아래로 볼록한 포물선이다. ( )

120 $x<1$일 때, x의 값이 증가하면 y의 값도 증가한다. ( )

121 점 $\left(2,\ \frac{1}{5}\right)$을 지난다. ( )

[122~125] 이차함수 $y=-4(x+3)^2$의 그래프를 오른쪽 좌표평면 위에 그리고, 그래프에 대한 다음 설명 중 옳은 것은 ○표, 옳지 <u>않은</u> 것은 ×표를 ( ) 안에 쓰시오.

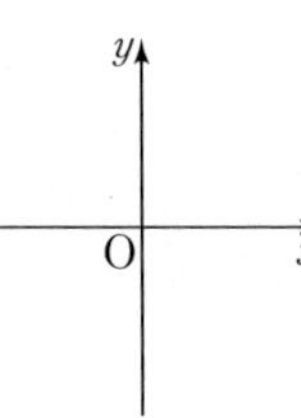

122 이차함수 $y=-4x^2$의 그래프를 y축의 방향으로 -3만큼 평행이동한 그래프이다. ( )

123 축의 방정식은 $x=-3$이다. ( )

124 꼭짓점의 좌표는 $(0,\ 3)$이다. ( )

125 제3사분면과 제4사분면을 지난다. ( )

[126~129] 이차함수 $y=2(x+2)^2$의 그래프를 오른쪽 좌표평면 위에 그리고, 그래프에 대한 다음 설명 중 옳은 것은 ○표, 옳지 <u>않은</u> 것은 ×표를 ( ) 안에 쓰시오.

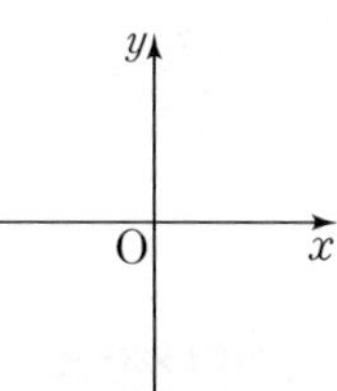

126 이차함수 $y=2x^2$의 그래프를 x축의 방향으로 -2만큼 평행이동한 그래프이다. ( )

127 축의 방정식은 $x=2$이다. ( )

128 제1사분면을 지나지 않는다. ( )

129 x의 값이 증가할 때, y의 값은 감소하는 x의 값의 범위는 $x<-2$이다. ( )

[130~133] 다음 이차함수의 그래프가 주어진 점을 지날 때, 상수 a의 값을 모두 구하시오.

130 $y=a(x-1)^2$ $(5,\ 8)$

131 $y=3(x-2)^2$ $(4,\ a)$

132 $y=-\frac{1}{3}(x+1)^2$ $(a,\ -3)$

133 $y=-\frac{1}{2}(x-a)^2$ $(1,\ -2)$

06 이차함수 $y=a(x-p)^2+q$의 그래프

이차함수 $y=a(x-p)^2+q$의 그래프는 이차함수 $y=ax^2$의 그래프를 x축의 방향으로 p만큼, y축의 방향으로 q만큼 평행이동한 것이다.

$$y=ax^2 \xrightarrow[y\text{축의 방향으로 } q\text{만큼 평행이동}]{x\text{축의 방향으로 } p\text{만큼 평행이동}} y=a(x-p)^2+q$$

(1) 축의 방정식: $x=p$

(2) 꼭짓점의 좌표: (p, q)

참고 $y=a(x-p)^2+q$ 꼴을 이차함수의 표준형이라 한다.

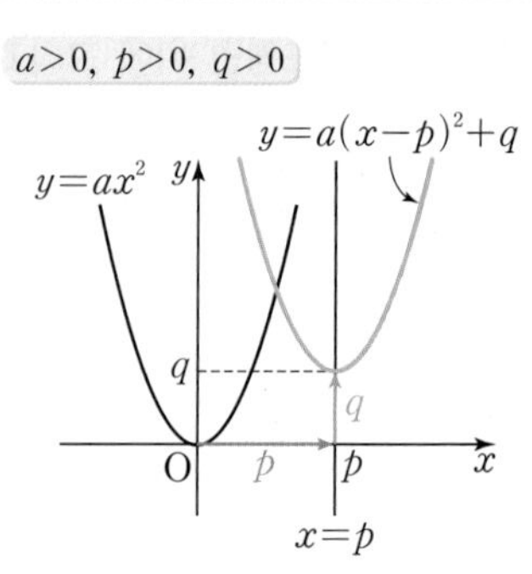

정답과 해설 • 60쪽

● 이차함수 $y=a(x-p)^2+q$의 그래프

[134~136] 다음 이차함수의 그래프를 x축과 y축의 방향으로 각각 [ ] 안의 수만큼 평행이동한 그래프가 나타내는 이차함수의 식을 구하시오.

134 $y=4x^2$ [8, 3]

135 $y=2x^2$ [−5, 1]

136 $y=-3x^2$ [−1, −2]

[137~139] 다음 □ 안에 알맞은 것을 쓰시오.

137 이차함수 $y=-(x-3)^2+5$의 그래프는 이차함수 $y=-x^2$의 그래프를 x축의 방향으로 □만큼, y축의 방향으로 □만큼 평행이동한 것이다.

138 이차함수 $y=3(x-1)^2-3$의 그래프는 이차함수 $y=$□x^2의 그래프를 x축의 방향으로 □만큼, y축의 방향으로 □만큼 평행이동한 것이다.

139 이차함수 $y=-\frac{1}{5}\left(x+\frac{1}{2}\right)^2-\frac{2}{3}$의 그래프는 이차함수 $y=$□x^2의 그래프를 x축의 방향으로 □만큼, y축의 방향으로 □만큼 평행이동한 것이다.

● 이차함수 $y=a(x-p)^2+q$의 그래프의 성질 중요

[140~145] 다음 이차함수의 그래프의 축의 방정식과 꼭짓점의 좌표를 차례로 구하시오.

140 $y=4(x-2)^2+7$

141 $y=3(x+1)^2+3$

142 $y=2(x-5)^2-2$

143 $y=-6\left(x+\frac{1}{2}\right)^2-4$

144 $y=\frac{2}{7}(x-4)^2-\frac{5}{6}$

145 $y=-\frac{1}{8}\left(x+\frac{1}{3}\right)^2+5$

[146~149] 이차함수 $y=(x+2)^2-3$의 그래프를 오른쪽 좌표평면 위에 그리고, 그래프에 대한 다음 설명 중 옳은 것은 ○표, 옳지 않은 것은 ×표를 ( ) 안에 쓰시오.

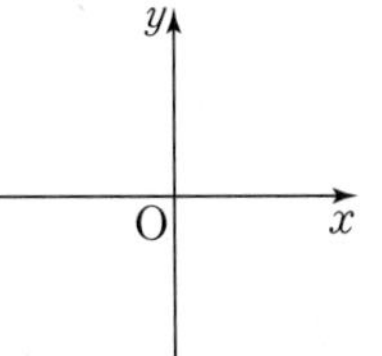

146 이차함수 $y=x^2$의 그래프를 x축의 방향으로 -2만큼, y축의 방향으로 -3만큼 평행이동한 그래프이다. ( )

147 그래프의 모양은 아래로 볼록한 포물선이다. ( )

148 점 $(-4,\ 1)$을 지난다. ( )

149 모든 사분면을 지난다. ( )

[150~153] 이차함수 $y=-\frac{2}{3}(x-1)^2+5$의 그래프를 오른쪽 좌표평면 위에 그리고, 그래프에 대한 다음 설명 중 옳은 것은 ○표, 옳지 않은 것은 ×표를 ( ) 안에 쓰시오.

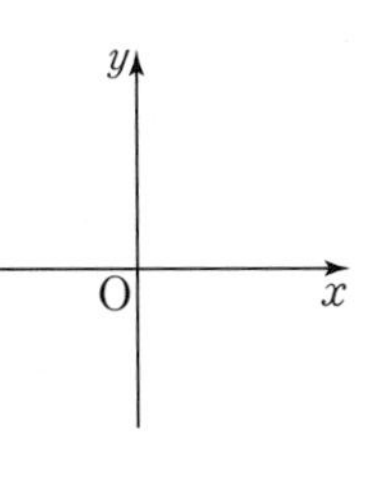

150 이차함수 $y=\frac{2}{3}x^2$의 그래프를 x축의 방향으로 1만큼, y축의 방향으로 5만큼 평행이동한 그래프이다. ( )

151 제2사분면을 지나지 않는다. ( )

152 꼭짓점의 좌표는 $(-1,\ 5)$이다. ( )

153 이차함수 $y=\frac{1}{3}x^2$의 그래프보다 폭이 좁다. ( )

[154~157] 이차함수 $y=2(x-2)^2+1$의 그래프를 오른쪽 좌표평면 위에 그리고, 그래프에 대한 다음 설명 중 옳은 것은 ○표, 옳지 않은 것은 ×표를 ( ) 안에 쓰시오.

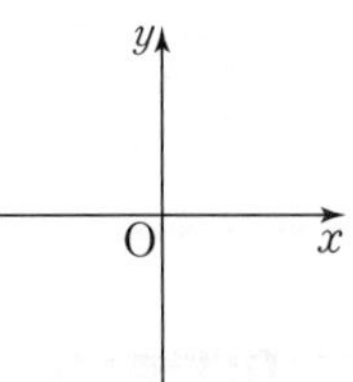

154 이차함수 $y=2x^2$의 그래프를 x축의 방향으로 -2만큼, y축의 방향으로 1만큼 평행이동한 그래프이다. ( )

155 축의 방정식은 $x=-2$이다. ( )

156 제1사분면과 제2사분면을 지난다. ( )

157 x의 값이 증가할 때, y의 값도 증가하는 x의 값의 범위는 $x>2$이다. ( )

[158~161] 다음 이차함수의 그래프가 주어진 점을 지날 때, 상수 a의 값을 구하시오.

158 $y=3(x-7)^2+a$ $(6,\ 7)$

159 $y=a(x+1)^2+6$ $(-4,\ 15)$

160 $y=-2(x+6)^2-3$ $(-3,\ a)$

161 $y=\frac{1}{4}(x-3)^2-4$ $(11,\ a)$

07 이차함수 $y=a(x-p)^2+q$의 그래프에서 a, p, q의 부호

(1) a의 부호: 그래프의 모양에 따라 결정

① 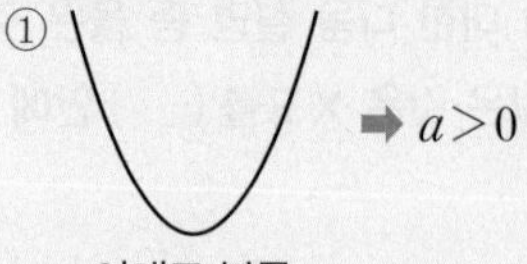 ➡ $a>0$

아래로 볼록

② ➡ $a<0$

위로 볼록

(2) p, q의 부호: 꼭짓점의 위치에 따라 결정

① 꼭짓점이 제1사분면 위에 있으면 ➡ $p>0,\ q>0$

② 꼭짓점이 제2사분면 위에 있으면 ➡ $p<0,\ q>0$

③ 꼭짓점이 제3사분면 위에 있으면 ➡ $p<0,\ q<0$

④ 꼭짓점이 제4사분면 위에 있으면 ➡ $p>0,\ q<0$

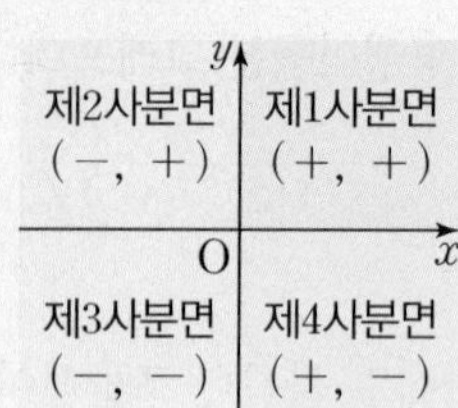

정답과 해설 • 61쪽

● 이차함수 $y=a(x-p)^2+q$의 그래프에서 a, p, q의 부호 중요

[162~165] 다음 이차함수 $y=a(x-p)^2+q$의 그래프를 보고 표를 완성하시오. (단, a, p, q는 상수)

	$y=a(x-p)^2+q$의 그래프	그래프의 모양 ➡	a의 부호	꼭짓점 (p, q)의 위치 ➡	p, q의 부호
162		□로 볼록	a ◯ 0	제□사분면 ➡ $(-,$ □$)$	p ◯ 0, q ◯ 0
163					
164					
165					

08 이차함수 $y=ax^2+bx+c$ 의 그래프

이차함수 $y=ax^2+bx+c$의 그래프는 $y=a(x-p)^2+q$ 꼴로 고친 후 a의 부호, 꼭짓점의 좌표, 축의 방정식, y축과 만나는 점의 좌표를 이용하여 그린다.

$$y=ax^2+bx+c \Rightarrow y=a\left(x+\frac{b}{2a}\right)^2-\frac{b^2-4ac}{4a}$$

참고

$$\begin{aligned} y&=ax^2+bx+c \\ &=a\left(x^2+\frac{b}{a}x\right)+c \\ &=a\left\{x^2+\frac{b}{a}x+\left(\frac{b}{2a}\right)^2-\left(\frac{b}{2a}\right)^2\right\}+c \\ &=a\left\{x+\frac{b}{a}x+\left(\frac{b}{2a}\right)^2\right\}-\frac{b^2}{4a}+c \\ &=a\left(x+\frac{b}{2a}\right)^2-\frac{b^2-4ac}{4a} \end{aligned}$$

❶ x^2의 계수 a로 이차항과 일차항을 묶는다.
❷ 괄호 안에서 $\left(\frac{x\text{의 계수}}{2}\right)^2$을 더하고 뺀다.
❸ ❷에서 뺀 수를 괄호 밖으로 꺼낸다.
❹ $y=$(완전제곱식)$+$(상수) 꼴로 정리한다.

(1) 축의 방정식: $x=-\frac{b}{2a}$

(2) 꼭짓점의 좌표: $\left(-\frac{b}{2a}, -\frac{b^2-4ac}{4a}\right)$

(3) y축과 만나는 점의 좌표: $(0, c)$ → $y=ax^2+bx+c$에서 $x=0$일 때, $y=c$

정답과 해설 • 61쪽

● 이차함수 $y=ax^2+bx+c$를 $y=a(x-p)^2+q$ 꼴로 고치기 중요

[166~167] 다음은 이차함수 $y=ax^2+bx+c$를 $y=a(x-p)^2+q$ 꼴로 고치는 과정이다. □ 안에 알맞은 수를 쓰시오. (단, a, p, q는 상수)

166 $y=x^2-2x+8$
$=(x^2-2x+\square-\square)+8$
$=(x-\square)^2+\square$

167 $y=2x^2+8x-11$
$=2(x^2+4x)-11$
$=2(x^2+4x+\square-\square)-11$
$=2(x^2+4x+\square)-\square-11$
$=2(x+\square)^2-\square$

[168~172] 다음 이차함수를 $y=a(x-p)^2+q$ 꼴로 고치시오. (단, a, p, q는 상수)

168 $y=x^2-6x$

169 $y=x^2+8x+9$

170 $y=-x^2-x-2$

171 $y=3x^2+6x-5$

172 $y=-\frac{1}{4}x^2+4x-17$

● 이차함수 $y=ax^2+bx+c$의 그래프 중요

[173~177] 다음 이차함수의 그래프의 꼭짓점의 좌표, y축과 만나는 점의 좌표, 그래프의 모양을 각각 구하고, 그 그래프를 그리시오.

173 $y=x^2+4x+5$

(1) 꼭짓점의 좌표

(2) y축과 만나는 점의 좌표

(3) 그래프의 모양

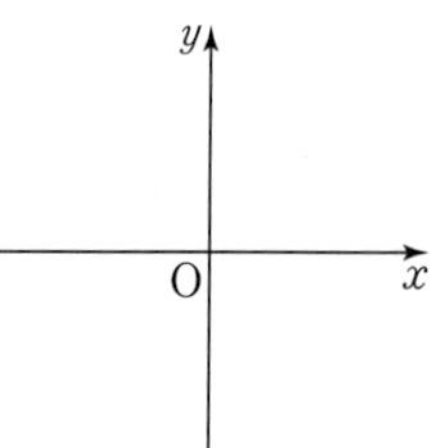

174 $y=2x^2+8x-1$

(1) 꼭짓점의 좌표

(2) y축과 만나는 점의 좌표

(3) 그래프의 모양

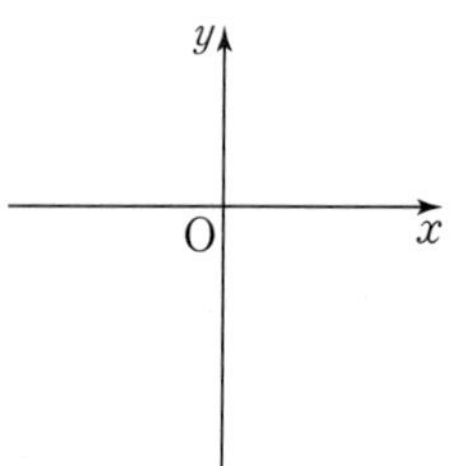

175 $y=\frac{1}{2}x^2-x-3$

(1) 꼭짓점의 좌표

(2) y축과 만나는 점의 좌표

(3) 그래프의 모양

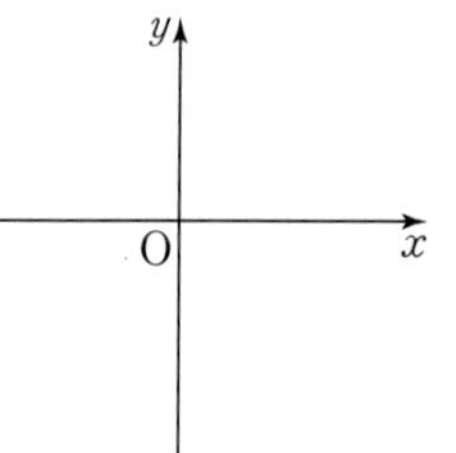

176 $y=-x^2-2x+1$

(1) 꼭짓점의 좌표

(2) y축과 만나는 점의 좌표

(3) 그래프의 모양

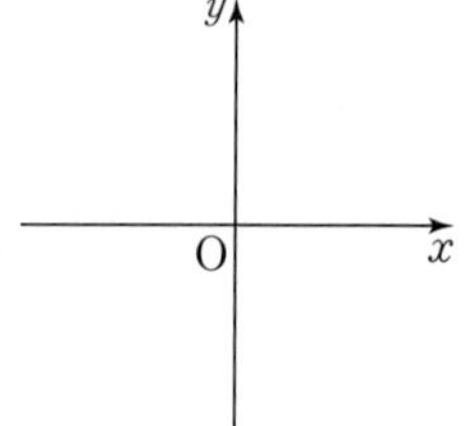

177 $y=-3x^2+12x-7$

(1) 꼭짓점의 좌표

(2) y축과 만나는 점의 좌표

(3) 그래프의 모양

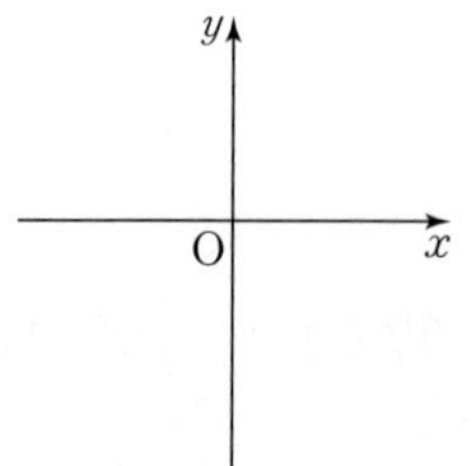

● 이차함수 $y=ax^2+bx+c$의 그래프가 x축과 만나는 점

• 이차함수 $y=ax^2+bx+c$의 그래프가 x축과 만나는 점의 x좌표는 이차방정식 $ax^2+bx+c=0$의 해와 같다.
➡ $y=0$일 때, x의 값을 구한다.

[178~182] 다음 이차함수의 그래프가 x축과 만나는 점의 좌표를 구하시오.

178 $y=x^2-4$

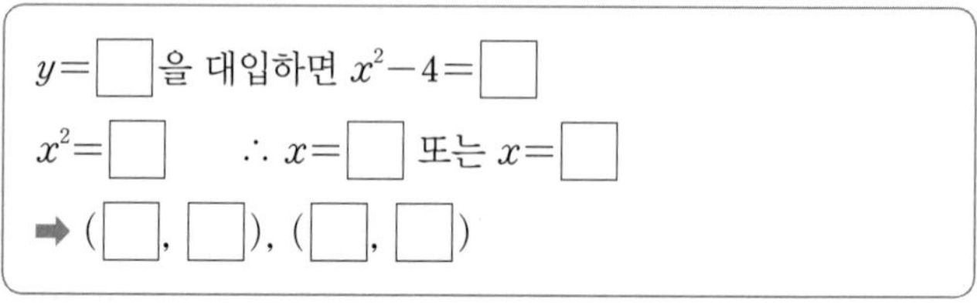
$y=\square$을 대입하면 $x^2-4=\square$
$x^2=\square$ $\quad\therefore x=\square$ 또는 $x=\square$
➡ $(\square, \square)$, $(\square, \square)$

179 $y=-x^2-x+6$

180 $y=4x^2-25$

181 $y=x^2+7x+12$

182 $y=-2x^2+3x+2$

학교 시험 문제는 이렇게

183 이차함수 $y=4x^2+4x-3$의 그래프가 x축과 만나는 두 점의 x좌표를 각각 p, q, y축과 만나는 점의 y좌표를 r라 할 때, $p+q+r$의 값을 구하시오. (단, $p<q$)

● 이차함수 $y=ax^2+bx+c$의 그래프의 성질

[184~187] 이차함수 $y=x^2-6x-7$의 그래프에 대한 다음 설명 중 옳은 것은 ○표, 옳지 않은 것은 ×표를 ( ) 안에 쓰시오.

184 그래프의 모양은 위로 볼록한 포물선이다. ( )

185 축의 방정식은 $x=-3$이다. ( )

186 이차함수 $y=x^2$의 그래프를 x축의 방향으로 3만큼, y축의 방향으로 -16만큼 평행이동한 그래프이다. ( )

187 x축과 두 점 $(-1,\ 0)$, $(7,\ 0)$에서 만난다. ( )

[188~191] 이차함수 $y=3x^2+12x+9$의 그래프에 대한 다음 설명 중 옳은 것은 ○표, 옳지 않은 것은 ×표를 ( ) 안에 쓰시오.

188 꼭짓점의 좌표는 $(-1,\ 0)$이다. ( )

189 이차함수 $y=3x^2$의 그래프를 평행이동하면 완전히 포개어진다. ( )

190 y축과 만나는 점의 좌표는 $(0,\ -9)$이다. ( )

191 x의 값이 증가하면 y의 값도 증가하는 x의 값의 범위는 $x>-2$이다. ( )

[192~195] 이차함수 $y=-4x^2+8x+5$의 그래프에 대한 다음 설명 중 옳은 것은 ○표, 옳지 않은 것은 ×표를 ( ) 안에 쓰시오.

192 그래프의 모양은 위로 볼록한 포물선이다. ( )

193 $x>1$일 때, x의 값이 증가하면 y의 값은 감소한다. ( )

194 제2사분면을 지나지 않는다. ( )

195 x축과 두 점 $\left(-\frac{1}{2},\ 0\right)$, $\left(\frac{5}{2},\ 0\right)$에서 만난다. ( )

[196~199] 이차함수 $y=-\frac{1}{2}x^2-5x-12$의 그래프에 대한 다음 설명 중 옳은 것은 ○표, 옳지 않은 것은 ×표를 ( ) 안에 쓰시오.

196 꼭짓점의 좌표는 $\left(-5,\ \frac{1}{2}\right)$이다. ( )

197 이차함수 $y=x^2$의 그래프를 x축의 방향으로 $-\frac{1}{2}$만큼, y축의 방향으로 -5만큼 평행이동한 그래프이다. ( )

198 y축과 만나는 점의 좌표는 $(0,\ -12)$이다. ( )

199 모든 사분면을 지난다. ( )

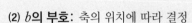

09 이차함수 $y=ax^2+bx+c$의 그래프에서 a, b, c의 부호

(1) a의 부호: 그래프의 모양에 따라 결정

① 아래로 볼록 ➡ $a>0$

② 위로 볼록 ➡ $a<0$

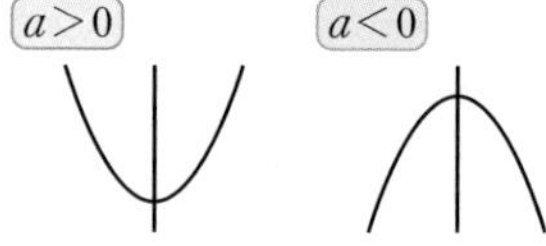

(2) b의 부호: 축의 위치에 따라 결정

① 축이 y축의 왼쪽 ➡ a, b는 서로 같은 부호($ab>0$)

② 축이 y축 ➡ $b=0$

③ 축이 y축의 오른쪽 ➡ a, b는 서로 다른 부호($ab<0$)

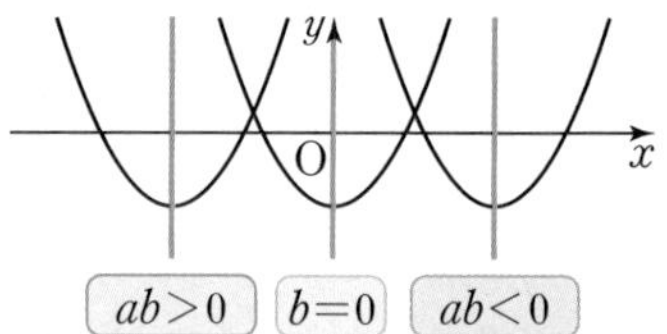

(3) c의 부호: y축과 만나는 점의 위치에 따라 결정

① y축과 만나는 점이 x축보다 위쪽 ➡ $c>0$

② y축과 만나는 점이 원점 ➡ $c=0$

③ y축과 만나는 점이 x축보다 아래쪽 ➡ $c<0$

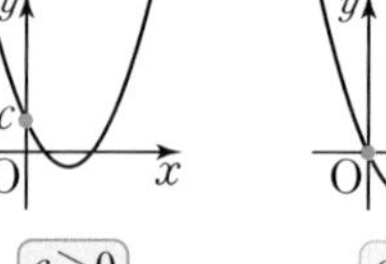

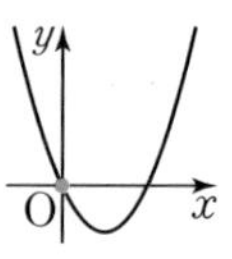

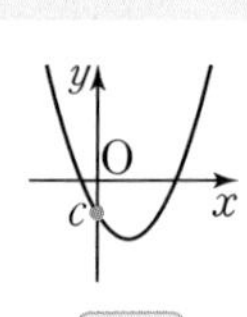

정답과 해설 • 63쪽

● 이차함수 $y=ax^2+bx+c$의 그래프에서 a, b, c의 부호 중요

[200~203] 다음 이차함수 $y=ax^2+bx+c$의 그래프를 보고 표를 완성하시오.

	$y=ax^2+bx+c$의 그래프	a의 부호	b의 부호	c의 부호
200		a ◯ 0	축이 y축의 ☐ ➡ b ◯ 0	y축과 만나는 점이 x축보다 ☐ ➡ c ◯ 0
201				
202				
203				

10 이차함수의 식 구하기 (1)

꼭짓점의 좌표 (p, q)와 그래프가 지나는 다른 한 점이 주어질 때

❶ 이차함수의 식을 $y=a(x-p)^2+q$로 놓는다.

❷ 주어진 다른 한 점의 좌표를 ❶의 식에 대입하여 a의 값을 구한다.

참고 꼭짓점의 좌표에 따라 이차함수의 식을 다음과 같이 놓을 수 있다.

(1) $(0, 0)$ ➡ $y=ax^2$ (2) $(0, q)$ ➡ $y=ax^2+q$

(3) $(p, 0)$ ➡ $y=a(x-p)^2$ (4) (p, q) ➡ $y=a(x-p)^2+q$

정답과 해설 • 63쪽

● 이차함수의 식 구하기 - 꼭짓점과 다른 한 점이 주어질 때 중요

[204~207] 다음 포물선을 그래프로 하는 이차함수의 식을 $y=a(x-p)^2+q$ 꼴로 나타내시오. (단, a, p, q는 상수)

204 꼭짓점의 좌표가 $(1, 6)$이고, 점 $(2, 10)$을 지나는 포물선

❶ 이차함수의 식을 $y=a(x-\square)^2+\square$으로 놓고,

❷ $x=2$, $y=10$을 대입하면 $a=\square$

➡ 따라서 구하는 이차함수의 식은 $\square$이다.

205 꼭짓점의 좌표가 $(-2, 5)$이고, 점 $(-5, 8)$을 지나는 포물선

206 꼭짓점의 좌표가 $(4, 6)$이고, 점 $(6, 2)$를 지나는 포물선

207 꼭짓점의 좌표가 $(-6, 0)$이고, 점 $(-4, -12)$를 지나는 포물선

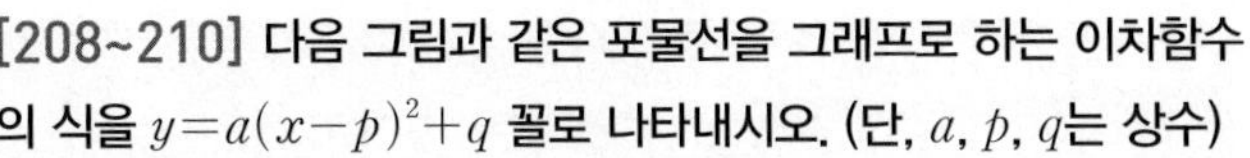
[208~210] 다음 그림과 같은 포물선을 그래프로 하는 이차함수의 식을 $y=a(x-p)^2+q$ 꼴로 나타내시오. (단, a, p, q는 상수)

208

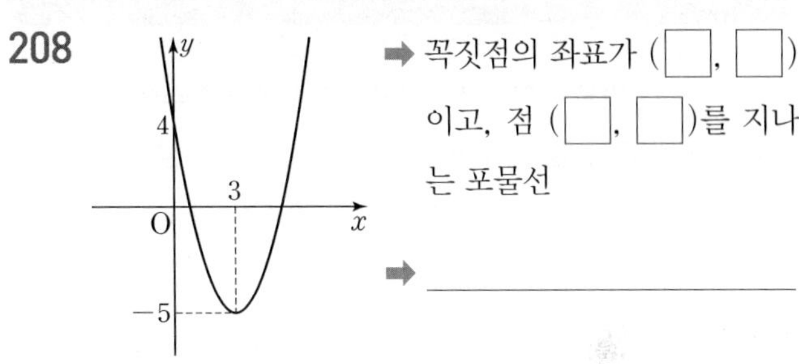

209

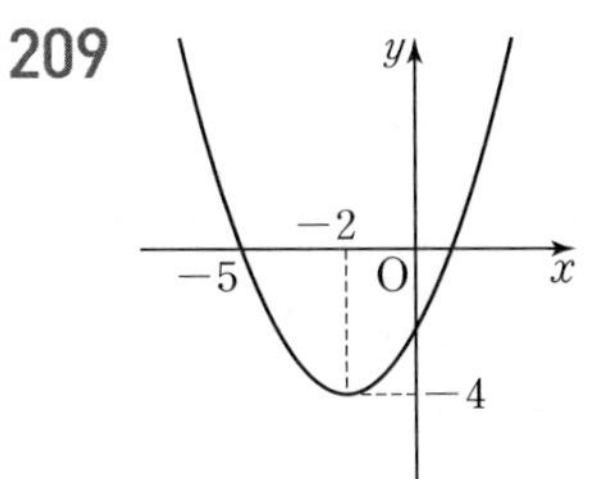

210

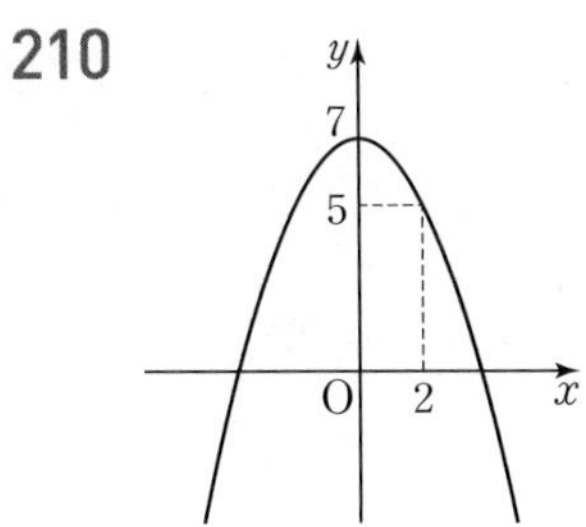

학교 시험 문제는 이렇게

211 꼭짓점의 좌표가 $(2, -3)$이고 점 $(3, -1)$을 지나는 포물선을 그래프로 하는 이차함수의 식을 $y=ax^2+bx+c$라 할 때, $a+b+c$의 값을 구하시오. (단, a, b, c는 상수)

11 이차함수의 식 구하기 (2)

축의 방정식 $x=p$와 그래프가 지나는 서로 다른 두 점이 주어질 때

❶ 이차함수의 식을 $y=a(x-p)^2+q$로 놓는다.

❷ 주어진 두 점의 좌표를 ❶의 식에 각각 대입하여 a, q의 값을 구한다.

참고 축의 방정식에 따라 이차함수의 식을 다음과 같이 놓을 수 있다.

(1) $x=0$ ➡ $y=ax^2+q$

(2) $x=p$ ➡ $y=a(x-p)^2+q$

정답과 해설 • 64쪽

● 이차함수의 식 구하기 - 축의 방정식과 서로 다른 두 점이 주어질 때

[212~215] 다음 포물선을 그래프로 하는 이차함수의 식을 $y=a(x-p)^2+q$ 꼴로 나타내시오. (단, a, p, q는 상수)

212 축의 방정식이 $x=1$이고, 두 점 $(-1,\ 7)$, $(2,\ 10)$을 지나는 포물선

> ❶ 이차함수의 식을 $y=a(x-\square)^2+q$로 놓고,
>
> ❷ $x=-1$, $y=7$을 대입하면 $7=$ ☐ … ㉠
>
> $x=2$, $y=10$을 대입하면 $10=$ ☐ … ㉡
>
> ㉠, ㉡을 연립하여 풀면 $a=\square$, $q=\square$
>
> ➡ 따라서 구하는 이차함수의 식은 ☐이다.

213 축의 방정식이 $x=3$이고, 두 점 $(2,\ 1)$, $(5,\ 2)$를 지나는 포물선

214 축의 방정식이 $x=-1$이고, 두 점 $(0,\ 6)$, $(2,\ 10)$을 지나는 포물선

215 축의 방정식이 $x=0$이고, 두 점 $(1,\ 6)$, $(2,\ 15)$를 지나는 포물선

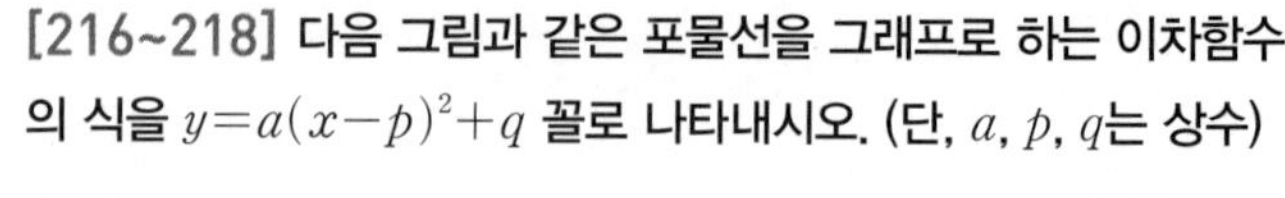

[216~218] 다음 그림과 같은 포물선을 그래프로 하는 이차함수의 식을 $y=a(x-p)^2+q$ 꼴로 나타내시오. (단, a, p, q는 상수)

216

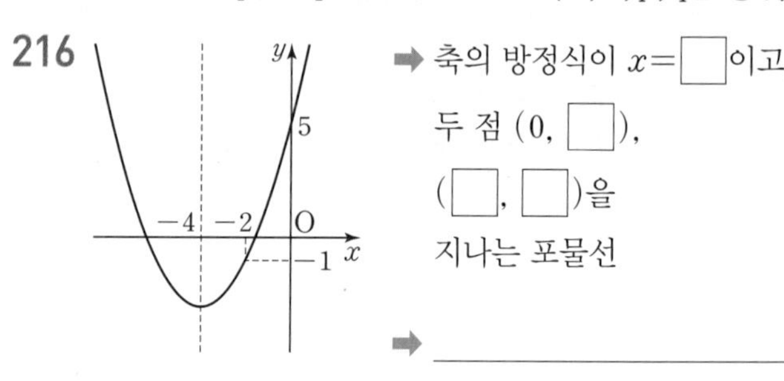

➡ 축의 방정식이 $x=\square$이고, 두 점 $(0,\ \square)$, $(\square,\ \square)$을 지나는 포물선

➡ ______________________

217

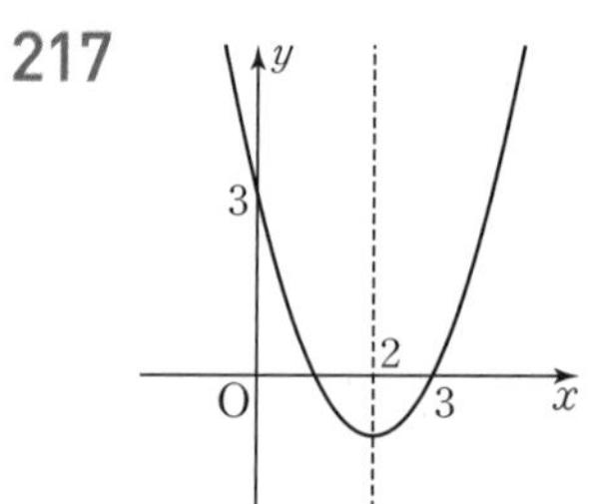

218

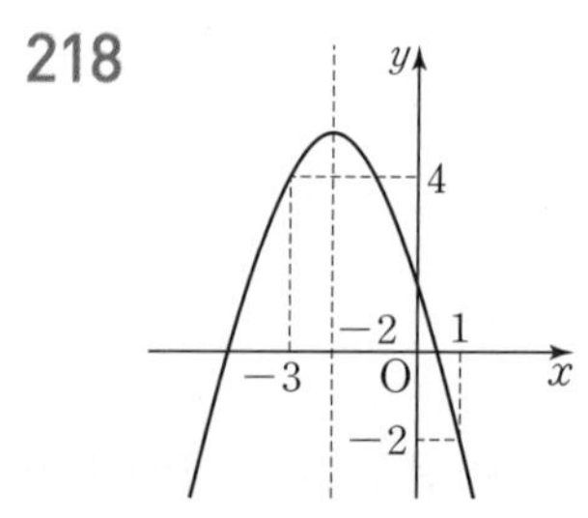

12

이차함수의 식 구하기 (3)

그래프가 지나는 서로 다른 세 점이 주어질 때

❶ 이차함수의 식을 $y=ax^2+bx+c$로 놓는다.

❷ 주어진 세 점의 좌표를 ❶의 식에 각각 대입하여 a, b, c의 값을 구한다.

참고 그래프가 지나는 세 점 중 x좌표가 0인 점의 좌표를 먼저 대입하여 c의 값을 구한 후 나머지 점의 좌표를 대입하면 편리하다.

정답과 해설 • 64쪽

● 이차함수의 식 구하기 - 서로 다른 세 점이 주어질 때

[219~222] 다음 포물선을 그래프로 하는 이차함수의 식을 $y=ax^2+bx+c$ 꼴로 나타내시오. (단, a, b, c는 상수)

219 세 점 $(0,\ 4)$, $(1,\ 5)$, $(-1,\ 6)$을 지나는 포물선

❶ 이차함수의 식을 $y=ax^2+bx+c$로 놓고,

❷ $x=0$, $y=4$를 대입하면 $c=$□

즉, $y=ax^2+bx+$□

$x=1$, $y=5$를 대입하면 $a+b=$□ … ㉠

$x=-1$, $y=6$을 대입하면 $a-b=$□ … ㉡

㉠, ㉡을 연립하여 풀면

$a=$□, $b=$□

➡ 따라서 구하는 이차함수의 식은 □이다.

220 세 점 $(0,\ 1)$, $(-1,\ 4)$, $(1,\ 2)$를 지나는 포물선

221 세 점 $(0,\ -8)$, $(1,\ -5)$, $(2,\ 0)$을 지나는 포물선

222 세 점 $(0,\ 5)$, $(-1,\ 11)$, $(4,\ 21)$을 지나는 포물선

[223~225] 다음 그림과 같은 포물선을 그래프로 하는 이차함수의 식을 $y=ax^2+bx+c$ 꼴로 나타내시오. (단, a, b, c는 상수)

223

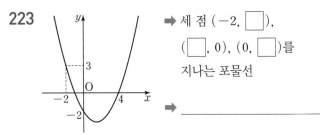

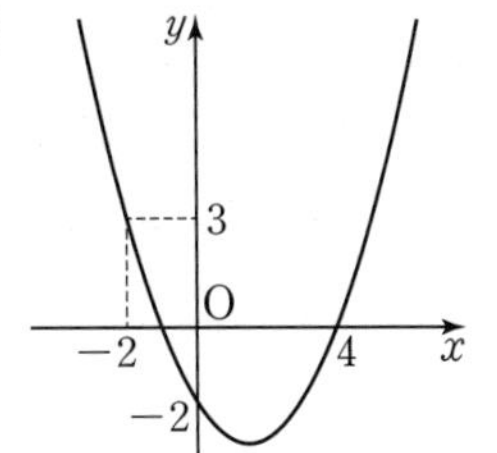

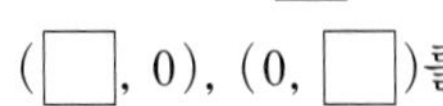

➡ 세 점 $(-2,\ $□$)$, $($□$,\ 0)$, $(0,\ $□$)$를 지나는 포물선

➡ ________

224

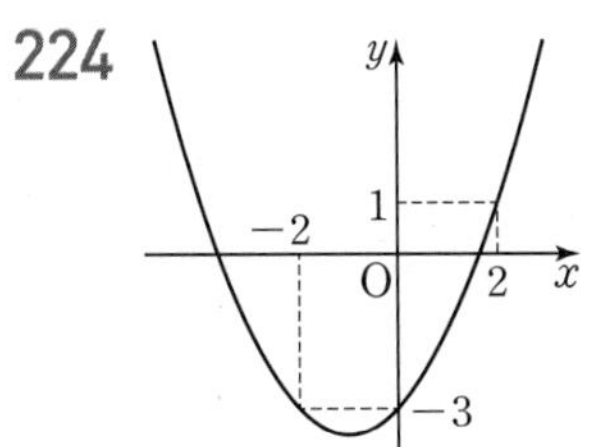

225

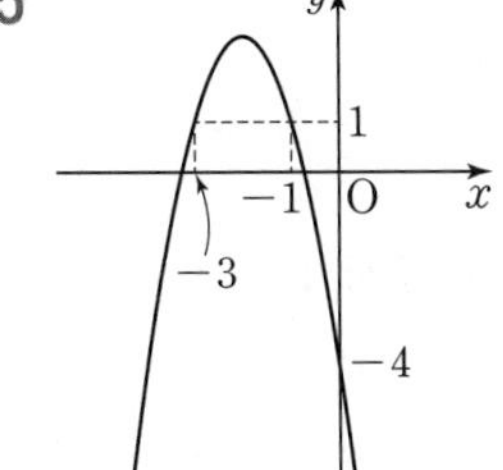

기본 문제 × 확인하기

1 다음 중 y가 x의 이차함수인 것은 ○표, 이차함수가 아닌 것은 ×표를 ( ) 안에 쓰시오.

(1) $y=5x^2-4x+2$ ( )

(2) $y=x+3$ ( )

(3) $y=x(x-5)+3$ ( )

(4) $y=2x^2-(x-5)(2x-6)$ ( )

2 이차함수 $f(x)=-x^2+3x+4$에 대하여 다음 함숫값을 구하시오.

(1) $f(-1)$ (2) $f(0)$

(3) $f\left(\frac{1}{3}\right)$ (4) $f(1)+f(-2)$

3 다음 보기의 이차함수에 대하여 물음에 답하시오.

보기

ㄱ. $y=-5x^2$ ㄴ. $y=\frac{1}{4}x^2$ ㄷ. $y=-\frac{3}{2}x^2$

ㄹ. $y=-7x^2$ ㅁ. $y=5x^2$ ㅂ. $y=\frac{1}{2}x^2$

(1) 그래프가 아래로 볼록한 것을 모두 고르시오.

(2) 그래프의 폭이 가장 좁은 것을 고르시오.

(3) 그래프가 x축에 서로 대칭인 것끼리 짝 지으시오.

(4) $x>0$일 때, x의 값이 증가하면 y의 값은 감소하는 것을 모두 고르시오.

4 다음 이차함수의 그래프를 y축의 방향으로 [ ] 안의 수만큼 평행이동한 그래프를 나타내는 이차함수의 식을 구하고, 축의 방정식과 꼭짓점의 좌표를 차례로 구하시오.

(1) $y=5x^2$ [-3]

(2) $y=-\frac{3}{4}x^2$ [2]

(3) $y=-7x^2$ [$-\frac{5}{3}$]

5 다음 이차함수의 그래프를 x축의 방향으로 [ ] 안의 수만큼 평행이동한 그래프를 나타내는 이차함수의 식을 구하고, 축의 방정식과 꼭짓점의 좌표를 차례로 구하시오.

(1) $y=6x^2$ [-8]

(2) $y=-2x^2$ [$-\frac{1}{5}$]

(3) $y=\frac{2}{3}x^2$ [7]

6 다음 이차함수의 그래프를 x축과 y축의 방향으로 각각 [ ] 안의 수만큼 평행이동한 그래프가 나타내는 이차함수의 식을 구하고, 축의 방정식과 꼭짓점의 좌표를 차례로 구하시오.

(1) $y=\frac{1}{4}x^2$ [2, 3]

(2) $y=-8x^2$ [-4, $\frac{1}{2}$]

(3) $y=2x^2$ [$-\frac{1}{5}$, -2]

7 이차함수 $y=a(x-p)^2+q$의 그래프가 다음 그림과 같을 때, □ 안에 >, =, < 중 알맞은 것을 쓰시오.

(단, a, p, q는 상수)

(1)

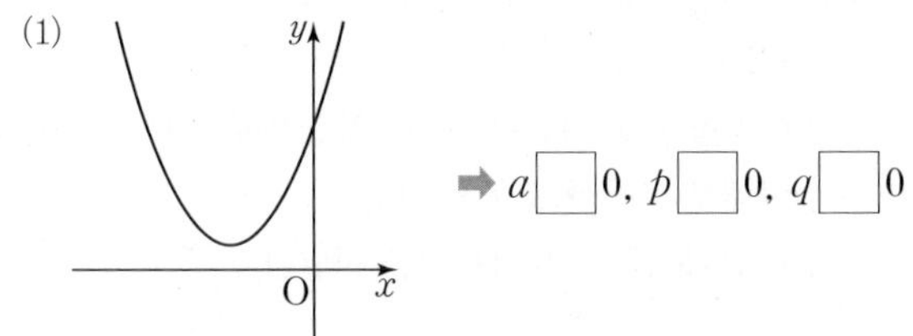

➡ a□0, p□0, q□0

(2)

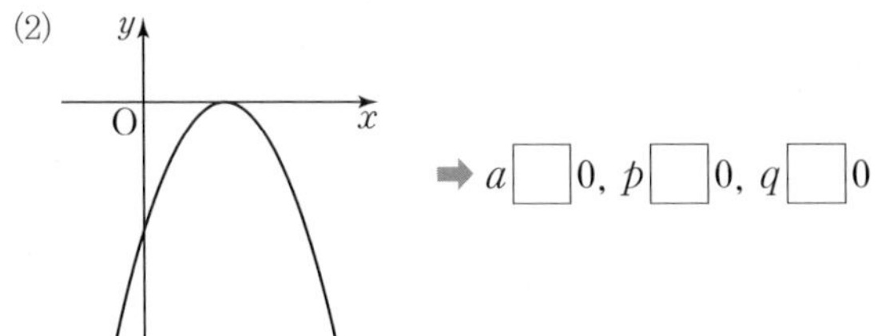

➡ a□0, p□0, q□0

8 다음 이차함수를 $y=a(x-p)^2+q$ 꼴로 고치시오.

(단, a, p, q는 상수)

(1) $y=x^2+6x-7$

(2) $y=-2x^2+4x$

(3) $y=\frac{1}{2}x^2-4x+10$

(4) $y=\frac{1}{3}x^2-2x+2$

9 다음 이차함수의 그래프가 x축과 만나는 점의 좌표를 구하시오.

(1) $y=x^2-16$

(2) $y=-x^2-4x-3$

(3) $y=-2x^2+x+6$

(4) $y=\frac{1}{2}x^2-3x+\frac{5}{2}$

10 이차함수 $y=ax^2+bx+c$의 그래프가 다음 그림과 같을 때, □ 안에 >, =, < 중 알맞은 것을 쓰시오.

(단, a, b, c는 상수)

(1)

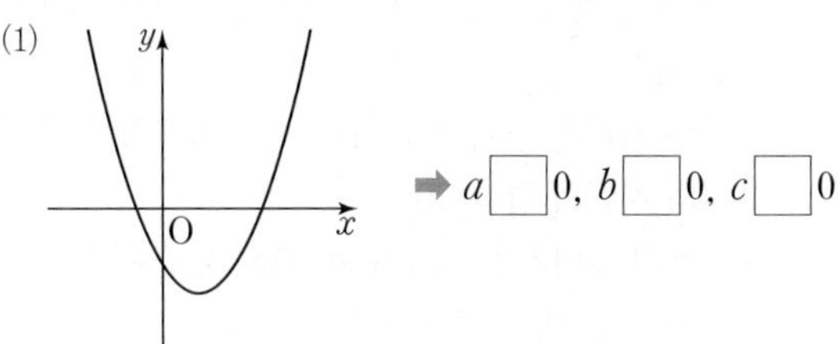

➡ a□0, b□0, c□0

(2)

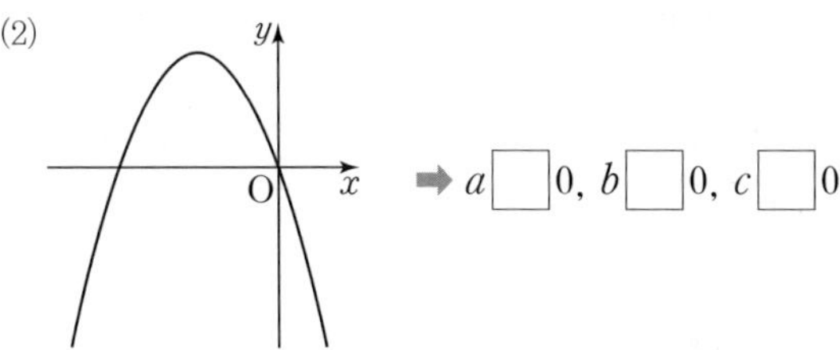

➡ a□0, b□0, c□0

11 다음 포물선을 그래프로 하는 이차함수의 식을 $y=ax^2+bx+c$ 꼴로 나타내시오. (단, a, b, c는 상수)

(1) 꼭짓점의 좌표가 $(2, 0)$이고, 점 $(1, -3)$을 지나는 포물선

(2) 꼭짓점의 좌표가 $(-1, 5)$이고, 점 $(-3, -7)$을 지나는 포물선

(3) 축의 방정식이 $x=-2$이고, 두 점 $(0, 2)$, $(1, 7)$을 지나는 포물선

(4) 축의 방정식이 $x=\frac{1}{3}$이고, 두 점 $(-1, -4)$, $(0, 11)$을 지나는 포물선

(5) 세 점 $(0, 1)$, $(1, 2)$, $(2, 17)$을 지나는 포물선

(6) 세 점 $(-2, 9)$, $(0, -1)$, $(1, -9)$를 지나는 포물선

학교 시험 문제 × 확인하기

1 다음 보기 중 y가 x에 대한 이차함수인 것을 모두 고른 것은?

보기
ㄱ. 한 변의 길이가 $(x+3)$ cm인 정사각형의 넓이 $y\,\text{cm}^2$
ㄴ. 한 모서리의 길이가 x cm인 정육면체의 모든 모서리의 길이의 합 y cm
ㄷ. 가로의 길이가 $(x-1)$ cm, 세로의 길이가 $(x+1)$ cm인 직사각형의 넓이 $y\,\text{cm}^2$
ㄹ. 반지름의 길이가 $(x-5)$ cm인 원의 둘레의 길이 y cm

① ㄱ, ㄴ ② ㄱ, ㄷ ③ ㄴ, ㄷ
④ ㄴ, ㄹ ⑤ ㄷ, ㄹ

2 이차함수 $f(x)=3x^2-x+1$에서 $f(a)=2a+1$일 때, 양수 a의 값을 구하시오.

3 다음 이차함수의 그래프 중 아래로 볼록하면서 폭이 이차함수 $y=-3x^2$의 그래프보다 좁은 것은?

① $y=-5x^2$ ② $y=-\frac{1}{2}x^2$ ③ $y=\frac{1}{2}x^2$
④ $y=2x^2$ ⑤ $y=5x^2$

4 다음 보기 중 이차함수 $y=-4x^2$의 그래프에 대한 설명으로 옳은 것을 모두 고르시오.

보기
ㄱ. 꼭짓점의 좌표는 $(-4, 0)$이다.
ㄴ. y축을 축으로 한다.
ㄷ. 이차함수 $y=4x^2$의 그래프와 x축에 서로 대칭이다.
ㄹ. 아래로 볼록한 포물선이다.
ㅁ. 제3사분면과 제4사분면을 지난다.

5 이차함수 $y=ax^2$의 그래프가 두 점 $(2, -4)$, $(4, b)$를 지날 때, $a-b$의 값은? (단, a는 상수)

① 13 ② 14 ③ 15
④ 16 ⑤ 17

6 다음 중 이차함수 $y=7x^2-6$의 그래프에 대한 설명으로 옳은 것은?

① 축의 방정식은 $x=7$이다.
② 꼭짓점의 좌표는 $(7, 0)$이다.
③ 아래로 볼록한 포물선이다.
④ $x>0$일 때, x의 값이 증가하면 y의 값은 감소한다.
⑤ 이차함수 $y=7x^2$의 그래프를 x축의 방향으로 -6만큼 평행이동한 것이다.

7 이차함수 $y=\frac{5}{3}x^2$의 그래프를 y축의 방향으로 k만큼 평행이동한 그래프가 점 $(-3, 14)$를 지날 때, k의 값은?

① -1 ② $-\frac{1}{2}$ ③ $\frac{1}{3}$
④ $\frac{1}{2}$ ⑤ 1

8 이차함수 $y=7(x+5)^2$의 그래프에서 x의 값이 증가할 때, y의 값은 감소하는 x의 값의 범위를 구하시오.

9 다음 이차함수의 그래프 중 이차함수 $y=-\frac{1}{2}x^2$의 그래프를 평행이동하면 완전히 포개어지는 것은?

① $y=-2x^2$ ② $y=-\frac{1}{2}(2x^2+1)$
③ $y=-\frac{1}{2}(x+2)^2+5$ ④ $y=\frac{1}{2}(x-3)^2+4$
⑤ $y=2x^2-1$

10 이차함수 $y=ax^2$의 그래프를 x축의 방향으로 p만큼, y축의 방향으로 q만큼 평행이동한 그래프가 나타내는 이차함수의 식이 $y=-5(x-7)^2+2$일 때, $a+p+q$의 값을 구하시오. (단, a는 상수)

11 다음 중 이차함수 $y=-3(x+1)^2+5$의 그래프에 대한 설명으로 옳은 것은?

① 이차함수 $y=-3x^2$의 그래프를 x축의 방향으로 1만큼, y축의 방향으로 5만큼 평행이동한 것이다.
② 꼭짓점의 좌표는 $(1, 5)$이다.
③ 축의 방정식은 $x=1$이다.
④ $x<1$일 때, x의 값이 증가하면 y의 값도 증가한다.
⑤ 모든 사분면을 지난다.

12 다음 중 이차함수 $y=-\frac{1}{2}x^2-2x-1$의 그래프는?

①
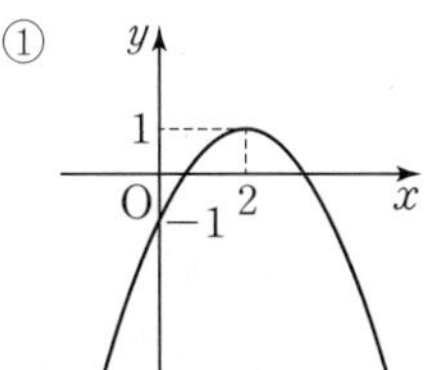

②
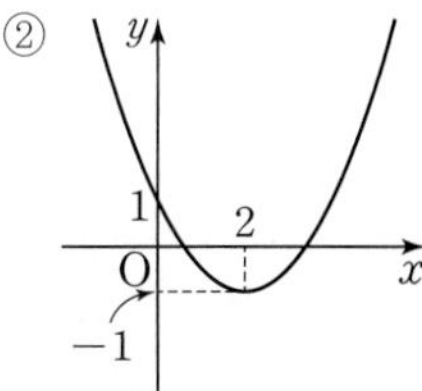

③
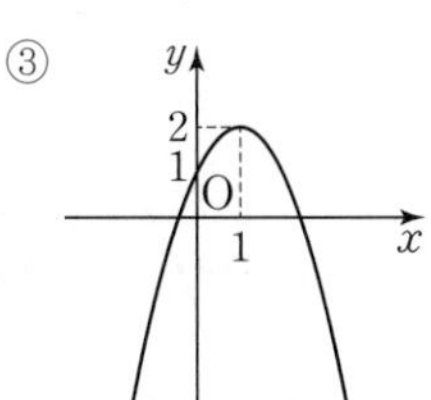

④
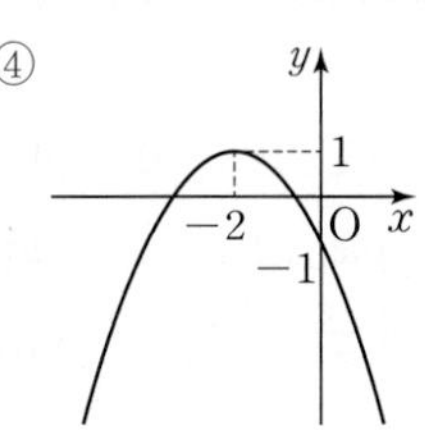

⑤
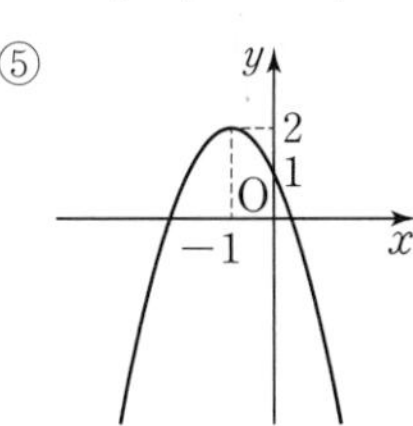

13 다음 보기 중 이차함수 $y=2x^2-3x+\frac{1}{8}$의 그래프에 대한 설명으로 옳은 것을 모두 고른 것은?

> 보기
> ㄱ. 아래로 볼록한 포물선이다.
> ㄴ. 꼭짓점의 좌표는 $\left(\frac{3}{4},\ 1\right)$이다.
> ㄷ. $x>\frac{3}{4}$일 때, x의 값이 증가하면 y의 값도 증가한다.
> ㄹ. 이차함수 $y=2x^2$의 그래프를 x축의 방향으로 $-\frac{3}{4}$만큼, y축의 방향으로 -1만큼 평행이동한 그래프이다.

① ㄱ, ㄴ　② ㄱ, ㄷ　③ ㄴ, ㄹ
④ ㄱ, ㄷ, ㄹ　⑤ ㄴ, ㄷ, ㄹ

14 이차함수 $y=2x^2+x-3$의 그래프가 x축과 만나는 두 점의 x좌표를 각각 a, b, y축과 만나는 점의 y좌표를 c라 할 때, $a-b+c$의 값을 구하시오. (단, $a>b$)

15 오른쪽 그림은 이차함수 $y=ax^2+bx+c$의 그래프이다. 다음 중 옳지 않은 것은? (단, a, b, c는 상수)

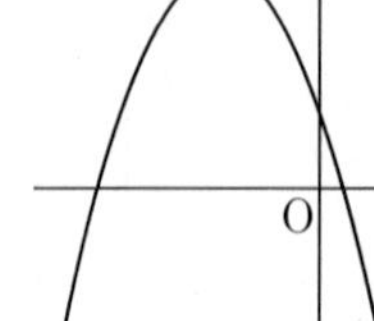

① $a<0$　② $b>0$
③ $c>0$　④ $a+b<0$
⑤ $abc>0$

16 이차함수 $y=ax^2+bx+c$의 그래프가 오른쪽 그림과 같을 때, 상수 a, b, c에 대하여 $2a-b+c$의 값은?

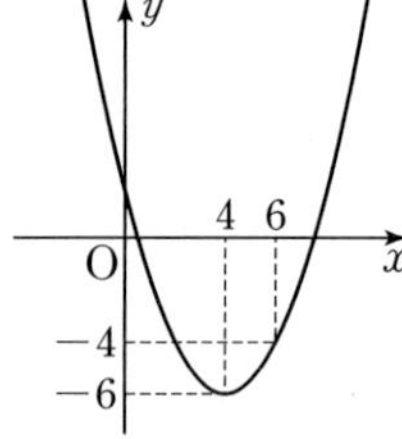

① -5　② -3
③ -1　④ 2
⑤ 7

17 오른쪽 그림과 같이 직선 $x=-3$을 축으로 하는 포물선을 그래프로 하는 이차함수의 식을 $y=ax^2+bx+c$ 꼴로 나타내시오. (단, a, b, c는 상수)

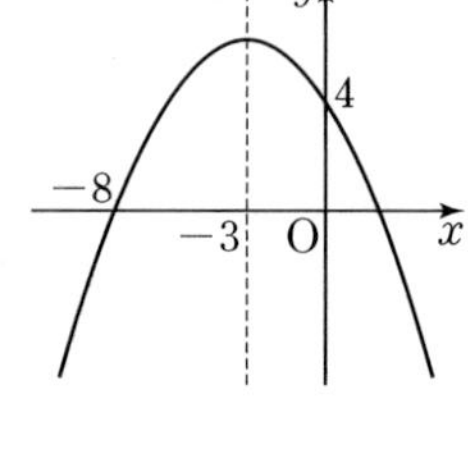

18 오른쪽 그림과 같은 이차함수의 그래프의 꼭짓점의 좌표를 $(p,\ q)$라 할 때, $p+q$의 값은?

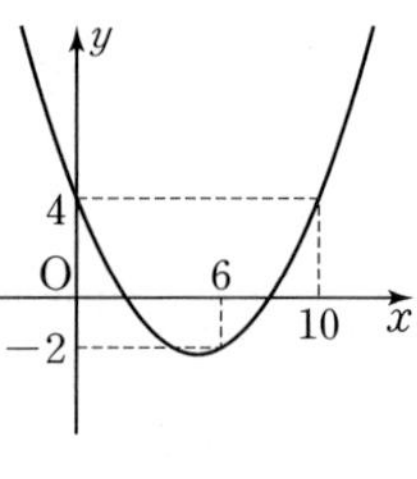

① 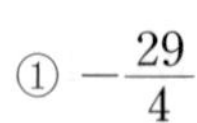 $-\frac{29}{4}$　② 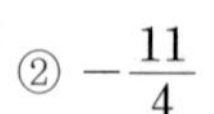 $-\frac{11}{4}$
③ 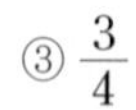 $\frac{3}{4}$　④ 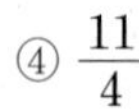 $\frac{11}{4}$
⑤ 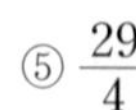 $\frac{29}{4}$

개념+연산

정답과 해설

중등 수학 3·1

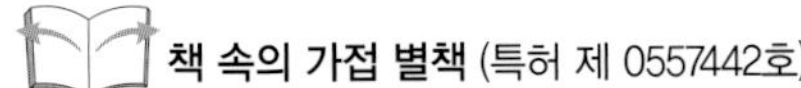
책 속의 가접 별책 (특허 제 0557442호)

'정답과 해설'은 본책에서 쉽게 분리할 수 있도록 제작되었으므로 유통 과정에서 분리될 수 있으나 파본이 아닌 정상 제품입니다.

visang

ABOVE IMAGINATION

우리는 남다른 상상과 혁신으로
교육 문화의 새로운 전형을 만들어
모든 이의 행복한 경험과 성장에 기여한다

1 제곱근과 실수

8~23쪽

001 답 2, -2

002 답 4, -4

003 답 9, -9

004 답 10, -10

005 답 $\frac{1}{2}$, $-\frac{1}{2}$

006 답 0.6, -0.6

007 답 49, 7, -7

008 답 12, -12

009 답 0

010 답 없다.

011 답 $\frac{4}{3}$, $-\frac{4}{3}$

012 답 0.5, -0.5

013 답 7, -7

014 답 $\frac{2}{5}$, $-\frac{2}{5}$

015 답 8, -8

016 답 0.4, -0.4

017 답 $\pm\sqrt{7}$

018 답 $\pm\sqrt{12}$

019 답 $\pm\sqrt{155}$

020 답 $\pm\sqrt{\frac{4}{5}}$

021 답 $\pm\sqrt{0.3}$

022 답 풀이 참조

a	a의 양의 제곱근	a의 음의 제곱근
11	$\sqrt{11}$	$-\sqrt{11}$
19	$\sqrt{19}$	$-\sqrt{19}$
$\frac{2}{3}$	$\sqrt{\frac{2}{3}}$	$-\sqrt{\frac{2}{3}}$
0.57	$\sqrt{0.57}$	$-\sqrt{0.57}$

023 답 풀이 참조

a	a의 제곱근	제곱근 a
5	$\pm\sqrt{5}$	$\sqrt{5}$
1.3	$\pm\sqrt{1.3}$	$\sqrt{1.3}$
$\frac{2}{7}$	$\pm\sqrt{\frac{2}{7}}$	$\sqrt{\frac{2}{7}}$

024 답 5

025 답 -8

026 답 ($\frac{1}{9}$의 양의 제곱근), $\frac{1}{3}$

027 답 (0.16의 음의 제곱근), -0.4

028 답 2, $\pm\sqrt{2}$

029 답 4, 2

030 답 36, -6

031 답 6

032 답 2.4

033 답 $-\frac{1}{3}$

$\left(\sqrt{\frac{1}{3}}\right)^2=\frac{1}{3}$이므로 $-\left(\sqrt{\frac{1}{3}}\right)^2=-\frac{1}{3}$

034 답 11

035 답 $\frac{3}{4}$

036 답 -0.7

$(-\sqrt{0.7})^2=0.7$이므로 $-(-\sqrt{0.7})^2=-0.7$

037 답 7

038 답 $\frac{1}{5}$

039 답 -1.9

$\sqrt{1.9^2}=1.9$이므로 $-\sqrt{1.9^2}=-1.9$

040 답 43

041 답 2.6

042 답 $-\frac{1}{2}$

$\sqrt{\left(-\frac{1}{2}\right)^2}=\frac{1}{2}$이므로 $-\sqrt{\left(-\frac{1}{2}\right)^2}=-\frac{1}{2}$

043 답 19

$(\sqrt{11})^2+(-\sqrt{8})^2=11+8=19$

044 답 0.3

$-\sqrt{2.8^2}+\sqrt{(-3.1)^2}=-2.8+3.1=0.3$

045 답 -6

$(-\sqrt{7})^2-\sqrt{13^2}=7-13=-6$

046 답 -2

$-\left(\sqrt{\frac{3}{5}}\right)^2-\sqrt{\left(-\frac{7}{5}\right)^2}=-\frac{3}{5}-\frac{7}{5}=-\frac{10}{5}=-2$

047 답 48

$(\sqrt{6})^2\times\sqrt{8^2}=6\times8=48$

048 답 1

$\sqrt{(-0.1)^2}\times(-\sqrt{10})^2=0.1\times10=1$

049 답 $\frac{1}{9}$

$\sqrt{\left(\frac{5}{3}\right)^2}\div(-\sqrt{15})^2=\frac{5}{3}\div15=\frac{5}{3}\times\frac{1}{15}=\frac{1}{9}$

050 답 $-\frac{1}{3}$

$\left(\sqrt{\frac{1}{6}}\right)^2\div\left\{-\sqrt{\left(-\frac{1}{2}\right)^2}\right\}=\frac{1}{6}\div\left(-\frac{1}{2}\right)$

$=\frac{1}{6}\times(-2)=-\frac{1}{3}$

051 답 7, 5, 7, 5, 12

052 답 7

$\sqrt{121}-\sqrt{16}=\sqrt{11^2}-\sqrt{4^2}=11-4=7$

053 답 0.8

$\sqrt{(-8)^2}\times\sqrt{0.01}=8\times\sqrt{0.1^2}=8\times0.1=0.8$

054 답 $\frac{1}{3}$

$\sqrt{\frac{4}{9}}\div\sqrt{4}=\sqrt{\left(\frac{2}{3}\right)^2}\div\sqrt{2^2}=\frac{2}{3}\div2=\frac{2}{3}\times\frac{1}{2}=\frac{1}{3}$

055 답 1

$\sqrt{100}-\sqrt{6^2}\div\left(-\sqrt{\frac{2}{3}}\right)^2=\sqrt{10^2}-6\div\frac{2}{3}$

$=10-6\times\frac{3}{2}$

$=10-9=1$

056 답 39

$(\sqrt{18})^2\div\sqrt{81}+\sqrt{(-37)^2}=18\div\sqrt{9^2}+37$

$=18\div9+37$

$=2+37=39$

057 답 0.9

$\sqrt{0.16}+\sqrt{25}\times\sqrt{\frac{1}{100}}=\sqrt{0.4^2}+\sqrt{5^2}\times\sqrt{\left(\frac{1}{10}\right)^2}$

$=0.4+5\times\frac{1}{10}$

$=0.4+0.5=0.9$

058 답 3

$\sqrt{3^2}-\sqrt{36}\times\{-\sqrt{(-2)^2}\}-\sqrt{144}=3-\sqrt{6^2}\times(-2)-\sqrt{12^2}$

$=3-6\times(-2)-12$

$=3+12-12=3$

059 답 $>$, $2a$

060 답 $<$, $15a$

061 답 $>$, $-7a$

062 답 $<$, $-18a$

063 답 $>$, $-8a$

064 답 $<$, $-3a$

065 답 $>$, $11a$

066 답 $<$, $5a$

067 답 $8a$

$3a>0$, $5a>0$이므로

$\sqrt{(3a)^2}+\sqrt{(5a)^2}=3a+5a=8a$

068 답 $3a$

$-7a<0$, $4a>0$이므로

$\sqrt{(-7a)^2}-\sqrt{(4a)^2}=-(-7a)-4a=3a$

069 답 $-10a$

$2a<0$, $-8a>0$이므로

$\sqrt{(2a)^2}+\sqrt{(-8a)^2}=-2a+(-8a)=-10a$

070 답 $-3a$

$-9a>0$, $6a<0$이므로

$\sqrt{(-9a)^2}-\sqrt{(6a)^2}=-9a-(-6a)=-3a$

071 답 $>$, $x-1$

072 답 $<$, $-1+x$

073 답 $>$, $-x+1$

074 답 $<$, $1-x$

075 답 $a-3$

$a-3>0$이므로 $\sqrt{(a-3)^2}=a-3$

076 답 $-a+7$

$a-7<0$이므로

$\sqrt{(a-7)^2}=-(a-7)=-a+7$

077 답 $-a-2$

$a+2>0$이므로

$-\sqrt{(a+2)^2}=-(a+2)=-a-2$

078 답 $4-a$

$4-a<0$이므로

$-\sqrt{(4-a)^2}=-\{-(4-a)\}=4-a$

079 답 $-2a+10$

$a-5<0$, $5-a>0$이므로

$\sqrt{(a-5)^2}+\sqrt{(5-a)^2}=-(a-5)+(5-a)$

$=-a+5+5-a=-2a+10$

080 답 0

$3-a>0$, $a-3<0$이므로

$\sqrt{(3-a)^2}-\sqrt{(a-3)^2}=(3-a)-\{-(a-3)\}$

$=3-a+a-3=0$

081 답 5

$a-6<0$, $a-1>0$이므로

$\sqrt{(a-6)^2}+\sqrt{(a-1)^2}=-(a-6)+(a-1)$

$=-a+6+a-1=5$

082 답 $2a-2$

$a+2>0$, $a-4<0$이므로

$\sqrt{(a+2)^2}-\sqrt{(a-4)^2}=(a+2)-\{-(a-4)\}$

$=a+2+a-4=2a-2$

083 답 $3^2\times5$, 5, 5, 5

084 답 2

$\sqrt{72x}=\sqrt{2^3\times3^2\times x}$가 자연수가 되려면 $x=2\times$(자연수)^2 꼴이어야 한다.

따라서 가장 작은 자연수 x의 값은 2이다.

085 답 30

$\sqrt{120x}=\sqrt{2^3\times3\times5\times x}$가 자연수가 되려면 $x=2\times3\times5\times$(자연수)^2 꼴이어야 한다.

따라서 가장 작은 자연수 x의 값은 $2\times3\times5=30$이다.

086 답 6

$\sqrt{150x}=\sqrt{2\times3\times5^2\times x}$가 자연수가 되려면 $x=2\times3\times$(자연수)^2 꼴이어야 한다.

따라서 가장 작은 자연수 x의 값은 $2\times3=6$이다.

087 답 $2^2\times7$, 7, 7, 7

088 답 15

$\sqrt{\frac{60}{x}}=\sqrt{\frac{2^2\times3\times5}{x}}$가 자연수가 되려면 x는 60의 약수이면서 $3\times5\times$(자연수)^2 꼴이어야 한다.

따라서 가장 작은 자연수 x의 값은 $3\times5=15$이다.

089 답 21

$\sqrt{\frac{84}{x}}=\sqrt{\frac{2^2\times3\times7}{x}}$이 자연수가 되려면 x는 84의 약수이면서 $3\times7\times$(자연수)^2 꼴이어야 한다.

따라서 가장 작은 자연수 x의 값은 $3\times7=21$이다.

090 답 10

$\sqrt{\frac{250}{x}}=\sqrt{\frac{2\times5^3}{x}}$이 자연수가 되려면 x는 250의 약수이면서 $2\times5\times$(자연수)^2 꼴이어야 한다.

따라서 가장 작은 자연수 x의 값은 $2\times5=10$이다.

091 답 $<$, $<$

092 답 $>$

$19>11$이므로 $\sqrt{19}>\sqrt{11}$

093 답 $<$

$0.97<1.56$이므로 $\sqrt{0.97}<\sqrt{1.56}$

094 답 $<$

$\frac{3}{7}<\frac{5}{7}$이므로 $\sqrt{\frac{3}{7}}<\sqrt{\frac{5}{7}}$

095 답 >

$\frac{1}{3}>\frac{1}{6}$이므로 $\sqrt{\frac{1}{3}}>\sqrt{\frac{1}{6}}$

096 답 >

$\frac{3}{10}>\frac{1}{5}\left(=\frac{2}{10}\right)$이므로 $\sqrt{\frac{3}{10}}>\sqrt{\frac{1}{5}}$

097 답 <, <, >

098 답 >

$14<17$이므로 $\sqrt{14}<\sqrt{17}$ $\quad\therefore -\sqrt{14}>-\sqrt{17}$

099 답 >

$5.6<8.4$이므로 $\sqrt{5.6}<\sqrt{8.4}$ $\quad\therefore -\sqrt{5.6}>-\sqrt{8.4}$

100 답 >

$\frac{4}{11}<\frac{6}{11}$이므로 $\sqrt{\frac{4}{11}}<\sqrt{\frac{6}{11}}$ $\quad\therefore -\sqrt{\frac{4}{11}}>-\sqrt{\frac{6}{11}}$

101 답 <

$\frac{1}{3}>\frac{1}{7}$이므로 $\sqrt{\frac{1}{3}}>\sqrt{\frac{1}{7}}$ $\quad\therefore -\sqrt{\frac{1}{3}}<-\sqrt{\frac{1}{7}}$

102 답 >

$\frac{2}{3}\left(=\frac{8}{12}\right)<\frac{3}{4}\left(=\frac{9}{12}\right)$이므로 $\sqrt{\frac{2}{3}}<\sqrt{\frac{3}{4}}$

$\therefore -\sqrt{\frac{2}{3}}>-\sqrt{\frac{3}{4}}$

103 답 **9, >**

104 답 <

$5=\sqrt{25}$이므로 $\sqrt{21}<5$

105 답 <

$0.1=\sqrt{0.01}$이므로 $0.1<\sqrt{0.02}$

106 답 <

$\frac{3}{4}=\sqrt{\frac{9}{16}}$이므로 $\sqrt{\frac{3}{16}}<\frac{3}{4}$

107 답 **36, >, <**

108 답 <

$7=\sqrt{49}$므로 $\sqrt{50}>7$ $\quad\therefore -\sqrt{50}<-7$

109 답 <

$0.2=\sqrt{0.04}$이므로 $\sqrt{0.05}>0.2$

$\therefore -\sqrt{0.05}<-0.2$

110 답 >

$\frac{1}{8}=\sqrt{\frac{1}{64}}$, $\sqrt{\frac{1}{32}}=\sqrt{\frac{2}{64}}$이므로 $\frac{1}{8}<\sqrt{\frac{1}{32}}$

$\therefore -\frac{1}{8}>-\sqrt{\frac{1}{32}}$

111 답 **9, 9 / 5, 6, 7, 8**

112 답 **1, 2, 3, 4**

$1\le\sqrt{x}\le2$에서 $\sqrt{1}\le\sqrt{x}\le\sqrt{4}$

$\therefore 1\le x\le4$

따라서 구하는 자연수 x의 값은 1, 2, 3, 4이다.

113 답 **10, 11, 12, 13, 14, 15**

$3<\sqrt{x}<4$에서 $\sqrt{9}<\sqrt{x}<\sqrt{16}$

$\therefore 9<x<16$

따라서 구하는 자연수 x의 값은 10, 11, 12, 13, 14, 15이다.

114 답 **4, 5, 6, 7, 8, 9**

$2\le\sqrt{x}<\sqrt{10}$에서 $\sqrt{4}\le\sqrt{x}<\sqrt{10}$

$\therefore 4\le x<10$

따라서 구하는 자연수 x의 값은 4, 5, 6, 7, 8, 9이다.

115 답 **4, 5, 6, 7, 8, 9**

$\sqrt{3}<\sqrt{x}\le3$에서 $\sqrt{3}<\sqrt{x}\le\sqrt{9}$

$\therefore 3<x\le9$

따라서 구하는 자연수 x의 값은 4, 5, 6, 7, 8, 9이다.

116 답 **8**

$1\le\sqrt{a}<3$에서 $\sqrt{1}\le\sqrt{a}<\sqrt{9}$

$\therefore 1\le a<9$

따라서 주어진 부등식을 만족시키는 자연수 a는 1, 2, 3, 4, 5, 6, 7, 8의 8개이다.

117 답 유

118 답 무

119 답 무

120 답 유

$\sqrt{\frac{1}{9}}=\sqrt{\left(\frac{1}{3}\right)^2}=\frac{1}{3}$ ➡ 유리수

121 답 유

$0.4\dot{2}=\frac{42-4}{90}=\frac{38}{90}=\frac{19}{45}$ ➡ 유리수

122 답 무

123 답 ×
양수의 제곱근 중에서 $\sqrt{4}=\sqrt{2^2}=2$와 같이 근호 안의 수가 유리수의 제곱인 수는 유리수이다.

124 답 ○
순환소수는 유리수이므로 무리수가 아니다.

125 답 ○

126 답 ×
무한소수 중에서 순환소수는 유리수이다.

127 답 ○
유리수와 무리수를 통틀어 실수라 한다.

128 답 ×
$\sqrt{7}$은 무리수이므로 $\frac{(\text{정수})}{(0\text{이 아닌 정수})}$ 꼴로 나타낼 수 없다.

129 답 **2, $\sqrt{8}$, $\sqrt{8}$, $\sqrt{8}$, $\sqrt{8}$**

130 답 **3, $\sqrt{10}$, $\sqrt{10}$, $\sqrt{10}$, $2-\sqrt{10}$**

131 답 **$\sqrt{5}$, $\sqrt{5}$**
$\overline{AB}=\sqrt{2^2+1^2}=\sqrt{5}$이므로 $\overline{AP}=\overline{AB}=\sqrt{5}$
따라서 점 P는 0에서 오른쪽으로 $\sqrt{5}$만큼 떨어진 점이므로 점 P에 대응하는 수는 $\sqrt{5}$이다.

132 답 **$\sqrt{13}$, $1-\sqrt{13}$**
$\overline{AB}=\sqrt{3^2+2^2}=\sqrt{13}$이므로 $\overline{AP}=\overline{AB}=\sqrt{13}$
따라서 점 P는 1에서 왼쪽으로 $\sqrt{13}$만큼 떨어진 점이므로 점 P에 대응하는 수는 $1-\sqrt{13}$이다.

133 답 **$\sqrt{5}$, $-2+\sqrt{5}$**
$\overline{AB}=\sqrt{1^2+2^2}=\sqrt{5}$이므로 $\overline{AP}=\overline{AB}=\sqrt{5}$
따라서 점 P는 -2에서 오른쪽으로 $\sqrt{5}$만큼 떨어진 점이므로 점 P에 대응하는 수는 $-2+\sqrt{5}$이다.

134 답 **P: $1-\sqrt{2}$, Q: $2+\sqrt{2}$**
$\overline{AB}=\sqrt{1^2+1^2}=\sqrt{2}$이므로 $\overline{AP}=\overline{AB}=\sqrt{2}$
따라서 점 P는 1에서 왼쪽으로 $\sqrt{2}$만큼 떨어진 점이므로 점 P에 대응하는 수는 $1-\sqrt{2}$이다.
$\overline{CD}=\sqrt{1^2+1^2}=\sqrt{2}$이므로 $\overline{CQ}=\overline{CD}=\sqrt{2}$
따라서 점 Q는 2에서 오른쪽으로 $\sqrt{2}$만큼 떨어진 점이므로 점 Q에 대응하는 수는 $2+\sqrt{2}$이다.

135 답 **P: $-5-\sqrt{5}$, Q: $-4+\sqrt{10}$**
$\overline{AB}=\sqrt{1^2+2^2}=\sqrt{5}$이므로 $\overline{AP}=\overline{AB}=\sqrt{5}$
따라서 점 P는 -5에서 왼쪽으로 $\sqrt{5}$만큼 떨어진 점이므로 점 P에 대응하는 수는 $-5-\sqrt{5}$이다.
$\overline{CD}=\sqrt{3^2+1^2}=\sqrt{10}$이므로 $\overline{CQ}=\overline{CD}=\sqrt{10}$
따라서 점 Q는 -4에서 오른쪽으로 $\sqrt{10}$만큼 떨어진 점이므로 점 Q에 대응하는 수는 $-4+\sqrt{10}$이다.

136 답 **P: $3-\sqrt{10}$, Q: $4+\sqrt{18}$**
$\overline{AB}=\sqrt{1^2+3^2}=\sqrt{10}$이므로 $\overline{AP}=\overline{AB}=\sqrt{10}$
따라서 점 P는 3에서 왼쪽으로 $\sqrt{10}$만큼 떨어진 점이므로 점 P에 대응하는 수는 $3-\sqrt{10}$이다.
$\overline{CD}=\sqrt{3^2+3^2}=\sqrt{18}$이므로 $\overline{CQ}=\overline{CD}=\sqrt{18}$
따라서 점 Q는 4에서 오른쪽으로 $\sqrt{18}$만큼 떨어진 점이므로 점 Q에 대응하는 수는 $4+\sqrt{18}$이다.

137 답 **P: $-\sqrt{8}$, Q: $1+\sqrt{17}$**
$\overline{AB}=\sqrt{2^2+2^2}=\sqrt{8}$이므로 $\overline{AP}=\overline{AB}=\sqrt{8}$
따라서 점 P는 0에서 왼쪽으로 $\sqrt{8}$만큼 떨어진 점이므로 점 P에 대응하는 수는 $-\sqrt{8}$이다.
$\overline{CD}=\sqrt{4^2+1^2}=\sqrt{17}$이므로 $\overline{CQ}=\overline{CD}=\sqrt{17}$
따라서 점 Q는 1에서 오른쪽으로 $\sqrt{17}$만큼 떨어진 점이므로 점 Q에 대응하는 수는 $1+\sqrt{17}$이다.

138 답 **P: $-6-\sqrt{5}$, Q: $-5+\sqrt{13}$**
$\overline{AB}=\sqrt{2^2+1^2}=\sqrt{5}$이므로 $\overline{AP}=\overline{AB}=\sqrt{5}$
따라서 점 P는 -6에서 왼쪽으로 $\sqrt{5}$만큼 떨어진 점이므로 점 P에 대응하는 수는 $-6-\sqrt{5}$이다.
$\overline{CD}=\sqrt{2^2+3^2}=\sqrt{13}$이므로 $\overline{CQ}=\overline{CD}=\sqrt{13}$
따라서 점 Q는 -5에서 오른쪽으로 $\sqrt{13}$만큼 떨어진 점이므로 점 Q에 대응하는 수는 $-5+\sqrt{13}$이다.

139 답 **$\sqrt{2}$, $\sqrt{2}$, $\sqrt{2}$, $\sqrt{2}$, $-1+\sqrt{2}$, $-1-\sqrt{2}$**

140 답 **P: $-4+\sqrt{5}$, Q: $-4-\sqrt{5}$**
넓이가 5인 정사각형의 한 변의 길이는 $\sqrt{5}$이므로
$\overline{AB}=\overline{AD}=\sqrt{5}$
즉, $\overline{AP}=\overline{AB}=\sqrt{5}$, $\overline{AQ}=\overline{AD}=\sqrt{5}$
따라서 점 P에 대응하는 수는 $-4+\sqrt{5}$, 점 Q에 대응하는 수는 $-4-\sqrt{5}$이다.

141 답 **P: $3+\sqrt{10}$, Q: $3-\sqrt{10}$**
넓이가 10인 정사각형의 한 변의 길이는 $\sqrt{10}$이므로
$\overline{AB}=\overline{AD}=\sqrt{10}$
즉, $\overline{AP}=\overline{AB}=\sqrt{10}$, $\overline{AQ}=\overline{AD}=\sqrt{10}$
따라서 점 P에 대응하는 수는 $3+\sqrt{10}$, 점 Q에 대응하는 수는 $3-\sqrt{10}$이다.

142 답 **A: $-\sqrt{2}$, B: $1+\sqrt{2}$**
$\overline{PQ}=\sqrt{1^2+1^2}=\sqrt{2}$이므로 $\overline{PA}=\overline{PQ}=\sqrt{2}$
따라서 점 A는 0에서 왼쪽으로 $\sqrt{2}$만큼 떨어진 점이므로 점 A에 대응하는 수는 $-\sqrt{2}$이다.
$\overline{RS}=\sqrt{1^2+1^2}=\sqrt{2}$이므로 $\overline{RB}=\overline{RS}=\sqrt{2}$
따라서 점 B는 1에서 오른쪽으로 $\sqrt{2}$만큼 떨어진 점이므로 점 B에 대응하는 수는 $1+\sqrt{2}$이다.

143 답 ×
수직선 위의 한 점에는 반드시 한 실수가 대응한다. 유리수에 대응하는 점만으로는 수직선을 완전히 메울 수 없다.

144 답 ×
π는 무리수이므로 수직선 위의 점에 대응시킬 수 있다.

145 답 ○

146 답 ○

147 답 ×
서로 다른 두 유리수 사이에는 무수히 많은 유리수가 있다.

148 답 ×
서로 다른 두 무리수 사이에는 무수히 많은 무리수가 있다.

149 답 ○
수직선은 유리수와 무리수에 대응하는 점들로 완전히 메울 수 있다.

150 답 ○
서로 다른 두 유리수 사이에는 무수히 많은 무리수가 있다.

151 답 ×
유리수이면서 무리수인 수는 없으므로 유리수와 무리수는 수직선 위의 같은 점에 대응하지 않는다.

152 답 ×
0에 가장 가까운 유리수는 정할 수 없다.

153 답 ×
2와 3 사이에는 정수가 없다.

154 답 **2.702**

155 답 **2.724**

156 답 **2.728**

157 답 **6.797**

158 답 **6.804**

159 답 **6.856**

160 답 **5.65**

161 답 **5.86**

162 답 **5.58**

163 답 **5.79**

164 답 **2.849**
$\sqrt{1.51}=1.229$이므로 $a=1.229$
$\sqrt{1.62}=1.273$이므로 $b=1.62$
$\therefore a+b=1.229+1.62=2.849$

165 답 **3, 9, >, >, >**

166 답 **4, 16, <, <, <**

167 답 **<, <**

168 답 **<**
$(6+\sqrt{3})-8=\sqrt{3}-2=\sqrt{3}-\sqrt{4}<0$
$\therefore 6+\sqrt{3}<8$

169 답 **<**
$(3-\sqrt{7})-1=2-\sqrt{7}=\sqrt{4}-\sqrt{7}<0$
$\therefore 3-\sqrt{7}<1$

170 답 **>**
$-6-(\sqrt{5}-9)=3-\sqrt{5}=\sqrt{9}-\sqrt{5}>0$
$\therefore -6>\sqrt{5}-9$

171 답 **<**
$\sqrt{5}<\sqrt{7}$이므로 양변에 2를 더하면
$\sqrt{5}+2<\sqrt{7}+2$

172 답 **>**
$4>1$이므로 양변에서 $\sqrt{6}$을 빼면
$4-\sqrt{6}>1-\sqrt{6}$

173 답 <

$2=\sqrt{4}$에서 $2<\sqrt{5}$이므로 양변에 $\sqrt{3}$을 더하면

$2+\sqrt{3}<\sqrt{5}+\sqrt{3}$

174 답 **1, 1, 1**

175 답 **정수 부분: 2, 소수 부분: $\sqrt{6}-2$**

$\sqrt{4}<\sqrt{6}<\sqrt{9}$이므로 $2<\sqrt{6}<3$

따라서 $\sqrt{6}$의 정수 부분은 2, 소수 부분은 $\sqrt{6}-2$이다.

176 답 **정수 부분: 3, 소수 부분: $\sqrt{10}-3$**

$\sqrt{9}<\sqrt{10}<\sqrt{16}$이므로 $3<\sqrt{10}<4$

따라서 $\sqrt{10}$의 정수 부분은 3, 소수 부분은 $\sqrt{10}-3$이다.

177 답 **정수 부분: 4, 소수 부분: $\sqrt{17}-4$**

$\sqrt{16}<\sqrt{17}<\sqrt{25}$이므로 $4<\sqrt{17}<5$

따라서 $\sqrt{17}$의 정수 부분은 4, 소수 부분은 $\sqrt{17}-4$이다.

178 답 **정수 부분: 5, 소수 부분: $\sqrt{29}-5$**

$\sqrt{25}<\sqrt{29}<\sqrt{36}$이므로 $5<\sqrt{29}<6$

따라서 $\sqrt{29}$의 정수 부분은 5, 소수 부분은 $\sqrt{29}-5$이다.

179 답 **정수 부분: 5, 소수 부분: $\sqrt{32}-5$**

$\sqrt{25}<\sqrt{32}<\sqrt{36}$이므로 $5<\sqrt{32}<6$

따라서 $\sqrt{32}$의 정수 부분은 5, 소수 부분은 $\sqrt{32}-5$이다.

180 답 **1, 2, 3, 2, 2, $\sqrt{2}-1$**

181 답 **정수 부분: 4, 소수 부분: $\sqrt{7}-2$**

$\sqrt{4}<\sqrt{7}<\sqrt{9}$에서 $2<\sqrt{7}<3$이므로

$4<\sqrt{7}+2<5$

따라서 $\sqrt{7}+2$의 정수 부분은 4,

소수 부분은 $(\sqrt{7}+2)-4=\sqrt{7}-2$

182 답 **정수 부분: 2, 소수 부분: $\sqrt{13}-3$**

$\sqrt{9}<\sqrt{13}<\sqrt{16}$에서 $3<\sqrt{13}<4$이므로

$2<\sqrt{13}-1<3$

따라서 $\sqrt{13}-1$의 정수 부분은 2,

소수 부분은 $(\sqrt{13}-1)-2=\sqrt{13}-3$

183 답 **정수 부분: 2, 소수 부분: $\sqrt{23}-4$**

$\sqrt{16}<\sqrt{23}<\sqrt{25}$에서 $4<\sqrt{23}<5$이므로

$2<\sqrt{23}-2<3$

따라서 $\sqrt{23}-2$의 정수 부분은 2,

소수 부분은 $(\sqrt{23}-2)-2=\sqrt{23}-4$

184 답 **정수 부분: 1, 소수 부분: $4-\sqrt{10}$**

$\sqrt{9}<\sqrt{10}<\sqrt{16}$에서 $3<\sqrt{10}<4$이므로

$-4<-\sqrt{10}<-3 \qquad \therefore 1<5-\sqrt{10}<2$

따라서 $5-\sqrt{10}$의 정수 부분은 1,

소수 부분은 $(5-\sqrt{10})-1=4-\sqrt{10}$

185 답 **$7-\sqrt{15}$**

$\sqrt{9}<\sqrt{15}<\sqrt{16}$에서 $3<\sqrt{15}<4$이므로

$4<\sqrt{15}+1<5$

따라서 $\sqrt{15}+1$의 정수 부분은 $a=4$

소수 부분은 $b=(\sqrt{15}+1)-4=\sqrt{15}-3$

$\therefore a-b=4-(\sqrt{15}-3)=7-\sqrt{15}$

기본 문제 × 확인하기 (24~25쪽)

1 (1) ± 6 (2) $\pm\frac{5}{3}$ (3) ± 0.4 (4) ± 4

2 (1) $\pm\sqrt{3}$ (2) $\sqrt{21}$ (3) $\sqrt{0.7}$ (4) $-\sqrt{\frac{3}{7}}$

3 (1) 6 (2) -9 (3) $\frac{2}{5}$ (4) -0.8

4 (1) $\pm\sqrt{3}$ (2) ± 5 (3) 3 (4) $-\frac{1}{4}$

5 (1) 8 (2) $-\frac{8}{7}$ (3) -14 (4) 0.3

6 (1) 18 (2) 5 (3) -3 (4) 2

7 (1) $3a$ (2) $8a$ (3) $-a$ (4) $4a$

8 (1) $a-2$ (2) $-a+5$ (3) $a+3$ (4) $-1+a$

9 (1) 3 (2) 2

10 (1) $<$ (2) $>$ (3) $>$ (4) $>$

11 (1) $-\sqrt{\frac{1}{16}}$, $0.\dot{3}$ (2) $\sqrt{0.9}$, $\sqrt{35}$, $\frac{\sqrt{3}}{2}$

(3) $\sqrt{0.9}$, $-\sqrt{\frac{1}{16}}$, $\sqrt{35}$, $0.\dot{3}$, $\frac{\sqrt{3}}{2}$

12 (1) $\overline{AB}$의 길이: $\sqrt{10}$, $\overline{AC}$의 길이: $\sqrt{10}$

(2) P: $3-\sqrt{10}$, Q: $3+\sqrt{10}$

13 (1) 1.428 (2) 8.503

14 (1) 2.14 (2) 73.5

15 (1) $>$ (2) $<$ (3) $>$ (4) $<$

16 (1) 정수 부분: 2, 소수 부분: $\sqrt{7}-2$

(2) 정수 부분: 2, 소수 부분: $\sqrt{12}-3$

3 (1) $\sqrt{36}=(36$의 양의 제곱근$)=6$

(2) $-\sqrt{81}=(81$의 음의 제곱근$)=-9$

(3) $\sqrt{\frac{4}{25}}=\left(\frac{4}{25}\text{의 양의 제곱근}\right)=\frac{2}{5}$

(4) $-\sqrt{0.64}=(0.64$의 음의 제곱근$)=-0.8$

4 (1) $\sqrt{9}=3$이므로 3의 제곱근은 $\pm\sqrt{3}$이다.

(2) $(-5)^2=25$이므로 25의 제곱근은 ± 5이다.

(3) $\sqrt{81}=9$이므로 9의 양의 제곱근은 3이다.

(4) $\left(-\frac{1}{4}\right)^2=\frac{1}{16}$이므로 $\frac{1}{16}$의 음의 제곱근은 $-\frac{1}{4}$이다.

6 (1) $(\sqrt{6})^2+(-\sqrt{12})^2=6+12=18$

(2) $\sqrt{(-3)^2}\times\sqrt{\left(\frac{5}{3}\right)^2}=3\times\frac{5}{3}=5$

(3) $\sqrt{144}-(-\sqrt{15})^2=\sqrt{12^2}-(-\sqrt{15})^2$
$=12-15=-3$

(4) $\sqrt{0.04}\div\sqrt{\frac{1}{100}}=\sqrt{0.2^2}\div\sqrt{\left(\frac{1}{10}\right)^2}$
$=0.2\div\frac{1}{10}=0.2\times10=2$

7 (1) $3a>0$이므로 $\sqrt{(3a)^2}=3a$

(2) $-8a<0$이므로 $\sqrt{(-8a)^2}=-(-8a)=8a$

(3) $-a>0$이므로 $\sqrt{(-a)^2}=-a$

(4) $4a<0$이므로 $-\sqrt{(4a)^2}=-(-4a)=4a$

8 (1) $a-2>0$이므로 $\sqrt{(a-2)^2}=a-2$

(2) $a-5<0$이므로 $\sqrt{(a-5)^2}=-(a-5)=-a+5$

(3) $a+3>0$이므로 $\sqrt{(a+3)^2}=a+3$

(4) $1-a>0$이므로 $-\sqrt{(1-a)^2}=-(1-a)=-1+a$

9 (1) $\sqrt{2^2\times3\times x}$가 자연수가 되려면 $x=3\times$(자연수)^2 꼴이어야 한다.
따라서 가장 작은 자연수 x의 값은 3이다.

(2) $\sqrt{\frac{2\times3^2}{x}}$이 자연수가 되려면 x는 2×3^2의 약수이면서
$2\times$(자연수)^2 꼴이어야 한다.
따라서 가장 작은 자연수 x의 값은 2이다.

10 (1) $14<20$이므로 $\sqrt{14}<\sqrt{20}$

(2) $\frac{2}{5}<\frac{2}{3}$이므로 $\sqrt{\frac{2}{5}}<\sqrt{\frac{2}{3}}$
$\therefore -\sqrt{\frac{2}{5}}>-\sqrt{\frac{2}{3}}$

(3) $4=\sqrt{16}$이고 $16>15$이므로 $\sqrt{16}>\sqrt{15}$
$\therefore 4>\sqrt{15}$

(4) $0.1=\sqrt{0.01}$이고 $0.01<0.2$이므로
$\sqrt{0.01}<\sqrt{0.2}$ $\quad\therefore 0.1<\sqrt{0.2}$
$\therefore -0.1>-\sqrt{0.2}$

11 $\sqrt{0.9}$ ➡ 무리수, 실수
$-\sqrt{\frac{1}{16}}=-\frac{1}{4}$ ➡ 유리수, 실수
$\sqrt{35}$ ➡ 무리수, 실수
$0.\dot{3}=\frac{3}{9}=\frac{1}{3}$ ➡ 유리수, 실수
$\frac{\sqrt{3}}{2}$ ➡ 무리수, 실수

12 (1) $\overline{AB}=\sqrt{1^2+3^2}=\sqrt{10}$
$\overline{AC}=\sqrt{3^2+1^2}=\sqrt{10}$

(2) $\overline{AP}=\overline{AB}=\sqrt{10}$이므로 점 P에 대응하는 수는
$3-\sqrt{10}$
$\overline{AQ}=\overline{AC}=\sqrt{10}$이므로 점 Q에 대응하는 수는
$3+\sqrt{10}$

15 (1) $(1+\sqrt{5})-3=\sqrt{5}-2=\sqrt{5}-\sqrt{4}>0$
$\therefore 1+\sqrt{5}>3$

(2) $2-(\sqrt{11}-1)=3-\sqrt{11}=\sqrt{9}-\sqrt{11}<0$
$\therefore 2<\sqrt{11}-1$

(3) $3=\sqrt{9}$에서 $3>\sqrt{8}$이므로 양변에 $\sqrt{2}$를 더하면
$3+\sqrt{2}>\sqrt{8}+\sqrt{2}$

(4) $1<\sqrt{5}$이므로 양변에서 $\sqrt{3}$을 빼면
$1-\sqrt{3}<\sqrt{5}-\sqrt{3}$

16 (1) $\sqrt{4}<\sqrt{7}<\sqrt{9}$이므로 $2<\sqrt{7}<3$
따라서 $\sqrt{7}$의 정수 부분은 2, 소수 부분은 $\sqrt{7}-2$이다.

(2) $\sqrt{9}<\sqrt{12}<\sqrt{16}$에서 $3<\sqrt{12}<4$이므로
$2<\sqrt{12}-1<3$
따라서 $\sqrt{12}-1$의 정수 부분은 2, 소수 부분은
$(\sqrt{12}-1)-2=\sqrt{12}-3$이다.

학교 시험 문제 × 확인하기 26~27쪽

1 ④	2 ㄷ, ㄹ	3 3	4 ①, ④	5 16
6 ③	7 ④	8 3	9 ⑤	10 26
11 ㄱ, ㄷ, ㄹ, ㅁ		12 ②, ④	13 ③	14 ①, ②
15 ⑤	16 $2-\sqrt{11}$			

1 9의 제곱근은 제곱하여 9가 되는 수이므로
$x^2=9$

2 ㄱ. 68의 제곱근은 $\pm\sqrt{68}$이다.
ㄴ. 0.7의 제곱근은 $\pm\sqrt{0.7}$이므로 양수와 음수가 각각 한 개씩 있다.
ㄹ. 제곱근 71은 71의 양의 제곱근이므로 $\sqrt{71}$이다.
따라서 옳은 것은 ㄷ, ㄹ이다.

3 $(-7)^2=49$의 양의 제곱근은 7이므로
$A=7$
$\sqrt{256}=16$의 음의 제곱근은 -4이므로
$B=-4$
$\therefore A+B=7+(-4)=3$

4 ② $-\sqrt{\left(\frac{1}{17}\right)^2}=-\frac{1}{17}$

③ $(-\sqrt{0.9})^2=0.9$

⑤ $-\sqrt{(-37)^2}=-37$

따라서 옳은 것은 ①, ④이다.

5 $A=\sqrt{169}+(-\sqrt{12})^2-(\sqrt{19})^2$

$=\sqrt{13^2}+12-19$

$=13+12-19=6$

$B=-\sqrt{81}\div\sqrt{\left(-\frac{3}{5}\right)^2}+(\sqrt{5})^2$

$=-\sqrt{9^2}\div\frac{3}{5}+5$

$=-9\times\frac{5}{3}+5$

$=-15+5=-10$

$\therefore A-B=6-(-10)=16$

6 $a+5>0$, $a-7<0$이므로

$\sqrt{(a+5)^2}+\sqrt{(a-7)^2}=(a+5)+\{-(a-7)\}$

$=a+5-a+7=12$

7 $\sqrt{104x}=\sqrt{2^3\times13\times x}$가 자연수가 되려면 $x=2\times13\times$(자연수)^2 꼴이어야 한다.

따라서 가장 작은 자연수 x의 값은 $2\times13=26$이다.

8 $\sqrt{\frac{108}{x}}=\sqrt{\frac{2^2\times3^3}{x}}$이 자연수가 되려면 x는 108의 약수이면서 $3\times$(자연수)^2 꼴이어야 한다.

따라서 가장 작은 자연수 x의 값은 3이다.

9 ① $6>3$이므로 $\sqrt{6}>\sqrt{3}$

② $7>2$이므로 $\sqrt{7}>\sqrt{2}$ $\quad\therefore -\sqrt{7}<-\sqrt{2}$

③ $9.1<10.1$이므로 $\sqrt{9.1}<\sqrt{10.1}$

④ $6=\sqrt{36}$이므로 $\sqrt{39}>6$

⑤ $0.4=\sqrt{0.16}$이므로 $0.4<\sqrt{0.2}$

$\therefore -0.4>-\sqrt{0.2}$

따라서 두 수의 대소 관계가 옳지 않은 것은 ⑤이다.

10 $4<\sqrt{2a}<6$에서 $\sqrt{16}<\sqrt{2a}<\sqrt{36}$이므로

$16<2a<36$ $\quad\therefore 8<a<18$

따라서 자연수 a의 값 중에서 가장 큰 수는 $M=17$, 가장 작은 수는 $m=9$

$\therefore M+m=17+9=26$

11 ㄱ. 유한소수는 유리수이다.

ㄴ. 순환소수가 아닌 무한소수는 유리수가 아니다. 즉, 무리수이다.

ㄷ. 유리수가 아닌 수를 무리수라 하고, 유리수와 무리수를 통틀어 실수라 한다.

ㄹ. 유리수이면서 무리수인 수는 없다.

ㅁ. 근호 안의 수가 어떤 유리수의 제곱인 수는 유리수이다.

따라서 옳지 않은 것은 ㄱ, ㄷ, ㄹ, ㅁ이다.

12 ① $\sqrt{0.04}=0.2$, ③ $-\sqrt{\frac{81}{16}}=-\frac{9}{4}$, ⑤ $3.\dot{2}=\frac{32-3}{9}=\frac{29}{9}$

➡ 유리수

② $\pi+1$, ④ $\sqrt{2.3}$ ➡ 무리수

이때 □ 안에 해당하는 수는 무리수이므로 ②, ④이다.

13 한 변의 길이가 1인 정사각형의 대각선의 길이는

$\sqrt{1^2+1^2}=\sqrt{2}$이므로

① 점 A에 대응하는 수는 $-1-\sqrt{2}$

② 점 B에 대응하는 수는 $-\sqrt{2}$

③ 점 C에 대응하는 수는 $-2+\sqrt{2}$

④ 점 D에 대응하는 수는 $-1+\sqrt{2}$

⑤ 점 E에 대응하는 수는 $2-\sqrt{2}$

따라서 $-2+\sqrt{2}$에 대응하는 점은 ③ 점 C이다.

14 ③ 서로 다른 두 유리수 사이에는 무수히 많은 무리수가 있다.

④ 모든 실수는 각각 수직선 위의 한 점에 대응한다.

⑤ 2와 $\sqrt{17}$ 사이에는 무수히 많은 유리수가 있다.

따라서 옳은 것은 ①, ②이다.

15 ① $\sqrt{5}>\sqrt{3}$이므로 양변에서 2를 빼면

$\sqrt{5}-2>\sqrt{3}-2$

② $-3>-5$이므로 양변에 $\sqrt{7}$을 더하면

$\sqrt{7}-3>-5+\sqrt{7}$

③ $(9-\sqrt{2})-7=2-\sqrt{2}=\sqrt{4}-\sqrt{2}>0$

$\therefore 9-\sqrt{2}>7$

④ $(-\sqrt{8}+2)-(-3)=-\sqrt{8}+5=-\sqrt{8}+\sqrt{25}>0$

$\therefore -\sqrt{8}+2>-3$

⑤ $4-(7-\sqrt{6})=-3+\sqrt{6}=-\sqrt{9}+\sqrt{6}<0$

$\therefore 4<7-\sqrt{6}$

따라서 부등호의 방향이 나머지 넷과 다른 하나는 ⑤이다.

16 $\sqrt{9}<\sqrt{11}<\sqrt{16}$에서 $3<\sqrt{11}<4$이므로

$-4<-\sqrt{11}<-3$

$\therefore 2<6-\sqrt{11}<3$

따라서 $6-\sqrt{11}$의 정수 부분은 $a=2$,

소수 부분은 $b=(6-\sqrt{11})-2=4-\sqrt{11}$

$\therefore b-a=(4-\sqrt{11})-2=2-\sqrt{11}$

2 근호를 포함한 식의 계산

30~43쪽

001 답 **6, 30**

002 답 $\sqrt{22}$

$\sqrt{2}\sqrt{11}=\sqrt{2\times11}=\sqrt{22}$

003 답 $\sqrt{21}$

$\sqrt{3}\sqrt{7}=\sqrt{3\times7}=\sqrt{21}$

004 답 $\sqrt{\frac{1}{3}}$

$\sqrt{\frac{2}{5}}\sqrt{\frac{5}{6}}=\sqrt{\frac{2}{5}\times\frac{5}{6}}=\sqrt{\frac{1}{3}}$

005 답 **2**

$\sqrt{\frac{5}{3}}\sqrt{\frac{12}{5}}=\sqrt{\frac{5}{3}\times\frac{12}{5}}=\sqrt{4}=2$

006 답 $\sqrt{70}$

$\sqrt{2}\sqrt{5}\sqrt{7}=\sqrt{2\times5\times7}=\sqrt{70}$

007 답 $\sqrt{2}$

$\sqrt{\frac{1}{3}}\sqrt{\frac{9}{8}}\sqrt{\frac{16}{3}}=\sqrt{\frac{1}{3}\times\frac{9}{8}\times\frac{16}{3}}=\sqrt{2}$

008 답 **2, 3, 10, 15**

009 답 $6\sqrt{42}$

$2\sqrt{6}\times3\sqrt{7}=(2\times3)\times\sqrt{6\times7}=6\sqrt{42}$

010 답 -32

$-4\sqrt{2}\times2\sqrt{8}=(-4\times2)\times\sqrt{2\times8}$
$=-8\sqrt{16}=-8\times4=-32$

011 답 $6\sqrt{5}$

$3\sqrt{\frac{7}{3}}\times2\sqrt{\frac{15}{7}}=(3\times2)\times\sqrt{\frac{7}{3}\times\frac{15}{7}}=6\sqrt{5}$

012 답 $-30\sqrt{10}$

$5\sqrt{12}\times\left(-6\sqrt{\frac{5}{6}}\right)=\{5\times(-6)\}\times\sqrt{12\times\frac{5}{6}}=-30\sqrt{10}$

013 답 $24\sqrt{30}$

$2\sqrt{5}\times3\sqrt{2}\times4\sqrt{3}=(2\times3\times4)\times\sqrt{5\times2\times3}$
$=24\sqrt{30}$

014 답 $-8\sqrt{2}$

$-\sqrt{3}\times2\sqrt{\frac{7}{3}}\times4\sqrt{\frac{2}{7}}=(-1\times2\times4)\times\sqrt{3\times\frac{7}{3}\times\frac{2}{7}}$
$=-8\sqrt{2}$

015 답 **26, 13**

016 답 $\sqrt{5}$

$\frac{\sqrt{30}}{\sqrt{6}}=\sqrt{\frac{30}{6}}=\sqrt{5}$

017 답 **3**

$\sqrt{45}\div\sqrt{5}=\frac{\sqrt{45}}{\sqrt{5}}=\sqrt{\frac{45}{5}}=\sqrt{9}=3$

018 답 $\sqrt{\frac{1}{10}}$

$\sqrt{5}\div\sqrt{50}=\frac{\sqrt{5}}{\sqrt{50}}=\sqrt{\frac{5}{50}}=\sqrt{\frac{1}{10}}$

019 답 $\sqrt{\frac{2}{7}}$

$\sqrt{6}\div\sqrt{21}=\frac{\sqrt{6}}{\sqrt{21}}=\sqrt{\frac{6}{21}}=\sqrt{\frac{2}{7}}$

020 답 **4, 24, 2**

021 답 $3\sqrt{3}$

$6\sqrt{15}\div2\sqrt{5}=\frac{6}{2}\sqrt{\frac{15}{5}}=3\sqrt{3}$

022 답 $5\sqrt{\frac{3}{2}}$

$20\sqrt{3}\div4\sqrt{2}=\frac{20}{4}\sqrt{\frac{3}{2}}=5\sqrt{\frac{3}{2}}$

023 답 -12

$-9\sqrt{32}\div3\sqrt{2}=\frac{-9}{3}\sqrt{\frac{32}{2}}=-3\sqrt{16}=-3\times4=-12$

024 답 **3,** $\frac{3}{7}$**, 12**

025 답 $2\sqrt{18}$

$2\sqrt{6}\div\frac{1}{\sqrt{3}}=2\sqrt{6}\times\sqrt{3}=2\sqrt{6\times3}=2\sqrt{18}$

026 답 $\sqrt{14}$

$\frac{\sqrt{56}}{\sqrt{5}}\div\frac{\sqrt{8}}{\sqrt{10}}=\frac{\sqrt{56}}{\sqrt{5}}\times\frac{\sqrt{10}}{\sqrt{8}}=\sqrt{\frac{56}{5}\times\frac{10}{8}}=\sqrt{14}$

027 답 $-\sqrt{10}$

$\sqrt{\frac{16}{3}}\div\left(-\sqrt{\frac{8}{15}}\right)=\frac{\sqrt{16}}{\sqrt{3}}\div\left(-\frac{\sqrt{8}}{\sqrt{15}}\right)$
$=\frac{\sqrt{16}}{\sqrt{3}}\times\left(-\frac{\sqrt{15}}{\sqrt{8}}\right)$
$=-\sqrt{\frac{16}{3}\times\frac{15}{8}}=-\sqrt{10}$

028 답 2, 6, 2, 6

029 답 $3\sqrt{3}$

$\sqrt{27}=\sqrt{3^3}=\sqrt{3^2\times3}=3\sqrt{3}$

030 답 $5\sqrt{2}$

$\sqrt{50}=\sqrt{5^2\times2}=5\sqrt{2}$

031 답 $10\sqrt{10}$

$\sqrt{1000}=\sqrt{10^3}=\sqrt{10^2\times10}=10\sqrt{10}$

032 답 $-3\sqrt{7}$

$-\sqrt{63}=-\sqrt{3^2\times7}=-3\sqrt{7}$

033 답 $-4\sqrt{5}$

$-\sqrt{80}=-\sqrt{4^2\times5}=-4\sqrt{5}$

034 답 풀이 참조

$\sqrt{\frac{7}{9}}=\sqrt{\frac{\boxed{7}}{\boxed{3}^2}}=\frac{\sqrt{\boxed{7}}}{\boxed{3}}$

035 답 $\frac{\sqrt{5}}{7}$

$\sqrt{\frac{5}{49}}=\sqrt{\frac{5}{7^2}}=\frac{\sqrt{5}}{7}$

036 답 $\frac{\sqrt{13}}{10}$

$\sqrt{\frac{13}{100}}=\sqrt{\frac{13}{10^2}}=\frac{\sqrt{13}}{10}$

037 답 $-\frac{\sqrt{3}}{8}$

$-\sqrt{\frac{3}{64}}=-\sqrt{\frac{3}{8^2}}=-\frac{\sqrt{3}}{8}$

038 답 100, 10, 10

039 답 $-\frac{\sqrt{17}}{10}$

$-\sqrt{0.17}=-\sqrt{\frac{17}{100}}=-\sqrt{\frac{17}{10^2}}=-\frac{\sqrt{17}}{10}$

040 답 2, 8

041 답 $\sqrt{90}$

$3\sqrt{10}=\sqrt{3^2\times10}=\sqrt{90}$

042 답 $\sqrt{48}$

$4\sqrt{3}=\sqrt{4^2\times3}=\sqrt{48}$

043 답 $\sqrt{10}$

$5\sqrt{\frac{2}{5}}=\sqrt{5^2\times\frac{2}{5}}=\sqrt{10}$

044 답 7, 98

045 답 $-\sqrt{600}$

$-10\sqrt{6}=-\sqrt{10^2\times6}=-\sqrt{600}$

046 답 $-\sqrt{27}$

$-6\sqrt{\frac{3}{4}}=-\sqrt{6^2\times\frac{3}{4}}=-\sqrt{27}$

047 답 54

$\sqrt{54}=\sqrt{2\times3^3}=\sqrt{3^2\times6}=3\sqrt{6}$이므로

$a=3$, $b=6$

$3\sqrt{5}=\sqrt{3^2\times5}=\sqrt{45}$이므로 $c=45$

$\therefore a+b+c=3+6+45=54$

048 답 풀이 참조

$\frac{\sqrt{2}}{5}=\sqrt{\frac{\boxed{2}}{\boxed{5}^2}}=\sqrt{\frac{\boxed{2}}{\boxed{25}}}$

049 답 $\sqrt{\frac{5}{9}}$

$\frac{\sqrt{5}}{3}=\sqrt{\frac{5}{3^2}}=\sqrt{\frac{5}{9}}$

050 답 $\sqrt{\frac{7}{16}}$

$\frac{\sqrt{7}}{4}=\sqrt{\frac{7}{4^2}}=\sqrt{\frac{7}{16}}$

051 답 $-\sqrt{\frac{10}{49}}$

$-\frac{\sqrt{10}}{7}=-\sqrt{\frac{10}{7^2}}=-\sqrt{\frac{10}{49}}$

052 답 $-\sqrt{\frac{8}{81}}$

$-\frac{\sqrt{8}}{9}=-\sqrt{\frac{8}{9^2}}=-\sqrt{\frac{8}{81}}$

053 답 $\sqrt{\frac{75}{4}}$

$\frac{5\sqrt{3}}{2}=\sqrt{\frac{5^2\times3}{2^2}}=\sqrt{\frac{75}{4}}$

054 답 $-\sqrt{\frac{28}{9}}$

$-\frac{2\sqrt{7}}{3}=-\sqrt{\frac{2^2\times7}{3^2}}=-\sqrt{\frac{28}{9}}$

055 답 **100, 10, 10, 26.46**

056 답 **100, 10, 10, 83.67**

057 답 **7, 7, 2.646, 264.6**

058 답 **100, 10, 10, 0.8367**

059 답 **100, 10, 10, 0.2646**

060 답 **24.49**

$\sqrt{600}=\sqrt{6\times100}=10\sqrt{6}=10\times2.449=24.49$

061 답 **77.46**

$\sqrt{6000}=\sqrt{60\times100}=10\sqrt{60}=10\times7.746=77.46$

062 답 **0.7746**

$\sqrt{0.6}=\sqrt{\frac{60}{100}}=\frac{\sqrt{60}}{10}=\frac{7.746}{10}=0.7746$

063 답 **97.52**

$\sqrt{9510}=\sqrt{95.1\times100}=10\sqrt{95.1}=10\times9.752=97.52$

064 답 **0.9752**

$\sqrt{0.951}=\sqrt{\frac{95.1}{100}}=\frac{\sqrt{95.1}}{10}=\frac{9.752}{10}=0.9752$

065 답 **0.3084**

$\sqrt{0.0951}=\sqrt{\frac{9.51}{100}}=\frac{\sqrt{9.51}}{10}=\frac{3.084}{10}=0.3084$

066 답 **풀이 참조**

$\frac{1}{\sqrt{2}}=\frac{1\times\boxed{\sqrt{2}}}{\sqrt{2}\times\boxed{\sqrt{2}}}=\boxed{\frac{\sqrt{2}}{2}}$

067 답 $\frac{4\sqrt{5}}{5}$

$\frac{4}{\sqrt{5}}=\frac{4\times\sqrt{5}}{\sqrt{5}\times\sqrt{5}}=\frac{4\sqrt{5}}{5}$

068 답 $\frac{9\sqrt{10}}{10}$

$\frac{9}{\sqrt{10}}=\frac{9\times\sqrt{10}}{\sqrt{10}\times\sqrt{10}}=\frac{9\sqrt{10}}{10}$

069 답 $-\frac{7\sqrt{11}}{11}$

$-\frac{7}{\sqrt{11}}=-\frac{7\times\sqrt{11}}{\sqrt{11}\times\sqrt{11}}=-\frac{7\sqrt{11}}{11}$

070 답 $\frac{\sqrt{6}}{3}$

$\frac{2}{\sqrt{6}}=\frac{2\times\sqrt{6}}{\sqrt{6}\times\sqrt{6}}=\frac{2\sqrt{6}}{6}=\frac{\sqrt{6}}{3}$

071 답 $\frac{\sqrt{21}}{7}$

$\frac{3}{\sqrt{21}}=\frac{3\sqrt{21}}{\sqrt{21}\times\sqrt{21}}=\frac{3\sqrt{21}}{21}=\frac{\sqrt{21}}{7}$

072 답 **풀이 참조**

$\frac{\sqrt{7}}{\sqrt{3}}=\frac{\sqrt{7}\times\boxed{\sqrt{3}}}{\sqrt{3}\times\boxed{\sqrt{3}}}=\boxed{\frac{\sqrt{21}}{3}}$

073 답 $\frac{\sqrt{35}}{7}$

$\frac{\sqrt{5}}{\sqrt{7}}=\frac{\sqrt{5}\times\sqrt{7}}{\sqrt{7}\times\sqrt{7}}=\frac{\sqrt{35}}{7}$

074 답 $\frac{\sqrt{39}}{13}$

$\frac{\sqrt{3}}{\sqrt{13}}=\frac{\sqrt{3}\times\sqrt{13}}{\sqrt{13}\times\sqrt{13}}=\frac{\sqrt{39}}{13}$

075 답 $\frac{\sqrt{42}}{3}$

$\frac{\sqrt{14}}{\sqrt{3}}=\frac{\sqrt{14}\times\sqrt{3}}{\sqrt{3}\times\sqrt{3}}=\frac{\sqrt{42}}{3}$

076 답 $-\frac{\sqrt{110}}{10}$

$-\frac{\sqrt{11}}{\sqrt{10}}=-\frac{\sqrt{11}\times\sqrt{10}}{\sqrt{10}\times\sqrt{10}}=-\frac{\sqrt{110}}{10}$

077 답 $\frac{\sqrt{14}}{7}$

$\frac{\sqrt{6}}{\sqrt{21}}=\frac{\sqrt{2}}{\sqrt{7}}=\frac{\sqrt{2}\times\sqrt{7}}{\sqrt{7}\times\sqrt{7}}=\frac{\sqrt{14}}{7}$

078 답 **풀이 참조**

$\frac{3}{2\sqrt{2}}=\frac{3\times\boxed{\sqrt{2}}}{2\sqrt{2}\times\boxed{\sqrt{2}}}=\boxed{\frac{3\sqrt{2}}{4}}$

079 답 $\dfrac{2\sqrt{5}}{15}$

$\dfrac{2}{3\sqrt{5}}=\dfrac{2\times\sqrt{5}}{3\sqrt{5}\times\sqrt{5}}=\dfrac{2\sqrt{5}}{15}$

080 답 $\dfrac{\sqrt{14}}{4}$

$\dfrac{7}{2\sqrt{14}}=\dfrac{7\times\sqrt{14}}{2\sqrt{14}\times\sqrt{14}}=\dfrac{7\sqrt{14}}{28}=\dfrac{\sqrt{14}}{4}$

081 답 $\dfrac{\sqrt{35}}{42}$

$\dfrac{\sqrt{5}}{6\sqrt{7}}=\dfrac{\sqrt{5}\times\sqrt{7}}{6\sqrt{7}\times\sqrt{7}}=\dfrac{\sqrt{35}}{42}$

082 답 $\dfrac{\sqrt{30}}{20}$

$\dfrac{\sqrt{3}}{2\sqrt{10}}=\dfrac{\sqrt{3}\times\sqrt{10}}{2\sqrt{10}\times\sqrt{10}}=\dfrac{\sqrt{30}}{20}$

083 답 $\dfrac{\sqrt{6}}{2}$

$\dfrac{3\sqrt{2}}{2\sqrt{3}}=\dfrac{3\sqrt{2}\times\sqrt{3}}{2\sqrt{3}\times\sqrt{3}}=\dfrac{3\sqrt{6}}{6}=\dfrac{\sqrt{6}}{2}$

084 답 $\dfrac{\sqrt{10}}{10}$

$\dfrac{\sqrt{6}}{2\sqrt{15}}=\dfrac{\sqrt{2}}{2\sqrt{5}}=\dfrac{\sqrt{2}\times\sqrt{5}}{2\sqrt{5}\times\sqrt{5}}=\dfrac{\sqrt{10}}{10}$

085 답 $\dfrac{\sqrt{42}}{10}$

$\dfrac{3\sqrt{35}}{5\sqrt{30}}=\dfrac{3\sqrt{7}}{5\sqrt{6}}=\dfrac{3\sqrt{7}\times\sqrt{6}}{5\sqrt{6}\times\sqrt{6}}=\dfrac{3\sqrt{42}}{30}=\dfrac{\sqrt{42}}{10}$

086 답 풀이 참조

$\dfrac{5}{\sqrt{12}}=\dfrac{5}{\boxed{2}\sqrt{3}}=\dfrac{5\times\boxed{\sqrt{3}}}{\boxed{2}\sqrt{3}\times\boxed{\sqrt{3}}}=\boxed{\dfrac{5\sqrt{3}}{6}}$

087 답 $\dfrac{7\sqrt{2}}{6}$

$\dfrac{7}{\sqrt{18}}=\dfrac{7}{3\sqrt{2}}=\dfrac{7\times\sqrt{2}}{3\sqrt{2}\times\sqrt{2}}=\dfrac{7\sqrt{2}}{6}$

088 답 $\dfrac{2\sqrt{6}}{3}$

$\dfrac{8}{\sqrt{24}}=\dfrac{8}{2\sqrt{6}}=\dfrac{4}{\sqrt{6}}=\dfrac{4\times\sqrt{6}}{\sqrt{6}\times\sqrt{6}}=\dfrac{4\sqrt{6}}{6}=\dfrac{2\sqrt{6}}{3}$

089 답 $\dfrac{\sqrt{6}}{4}$

$\dfrac{\sqrt{3}}{\sqrt{8}}=\dfrac{\sqrt{3}}{2\sqrt{2}}=\dfrac{\sqrt{3}\times\sqrt{2}}{2\sqrt{2}\times\sqrt{2}}=\dfrac{\sqrt{6}}{4}$

090 답 $\dfrac{\sqrt{10}}{15}$

$\dfrac{\sqrt{2}}{\sqrt{45}}=\dfrac{\sqrt{2}}{3\sqrt{5}}=\dfrac{\sqrt{2}\times\sqrt{5}}{3\sqrt{5}\times\sqrt{5}}=\dfrac{\sqrt{10}}{15}$

091 답 $\dfrac{\sqrt{14}}{12}$

$\dfrac{\sqrt{7}}{\sqrt{72}}=\dfrac{\sqrt{7}}{6\sqrt{2}}=\dfrac{\sqrt{7}\times\sqrt{2}}{6\sqrt{2}\times\sqrt{2}}=\dfrac{\sqrt{14}}{12}$

092 답 $\dfrac{\sqrt{35}}{14}$

$\dfrac{\sqrt{10}}{\sqrt{56}}=\dfrac{\sqrt{5}}{\sqrt{28}}=\dfrac{\sqrt{5}}{2\sqrt{7}}=\dfrac{\sqrt{5}\times\sqrt{7}}{2\sqrt{7}\times\sqrt{7}}=\dfrac{\sqrt{35}}{14}$

093 답 2

$\dfrac{7}{\sqrt{14}}=\dfrac{7\times\sqrt{14}}{\sqrt{14}\times\sqrt{14}}=\dfrac{7\sqrt{14}}{14}=\dfrac{\sqrt{14}}{2}\qquad\therefore a=\dfrac{1}{2}$

$\dfrac{\sqrt{2}}{\sqrt{5}}=\dfrac{\sqrt{2}\times\sqrt{5}}{\sqrt{5}\times\sqrt{5}}=\dfrac{\sqrt{10}}{5}\qquad\therefore b=\dfrac{1}{5}$

$\therefore 2a+5b=2\times\dfrac{1}{2}+5\times\dfrac{1}{5}=1+1=2$

094 답 2

$\sqrt{2}\times\sqrt{10}\div\sqrt{5}=\sqrt{2}\times\sqrt{10}\times\dfrac{1}{\sqrt{5}}$

$=\sqrt{2}\times\sqrt{2}=2$

095 답 $\sqrt{42}$

$2\sqrt{3}\div\sqrt{2}\times\sqrt{7}=2\sqrt{3}\times\dfrac{1}{\sqrt{2}}\times\sqrt{7}=\dfrac{2\sqrt{21}}{\sqrt{2}}$

$=\dfrac{2\sqrt{42}}{2}=\sqrt{42}$

096 답 $6\sqrt{2}$

$\sqrt{54}\times\sqrt{8}\div\sqrt{6}=3\sqrt{6}\times2\sqrt{2}\times\dfrac{1}{\sqrt{6}}=6\sqrt{2}$

097 답 $\dfrac{36\sqrt{5}}{5}$

$\sqrt{27}\times4\sqrt{3}\div\sqrt{5}=3\sqrt{3}\times4\sqrt{3}\times\dfrac{1}{\sqrt{5}}$

$=\dfrac{36}{\sqrt{5}}=\dfrac{36\sqrt{5}}{5}$

098 답 $-2\sqrt{15}$

$3\sqrt{5}\times(-\sqrt{8})\div\sqrt{6}=3\sqrt{5}\times(-2\sqrt{2})\times\dfrac{1}{\sqrt{6}}$

$=3\sqrt{5}\times(-2)\times\dfrac{1}{\sqrt{3}}=-\dfrac{6\sqrt{5}}{\sqrt{3}}$

$=-\dfrac{6\sqrt{15}}{3}=-2\sqrt{15}$

099 답 $-6\sqrt{5}$

$$-\sqrt{40}\div 2\sqrt{20}\times 6\sqrt{10}=-2\sqrt{10}\times\frac{1}{4\sqrt{5}}\times 6\sqrt{10}$$
$$=-3\sqrt{20}=-6\sqrt{5}$$

100 답 $\frac{\sqrt{14}}{7}$

$$\frac{1}{\sqrt{3}}\div\sqrt{\frac{5}{6}}\times\frac{\sqrt{5}}{\sqrt{7}}=\frac{1}{\sqrt{3}}\times\frac{\sqrt{6}}{\sqrt{5}}\times\frac{\sqrt{5}}{\sqrt{7}}$$
$$=\frac{\sqrt{2}}{\sqrt{7}}=\frac{\sqrt{14}}{7}$$

101 답 $\frac{\sqrt{3}}{3}$

$$\frac{\sqrt{5}}{\sqrt{3}}\times\frac{1}{\sqrt{2}}\div\frac{\sqrt{10}}{2}=\frac{\sqrt{5}}{\sqrt{3}}\times\frac{1}{\sqrt{2}}\times\frac{2}{\sqrt{10}}$$
$$=\frac{1}{\sqrt{3}}\times\frac{1}{\sqrt{2}}\times\frac{2}{\sqrt{2}}$$
$$=\frac{2}{\sqrt{12}}=\frac{2}{2\sqrt{3}}=\frac{1}{\sqrt{3}}=\frac{\sqrt{3}}{3}$$

102 답 $\frac{16\sqrt{3}}{9}$

$$\frac{4}{\sqrt{3}}\times\frac{2}{\sqrt{2}}\div\sqrt{\frac{9}{8}}=\frac{4}{\sqrt{3}}\times\frac{2}{\sqrt{2}}\times\frac{\sqrt{8}}{\sqrt{9}}$$
$$=\frac{4}{\sqrt{3}}\times\frac{2}{\sqrt{2}}\times\frac{2\sqrt{2}}{3}$$
$$=\frac{16}{3\sqrt{3}}=\frac{16\sqrt{3}}{9}$$

103 답 $-\frac{4}{3}$

$$-\frac{\sqrt{8}}{\sqrt{18}}\div\sqrt{\frac{3}{10}}\times\sqrt{\frac{6}{5}}=-\frac{2\sqrt{2}}{3\sqrt{2}}\times\frac{\sqrt{10}}{\sqrt{3}}\times\frac{\sqrt{6}}{\sqrt{5}}$$
$$=-\frac{4}{3}$$

104 답 $\frac{2\sqrt{10}}{5}$

$$\frac{\sqrt{80}}{3}\div\sqrt{60}\times\frac{6\sqrt{3}}{\sqrt{10}}=\frac{4\sqrt{5}}{3}\times\frac{1}{2\sqrt{15}}\times\frac{6\sqrt{3}}{\sqrt{10}}$$
$$=\frac{4}{\sqrt{10}}=\frac{4\sqrt{10}}{10}=\frac{2\sqrt{10}}{5}$$

105 답 $\frac{10}{7}$

$$\frac{\sqrt{2}}{\sqrt{7}}\times 2\sqrt{5}\div\frac{\sqrt{10}}{5}=\frac{\sqrt{2}}{\sqrt{7}}\times 2\sqrt{5}\times\frac{5}{\sqrt{10}}$$
$$=\frac{10}{\sqrt{7}}=\frac{10\sqrt{7}}{7}$$

$\therefore a=\frac{10}{7}$

106 답 2, $5\sqrt{2}$

107 답 $5\sqrt{3}$

$4\sqrt{3}+\sqrt{3}=(4+1)\sqrt{3}=5\sqrt{3}$

108 답 $3\sqrt{5}$

$\sqrt{5}+2\sqrt{5}=(1+2)\sqrt{5}=3\sqrt{5}$

109 답 $8\sqrt{6}$

$5\sqrt{6}+3\sqrt{6}=(5+3)\sqrt{6}=8\sqrt{6}$

110 답 $10\sqrt{7}$

$3\sqrt{7}+6\sqrt{7}+\sqrt{7}=(3+6+1)\sqrt{7}=10\sqrt{7}$

111 답 $9\sqrt{10}$

$6\sqrt{10}+\sqrt{10}+2\sqrt{10}=(6+1+2)\sqrt{10}=9\sqrt{10}$

112 답 3, $\sqrt{2}$

113 답 $2\sqrt{3}$

$5\sqrt{3}-3\sqrt{3}=(5-3)\sqrt{3}=2\sqrt{3}$

114 답 $5\sqrt{5}$

$6\sqrt{5}-\sqrt{5}=(6-1)\sqrt{5}=5\sqrt{5}$

115 답 $-4\sqrt{6}$

$5\sqrt{6}-9\sqrt{6}=(5-9)\sqrt{6}=-4\sqrt{6}$

116 답 $3\sqrt{7}$

$8\sqrt{7}-3\sqrt{7}-2\sqrt{7}=(8-3-2)\sqrt{7}=3\sqrt{7}$

117 답 $-2\sqrt{10}$

$7\sqrt{10}-4\sqrt{10}-5\sqrt{10}=(7-4-5)\sqrt{10}=-2\sqrt{10}$

118 답 5, $2\sqrt{2}$

119 답 $4\sqrt{3}$

$-3\sqrt{3}+9\sqrt{3}-2\sqrt{3}=(-3+9-2)\sqrt{3}=4\sqrt{3}$

120 답 $-2\sqrt{5}$

$4\sqrt{5}-7\sqrt{5}+\sqrt{5}=(4-7+1)\sqrt{5}=-2\sqrt{5}$

121 답 $-7\sqrt{6}$

$-\sqrt{6}+2\sqrt{6}-8\sqrt{6}=(-1+2-8)\sqrt{6}=-7\sqrt{6}$

122 답 $-\frac{\sqrt{7}}{3}$

$$-\frac{\sqrt{7}}{6}-\frac{\sqrt{7}}{2}+\frac{\sqrt{7}}{3}=\left(-\frac{1}{6}-\frac{1}{2}+\frac{1}{3}\right)\sqrt{7}$$
$$=\left(-\frac{1}{6}-\frac{3}{6}+\frac{2}{6}\right)\sqrt{7}$$
$$=-\frac{2\sqrt{7}}{6}=-\frac{\sqrt{7}}{3}$$

123 답 $-\frac{11\sqrt{10}}{12}$

$$-\sqrt{10}-\frac{\sqrt{10}}{4}+\frac{\sqrt{10}}{3}=\left(-1-\frac{1}{4}+\frac{1}{3}\right)\sqrt{10}=\left(-\frac{12}{12}-\frac{3}{12}+\frac{4}{12}\right)\sqrt{10}=-\frac{11\sqrt{10}}{12}$$

124 답 $\frac{9\sqrt{11}}{10}$

$$\frac{2\sqrt{11}}{5}-\sqrt{11}+\frac{3\sqrt{11}}{2}=\left(\frac{2}{5}-1+\frac{3}{2}\right)\sqrt{11}=\left(\frac{4}{10}-\frac{10}{10}+\frac{15}{10}\right)\sqrt{11}=\frac{9\sqrt{11}}{10}$$

125 답 5, 1, 6, 4, $6\sqrt{2}+2\sqrt{3}$

126 답 $-\sqrt{2}+5\sqrt{5}$

$$\sqrt{2}+\sqrt{5}-2\sqrt{2}+4\sqrt{5}=(1-2)\sqrt{2}+(1+4)\sqrt{5}=-\sqrt{2}+5\sqrt{5}$$

127 답 $11\sqrt{7}-3\sqrt{3}$

$$9\sqrt{7}-4\sqrt{3}+2\sqrt{7}+\sqrt{3}=(9+2)\sqrt{7}+(-4+1)\sqrt{3}=11\sqrt{7}-3\sqrt{3}$$

128 답 $6\sqrt{3}+\sqrt{13}$

$$\sqrt{3}-\sqrt{13}+5\sqrt{3}+2\sqrt{13}=(1+5)\sqrt{3}+(-1+2)\sqrt{13}=6\sqrt{3}+\sqrt{13}$$

129 답 $2\sqrt{6}-\sqrt{11}$

$$-3\sqrt{6}+2\sqrt{11}+5\sqrt{6}-3\sqrt{11}=(-3+5)\sqrt{6}+(2-3)\sqrt{11}=2\sqrt{6}-\sqrt{11}$$

130 답 $-3\sqrt{10}-8\sqrt{5}$

$$4\sqrt{10}-2\sqrt{5}-6\sqrt{5}-7\sqrt{10}=(4-7)\sqrt{10}+(-2-6)\sqrt{5}=-3\sqrt{10}-8\sqrt{5}$$

131 답 $3\sqrt{7}-7\sqrt{15}$

$$2\sqrt{7}-4\sqrt{15}+\sqrt{7}-3\sqrt{15}=(2+1)\sqrt{7}+(-4-3)\sqrt{15}=3\sqrt{7}-7\sqrt{15}$$

132 답 2, 6, $8\sqrt{2}$

133 답 $8\sqrt{5}$

$$\sqrt{45}+\sqrt{125}=3\sqrt{5}+5\sqrt{5}=8\sqrt{5}$$

134 답 $\sqrt{3}$

$$\sqrt{48}-\sqrt{27}=4\sqrt{3}-3\sqrt{3}=\sqrt{3}$$

135 답 $-\sqrt{2}$

$$\sqrt{18}-\sqrt{32}=3\sqrt{2}-4\sqrt{2}=-\sqrt{2}$$

136 답 $-\sqrt{5}$

$$\sqrt{80}+\sqrt{20}-7\sqrt{5}=4\sqrt{5}+2\sqrt{5}-7\sqrt{5}=-\sqrt{5}$$

137 답 $9\sqrt{3}$

$$\sqrt{108}-\sqrt{12}+\sqrt{75}=6\sqrt{3}-2\sqrt{3}+5\sqrt{3}=9\sqrt{3}$$

138 답 $12\sqrt{2}-5\sqrt{7}$

$$\sqrt{50}-\sqrt{63}+\sqrt{98}-\sqrt{28}=5\sqrt{2}-3\sqrt{7}+7\sqrt{2}-2\sqrt{7}=12\sqrt{2}-5\sqrt{7}$$

139 답 0

$$\sqrt{5}+\sqrt{24}-3\sqrt{20}+\sqrt{54}=\sqrt{5}+2\sqrt{6}-6\sqrt{5}+3\sqrt{6}=-5\sqrt{5}+5\sqrt{6}$$

따라서 $a=-5$, $b=5$이므로

$a+b=-5+5=0$

140 답 2, $5\sqrt{2}$

141 답 $-3\sqrt{3}$

$$\sqrt{3}-\frac{12}{\sqrt{3}}=\sqrt{3}-\frac{12\sqrt{3}}{3}=\sqrt{3}-4\sqrt{3}=-3\sqrt{3}$$

142 답 $-\sqrt{5}$

$$-\frac{7}{\sqrt{5}}+\frac{2\sqrt{5}}{5}=-\frac{7\sqrt{5}}{5}+\frac{2\sqrt{5}}{5}=-\frac{5\sqrt{5}}{5}=-\sqrt{5}$$

143 답 $\frac{7\sqrt{3}}{9}$

$$\sqrt{27}-\frac{2}{3\sqrt{3}}-\sqrt{12}=3\sqrt{3}-\frac{2\sqrt{3}}{9}-2\sqrt{3}=\frac{7\sqrt{3}}{9}$$

144 답 $\frac{13\sqrt{2}}{2}$

$$\frac{6}{\sqrt{18}}-\frac{\sqrt{8}}{4}+6\sqrt{2}=\frac{6}{3\sqrt{2}}-\frac{2\sqrt{2}}{4}+6\sqrt{2}=\frac{2}{\sqrt{2}}-\frac{\sqrt{2}}{2}+6\sqrt{2}=\sqrt{2}-\frac{\sqrt{2}}{2}+6\sqrt{2}=\frac{13\sqrt{2}}{2}$$

145 답 $6\sqrt{7}-2\sqrt{3}$

$$\frac{21}{\sqrt{7}}-\sqrt{27}+\sqrt{63}+\frac{6}{\sqrt{12}}=3\sqrt{7}-3\sqrt{3}+3\sqrt{7}+\frac{3}{\sqrt{3}}=3\sqrt{7}-3\sqrt{3}+3\sqrt{7}+\sqrt{3}=6\sqrt{7}-2\sqrt{3}$$

146 답 $\dfrac{\sqrt{2}}{2}-\dfrac{\sqrt{5}}{5}$

$$\frac{3}{\sqrt{45}}+\frac{5}{\sqrt{8}}-\frac{\sqrt{18}}{4}-\frac{4}{\sqrt{20}}=\frac{1}{\sqrt{5}}+\frac{5}{2\sqrt{2}}-\frac{3\sqrt{2}}{4}-\frac{2}{\sqrt{5}}$$
$$=\frac{\sqrt{5}}{5}+\frac{5\sqrt{2}}{4}-\frac{3\sqrt{2}}{4}-\frac{2\sqrt{5}}{5}$$
$$=\frac{\sqrt{2}}{2}-\frac{\sqrt{5}}{5}$$

147 답 $\sqrt{3}$, $\sqrt{3}$, $\sqrt{6}+\sqrt{21}$

148 답 $\sqrt{15}+\sqrt{55}$

$\sqrt{5}(\sqrt{3}+\sqrt{11})=\sqrt{5}\times\sqrt{3}+\sqrt{5}\times\sqrt{11}=\sqrt{15}+\sqrt{55}$

149 답 $2\sqrt{42}-4\sqrt{15}$

$$2\sqrt{6}(\sqrt{7}-\sqrt{10})=2\sqrt{6}\times\sqrt{7}-2\sqrt{6}\times\sqrt{10}$$
$$=2\sqrt{42}-2\sqrt{60}=2\sqrt{42}-4\sqrt{15}$$

150 답 $-2\sqrt{15}-5$

$-\sqrt{5}(2\sqrt{3}+\sqrt{5})=-\sqrt{5}\times2\sqrt{3}-\sqrt{5}\times\sqrt{5}=-2\sqrt{15}-5$

151 답 $-\sqrt{14}+\sqrt{35}$

$-\sqrt{7}(\sqrt{2}-\sqrt{5})=-\sqrt{7}\times\sqrt{2}-\sqrt{7}\times(-\sqrt{5})=-\sqrt{14}+\sqrt{35}$

152 답 $-\sqrt{6}-2\sqrt{3}$

$-\sqrt{2}(\sqrt{3}+\sqrt{6})=-\sqrt{2}\times\sqrt{3}-\sqrt{2}\times\sqrt{6}=-\sqrt{6}-\sqrt{12}=-\sqrt{6}-2\sqrt{3}$

153 답 $\sqrt{7}$, $\sqrt{7}$, $\sqrt{14}+\sqrt{21}$

154 답 $\sqrt{10}+\sqrt{14}$

$(\sqrt{5}+\sqrt{7})\sqrt{2}=\sqrt{5}\times\sqrt{2}+\sqrt{7}\times\sqrt{2}=\sqrt{10}+\sqrt{14}$

155 답 $2\sqrt{33}-\sqrt{6}$

$(2\sqrt{11}-\sqrt{2})\sqrt{3}=2\sqrt{11}\times\sqrt{3}-\sqrt{2}\times\sqrt{3}=2\sqrt{33}-\sqrt{6}$

156 답 $-3\sqrt{2}-\sqrt{30}$

$$(\sqrt{3}+\sqrt{5})\times(-\sqrt{6})=\sqrt{3}\times(-\sqrt{6})+\sqrt{5}\times(-\sqrt{6})$$
$$=-\sqrt{18}-\sqrt{30}$$
$$=-3\sqrt{2}-\sqrt{30}$$

157 답 $-3\sqrt{5}+2\sqrt{6}$

$$(\sqrt{15}-\sqrt{8})\times(-\sqrt{3})=\sqrt{15}\times(-\sqrt{3})-\sqrt{8}\times(-\sqrt{3})$$
$$=-\sqrt{45}+\sqrt{24}$$
$$=-3\sqrt{5}+2\sqrt{6}$$

158 답 $-\sqrt{14}-2\sqrt{10}$

$$(2\sqrt{7}+4\sqrt{5})\times\left(-\frac{\sqrt{2}}{2}\right)=2\sqrt{7}\times\left(-\frac{\sqrt{2}}{2}\right)+4\sqrt{5}\times\left(-\frac{\sqrt{2}}{2}\right)$$
$$=-\sqrt{14}-2\sqrt{10}$$

159 답 풀이 참조

$$\frac{\sqrt{3}+\sqrt{5}}{\sqrt{2}}=\frac{(\sqrt{3}+\sqrt{5})\times\boxed{\sqrt{2}}}{\sqrt{2}\times\boxed{\sqrt{2}}}=\frac{\boxed{\sqrt{6}+\sqrt{10}}}{2}$$

160 답 $\dfrac{\sqrt{30}+\sqrt{65}}{5}$

$$\frac{\sqrt{6}+\sqrt{13}}{\sqrt{5}}=\frac{(\sqrt{6}+\sqrt{13})\times\sqrt{5}}{\sqrt{5}\times\sqrt{5}}=\frac{\sqrt{30}+\sqrt{65}}{5}$$

161 답 $\dfrac{7-2\sqrt{7}}{7}$

$$\frac{\sqrt{7}-2}{\sqrt{7}}=\frac{(\sqrt{7}-2)\times\sqrt{7}}{\sqrt{7}\times\sqrt{7}}=\frac{7-2\sqrt{7}}{7}$$

162 답 $\dfrac{2\sqrt{5}+\sqrt{6}}{8}$

$$\frac{\sqrt{10}+\sqrt{3}}{4\sqrt{2}}=\frac{(\sqrt{10}+\sqrt{3})\times\sqrt{2}}{4\sqrt{2}\times\sqrt{2}}=\frac{\sqrt{20}+\sqrt{6}}{8}=\frac{2\sqrt{5}+\sqrt{6}}{8}$$

163 답 $\dfrac{\sqrt{15}-9\sqrt{10}}{10}$

$$\frac{\sqrt{3}-9\sqrt{2}}{2\sqrt{5}}=\frac{(\sqrt{3}-9\sqrt{2})\times\sqrt{5}}{2\sqrt{5}\times\sqrt{5}}=\frac{\sqrt{15}-9\sqrt{10}}{10}$$

164 답 $\dfrac{-3\sqrt{2}+2\sqrt{3}}{12}$

$$\frac{-\sqrt{3}+\sqrt{2}}{2\sqrt{6}}=\frac{(-\sqrt{3}+\sqrt{2})\times\sqrt{6}}{2\sqrt{6}\times\sqrt{6}}=\frac{-\sqrt{18}+\sqrt{12}}{12}=\frac{-3\sqrt{2}+2\sqrt{3}}{12}$$

165 답 $\dfrac{2\sqrt{6}+\sqrt{10}}{4}$

$$\frac{\sqrt{12}+\sqrt{5}}{\sqrt{8}}=\frac{2\sqrt{3}+\sqrt{5}}{2\sqrt{2}}=\frac{(2\sqrt{3}+\sqrt{5})\times\sqrt{2}}{2\sqrt{2}\times\sqrt{2}}=\frac{2\sqrt{6}+\sqrt{10}}{4}$$

166 답 $\dfrac{4+\sqrt{6}}{6}$

$$\frac{\sqrt{8}+\sqrt{3}}{\sqrt{18}}=\frac{2\sqrt{2}+\sqrt{3}}{3\sqrt{2}}=\frac{(2\sqrt{2}+\sqrt{3})\times\sqrt{2}}{3\sqrt{2}\times\sqrt{2}}=\frac{4+\sqrt{6}}{6}$$

167 답 $\dfrac{3\sqrt{15}+4\sqrt{10}}{10}$

$$\frac{\sqrt{27}+\sqrt{32}}{\sqrt{20}}=\frac{3\sqrt{3}+4\sqrt{2}}{2\sqrt{5}}=\frac{(3\sqrt{3}+4\sqrt{2})\times\sqrt{5}}{2\sqrt{5}\times\sqrt{5}}=\frac{3\sqrt{15}+4\sqrt{10}}{10}$$

168 답 $\dfrac{5\sqrt{6}-2\sqrt{21}}{12}$

$$\frac{\sqrt{50}-\sqrt{28}}{\sqrt{48}}=\frac{5\sqrt{2}-2\sqrt{7}}{4\sqrt{3}}=\frac{(5\sqrt{2}-2\sqrt{7})\times\sqrt{3}}{4\sqrt{3}\times\sqrt{3}}=\frac{5\sqrt{6}-2\sqrt{21}}{12}$$

169 답 $\dfrac{-7\sqrt{2}+3\sqrt{35}}{21}$

$$\frac{-\sqrt{14}+\sqrt{45}}{\sqrt{63}}=\frac{-\sqrt{14}+3\sqrt{5}}{3\sqrt{7}}=\frac{(-\sqrt{14}+3\sqrt{5})\times\sqrt{7}}{3\sqrt{7}\times\sqrt{7}}$$
$$=\frac{-\sqrt{98}+3\sqrt{35}}{21}=\frac{-7\sqrt{2}+3\sqrt{35}}{21}$$

170 답 $\dfrac{24}{5}$

$$\frac{\sqrt{15}-1}{\sqrt{5}}+\frac{5+2\sqrt{15}}{\sqrt{3}}=\frac{\sqrt{75}-\sqrt{5}}{5}+\frac{5\sqrt{3}+2\sqrt{45}}{3}$$
$$=\frac{5\sqrt{3}-\sqrt{5}}{5}+\frac{5\sqrt{3}+6\sqrt{5}}{3}$$
$$=\sqrt{3}-\frac{\sqrt{5}}{5}+\frac{5\sqrt{3}}{3}+2\sqrt{5}$$
$$=\frac{8\sqrt{3}}{3}+\frac{9\sqrt{5}}{5}$$

따라서 $a=\frac{8}{3}$, $b=\frac{9}{5}$이므로 $ab=\frac{8}{3}\times\frac{9}{5}=\frac{24}{5}$

171 답 $12\sqrt{2}$

$$\sqrt{72}+\sqrt{24}\times\sqrt{3}=6\sqrt{2}+2\sqrt{6}\times\sqrt{3}=6\sqrt{2}+2\sqrt{18}$$
$$=6\sqrt{2}+6\sqrt{2}=12\sqrt{2}$$

172 답 $3\sqrt{15}$

$$\sqrt{60}-\sqrt{30}\div(-\sqrt{2})=2\sqrt{15}+\frac{\sqrt{30}}{\sqrt{2}}=2\sqrt{15}+\sqrt{15}=3\sqrt{15}$$

173 답 $-\dfrac{\sqrt{2}}{4}$

$$\sqrt{6}\div\frac{4\sqrt{3}}{3}-\sqrt{10}\times\frac{\sqrt{5}}{5}=\sqrt{6}\times\frac{3}{4\sqrt{3}}-\frac{\sqrt{50}}{5}$$
$$=\frac{3\sqrt{2}}{4}-\sqrt{2}$$
$$=-\frac{\sqrt{2}}{4}$$

174 답 $\sqrt{3}-2\sqrt{7}$

$$\sqrt{27}-\sqrt{2}(\sqrt{14}+\sqrt{6})=\sqrt{27}-\sqrt{28}-\sqrt{12}$$
$$=3\sqrt{3}-2\sqrt{7}-2\sqrt{3}$$
$$=\sqrt{3}-2\sqrt{7}$$

175 답 $-\sqrt{3}-3\sqrt{2}$

$$\sqrt{3}(2-\sqrt{6})-9\div\sqrt{3}=2\sqrt{3}-\sqrt{18}-\frac{9}{\sqrt{3}}$$
$$=2\sqrt{3}-3\sqrt{2}-3\sqrt{3}$$
$$=-\sqrt{3}-3\sqrt{2}$$

176 답 $4\sqrt{3}$

$$\sqrt{108}-\frac{\sqrt{60}}{3\sqrt{2}}\div\frac{1}{\sqrt{3}}\times\sqrt{\frac{6}{5}}=6\sqrt{3}-\frac{\sqrt{30}}{3}\times\sqrt{3}\times\sqrt{\frac{6}{5}}$$
$$=6\sqrt{3}-\frac{1}{3}\times\sqrt{108}$$
$$=6\sqrt{3}-2\sqrt{3}$$
$$=4\sqrt{3}$$

177 답 $\sqrt{7}$

$$\left(2\sqrt{7}+\frac{7\sqrt{2}}{\sqrt{7}}\right)\div\sqrt{2}-\sqrt{14}=\left(2\sqrt{7}+\frac{7\sqrt{2}}{\sqrt{7}}\right)\times\frac{1}{\sqrt{2}}-\sqrt{14}$$
$$=\frac{2\sqrt{7}}{\sqrt{2}}+\frac{7}{\sqrt{7}}-\sqrt{14}$$
$$=\sqrt{14}+\sqrt{7}-\sqrt{14}$$
$$=\sqrt{7}$$

178 답 $\dfrac{1}{2}+\dfrac{3\sqrt{3}}{2}$

$$\frac{\sqrt{2}-\sqrt{6}}{\sqrt{8}}+\sqrt{12}=\frac{\sqrt{2}-\sqrt{6}}{2\sqrt{2}}+2\sqrt{3}$$
$$=\frac{1-\sqrt{3}}{2}+2\sqrt{3}$$
$$=\frac{1}{2}-\frac{\sqrt{3}}{2}+2\sqrt{3}$$
$$=\frac{1}{2}+\frac{3\sqrt{3}}{2}$$

179 답 $-\dfrac{4\sqrt{6}}{3}$

$$\sqrt{2}(\sqrt{2}-\sqrt{3})-\frac{\sqrt{2}+\sqrt{12}}{\sqrt{3}}=2-\sqrt{6}-\frac{\sqrt{6}+6}{3}$$
$$=2-\sqrt{6}-\frac{\sqrt{6}}{3}-2$$
$$=-\frac{4\sqrt{6}}{3}$$

180 답 $10-\sqrt{3}$

$$\frac{5-\sqrt{15}}{\sqrt{5}}+\sqrt{5}(\sqrt{20}-1)=\frac{5\sqrt{5}-5\sqrt{3}}{5}+10-\sqrt{5}$$
$$=\sqrt{5}-\sqrt{3}+10-\sqrt{5}$$
$$=10-\sqrt{3}$$

181 답 $-\dfrac{7\sqrt{6}}{6}$

$$(\sqrt{24}-1)\times\frac{1}{\sqrt{6}}-\sqrt{12}\left(\frac{1}{\sqrt{2}}+\frac{1}{\sqrt{3}}\right)$$
$$=2-\frac{1}{\sqrt{6}}-\sqrt{6}-2$$
$$=-\frac{\sqrt{6}}{6}-\sqrt{6}$$
$$=-\frac{7\sqrt{6}}{6}$$

182 답 $4\sqrt{5}-2\sqrt{3}$

$$\sqrt{5}\{\sqrt{(-3)^2}-\sqrt{15}\}+(\sqrt{10}+\sqrt{24})\div\sqrt{2}$$
$$=\sqrt{5}(3-\sqrt{15})+(\sqrt{10}+\sqrt{24})\times\frac{1}{\sqrt{2}}$$
$$=3\sqrt{5}-5\sqrt{3}+\sqrt{5}+3\sqrt{3}$$
$$=4\sqrt{5}-2\sqrt{3}$$

기본 문제 × 확인하기 44~45쪽

1 (1) $-2\sqrt{21}$ (2) $10\sqrt{6}$ (3) $\sqrt{3}$ (4) $-5\sqrt{\frac{7}{5}}$

2 (1) $4\sqrt{2}$ (2) $-3\sqrt{6}$ (3) $\frac{\sqrt{7}}{6}$ (4) $\frac{\sqrt{13}}{10}$

3 (1) $\sqrt{27}$ (2) $\sqrt{3}$ (3) $\sqrt{3}$ (4) $-\sqrt{\frac{25}{6}}$

4 (1) 22.36 (2) 223.6 (3) 0.2236 (4) 0.02236

5 (1) $\frac{6\sqrt{5}}{5}$ (2) $\frac{\sqrt{6}}{2}$ (3) $\frac{4\sqrt{7}}{21}$ (4) $\frac{\sqrt{6}}{2}$

6 (1) $\sqrt{6}$ (2) $3\sqrt{10}$ (3) $3\sqrt{2}$ (4) $-2\sqrt{3}$

7 (1) $10\sqrt{2}$ (2) $2\sqrt{5}$ (3) $8\sqrt{3}$ (4) $\frac{9\sqrt{7}}{20}$

8 (1) $-3\sqrt{6}-9\sqrt{11}$ (2) $-\sqrt{2}+5\sqrt{5}$ (3) $-2\sqrt{3}+\sqrt{7}$
(4) $-7\sqrt{13}+\sqrt{2}$

9 (1) $2\sqrt{2}$ (2) $-\sqrt{3}$ (3) $2\sqrt{7}$ (4) $\sqrt{2}$

10 (1) $7\sqrt{5}$ (2) $\frac{3\sqrt{2}}{2}$ (3) $-\sqrt{5}+2\sqrt{2}$ (4) $-\frac{4\sqrt{2}}{3}$

11 (1) $\sqrt{22}+\sqrt{14}$ (2) $5-2\sqrt{5}$ (3) $-2\sqrt{6}-6$ (4) $-3\sqrt{2}+3\sqrt{6}$

12 (1) $\frac{\sqrt{10}+\sqrt{15}}{5}$ (2) $\frac{5\sqrt{2}-2\sqrt{10}}{10}$ (3) $\frac{6-\sqrt{6}}{4}$
(4) $\frac{2\sqrt{6}+\sqrt{15}}{6}$

13 (1) $3\sqrt{3}$ (2) $4\sqrt{3}-6\sqrt{2}$ (3) $7-5\sqrt{3}$

1 (1) $\sqrt{3}\times(-2\sqrt{7})=-2\sqrt{3\times7}=-2\sqrt{21}$
(2) $5\sqrt{\frac{8}{3}}\times2\sqrt{\frac{9}{4}}=(5\times2)\times\sqrt{\frac{8}{3}\times\frac{9}{4}}=10\sqrt{6}$
(3) $\frac{\sqrt{12}}{\sqrt{4}}=\sqrt{\frac{12}{4}}=\sqrt{3}$
(4) $-15\sqrt{21}\div3\sqrt{15}=\frac{-15}{3}\sqrt{\frac{21}{15}}=-5\sqrt{\frac{7}{5}}$

2 (1) $\sqrt{32}=\sqrt{4^2\times2}=4\sqrt{2}$
(2) $-\sqrt{54}=-\sqrt{3^2\times6}=-3\sqrt{6}$
(3) $\sqrt{\frac{7}{36}}=\sqrt{\frac{7}{6^2}}=\frac{\sqrt{7}}{6}$
(4) $\sqrt{0.13}=\sqrt{\frac{13}{100}}=\sqrt{\frac{13}{10^2}}=\frac{\sqrt{13}}{10}$

3 (1) $3\sqrt{3}=\sqrt{3^2\times3}=\sqrt{27}$
(2) $2\sqrt{\frac{3}{4}}=\sqrt{2^2\times\frac{3}{4}}=\sqrt{3}$
(3) $\frac{\sqrt{75}}{5}=\sqrt{\frac{75}{5^2}}=\sqrt{\frac{75}{25}}=\sqrt{3}$
(4) $-\frac{5}{3}\sqrt{\frac{3}{2}}=-\sqrt{\frac{5^2\times3}{3^2\times2}}=-\sqrt{\frac{25}{6}}$

4 (1) $\sqrt{500}=\sqrt{5\times100}=10\sqrt{5}=10\times2.236=22.36$
(2) $\sqrt{50000}=\sqrt{5\times10000}=100\sqrt{5}$
$=100\times2.236=223.6$
(3) $\sqrt{0.05}=\sqrt{\frac{5}{100}}=\frac{\sqrt{5}}{10}=\frac{2.236}{10}=0.2236$
(4) $\sqrt{0.0005}=\sqrt{\frac{5}{10000}}=\frac{\sqrt{5}}{100}$
$=\frac{2.236}{100}=0.02236$

5 (1) $\frac{6}{\sqrt{5}}=\frac{6\times\sqrt{5}}{\sqrt{5}\times\sqrt{5}}=\frac{6\sqrt{5}}{5}$
(2) $\frac{\sqrt{3}}{\sqrt{2}}=\frac{\sqrt{3}\times\sqrt{2}}{\sqrt{2}\times\sqrt{2}}=\frac{\sqrt{6}}{2}$
(3) $\frac{4}{3\sqrt{7}}=\frac{4\times\sqrt{7}}{3\sqrt{7}\times\sqrt{7}}=\frac{4\sqrt{7}}{21}$
(4) $\frac{6}{\sqrt{24}}=\frac{6}{2\sqrt{6}}=\frac{3}{\sqrt{6}}=\frac{3\times\sqrt{6}}{\sqrt{6}\times\sqrt{6}}=\frac{3\sqrt{6}}{6}=\frac{\sqrt{6}}{2}$

6 (1) $\sqrt{3}\div\sqrt{7}\times\sqrt{14}=\sqrt{3}\times\frac{1}{\sqrt{7}}\times\sqrt{14}$
$=\sqrt{3}\times\sqrt{2}=\sqrt{6}$
(2) $\sqrt{45}\times\sqrt{6}\div\sqrt{3}=3\sqrt{5}\times\sqrt{6}\times\frac{1}{\sqrt{3}}$
$=3\sqrt{5}\times\sqrt{2}=3\sqrt{10}$
(3) $\sqrt{15}\div2\sqrt{20}\times4\sqrt{6}=\sqrt{15}\times\frac{1}{4\sqrt{5}}\times4\sqrt{6}$
$=\sqrt{18}=3\sqrt{2}$
(4) $-\sqrt{\frac{10}{3}}\times\frac{3}{\sqrt{5}}\div\sqrt{\frac{1}{2}}=-\frac{\sqrt{10}}{\sqrt{3}}\times\frac{3}{\sqrt{5}}\times\sqrt{2}$
$=-\frac{6}{\sqrt{3}}=-2\sqrt{3}$

7 (1) $4\sqrt{2}+6\sqrt{2}=(4+6)\sqrt{2}=10\sqrt{2}$
(2) $7\sqrt{5}-5\sqrt{5}=(7-5)\sqrt{5}=2\sqrt{5}$
(3) $6\sqrt{3}+5\sqrt{3}-3\sqrt{3}=(6+5-3)\sqrt{3}=8\sqrt{3}$
(4) $\frac{\sqrt{7}}{5}-\frac{\sqrt{7}}{4}+\frac{\sqrt{7}}{2}=\left(\frac{1}{5}-\frac{1}{4}+\frac{1}{2}\right)\sqrt{7}$
$=\frac{9\sqrt{7}}{20}$

8 (1) $5\sqrt{6}-9\sqrt{11}-8\sqrt{6}=(5-8)\sqrt{6}-9\sqrt{11}$
$=-3\sqrt{6}-9\sqrt{11}$
(2) $\sqrt{2}+3\sqrt{5}-2\sqrt{2}+2\sqrt{5}$
$=(1-2)\sqrt{2}+(3+2)\sqrt{5}$
$=-\sqrt{2}+5\sqrt{5}$
(3) $2\sqrt{3}-\sqrt{7}-4\sqrt{3}+2\sqrt{7}$
$=(2-4)\sqrt{3}+(-1+2)\sqrt{7}$
$=-2\sqrt{3}+\sqrt{7}$
(4) $-2\sqrt{13}-3\sqrt{2}+4\sqrt{2}-5\sqrt{13}$
$=(-2-5)\sqrt{13}+(-3+4)\sqrt{2}$
$=-7\sqrt{13}+\sqrt{2}$

9 (1) $5\sqrt{2}-\sqrt{18}=5\sqrt{2}-3\sqrt{2}=2\sqrt{2}$
(2) $\sqrt{27}-2\sqrt{12}=3\sqrt{3}-4\sqrt{3}=-\sqrt{3}$
(3) $\sqrt{7}-\sqrt{28}+\sqrt{63}=\sqrt{7}-2\sqrt{7}+3\sqrt{7}=2\sqrt{7}$
(4) $\sqrt{32}+\sqrt{8}-\sqrt{50}=4\sqrt{2}+2\sqrt{2}-5\sqrt{2}=\sqrt{2}$

10 (1) $5\sqrt{5}+\dfrac{10}{\sqrt{5}}=5\sqrt{5}+2\sqrt{5}=7\sqrt{5}$

(2) $\sqrt{32}-\dfrac{5}{\sqrt{2}}=4\sqrt{2}-\dfrac{5\sqrt{2}}{2}=\dfrac{3\sqrt{2}}{2}$

(3) $\sqrt{20}+\dfrac{4}{\sqrt{2}}-3\sqrt{5}=2\sqrt{5}+2\sqrt{2}-3\sqrt{5}$
$=-\sqrt{5}+2\sqrt{2}$

(4) $\dfrac{\sqrt{8}}{2}+\dfrac{4}{\sqrt{18}}-3\sqrt{2}=\sqrt{2}+\dfrac{4}{3\sqrt{2}}-3\sqrt{2}$
$=\sqrt{2}+\dfrac{2\sqrt{2}}{3}-3\sqrt{2}$
$=-\dfrac{4\sqrt{2}}{3}$

11 (1) $\sqrt{2}(\sqrt{11}+\sqrt{7})=\sqrt{2}\times\sqrt{11}+\sqrt{2}\times\sqrt{7}$
$=\sqrt{22}+\sqrt{14}$

(2) $(\sqrt{5}-2)\sqrt{5}=\sqrt{5}\times\sqrt{5}-2\times\sqrt{5}=5-2\sqrt{5}$

(3) $-\sqrt{3}(\sqrt{8}+\sqrt{12})=-\sqrt{3}(2\sqrt{2}+2\sqrt{3})$
$=-\sqrt{3}\times2\sqrt{2}-\sqrt{3}\times2\sqrt{3}$
$=-2\sqrt{6}-6$

(4) $(\sqrt{6}-\sqrt{18})\times(-\sqrt{3})=(\sqrt{6}-3\sqrt{2})\times(-\sqrt{3})$
$=\sqrt{6}\times(-\sqrt{3})-3\sqrt{2}\times(-\sqrt{3})$
$=-\sqrt{18}+3\sqrt{6}$
$=-3\sqrt{2}+3\sqrt{6}$

12 (1) $\dfrac{\sqrt{2}+\sqrt{3}}{\sqrt{5}}=\dfrac{(\sqrt{2}+\sqrt{3})\times\sqrt{5}}{\sqrt{5}\times\sqrt{5}}=\dfrac{\sqrt{10}+\sqrt{15}}{5}$

(2) $\dfrac{\sqrt{5}-2}{\sqrt{10}}=\dfrac{(\sqrt{5}-2)\times\sqrt{10}}{\sqrt{10}\times\sqrt{10}}=\dfrac{\sqrt{50}-2\sqrt{10}}{10}$
$=\dfrac{5\sqrt{2}-2\sqrt{10}}{10}$

(3) $\dfrac{3\sqrt{2}-\sqrt{3}}{2\sqrt{2}}=\dfrac{(3\sqrt{2}-\sqrt{3})\times\sqrt{2}}{2\sqrt{2}\times\sqrt{2}}$
$=\dfrac{6-\sqrt{6}}{4}$

(4) $\dfrac{\sqrt{8}+\sqrt{5}}{\sqrt{12}}=\dfrac{2\sqrt{2}+\sqrt{5}}{2\sqrt{3}}=\dfrac{(2\sqrt{2}+\sqrt{5})\times\sqrt{3}}{2\sqrt{3}\times\sqrt{3}}$
$=\dfrac{2\sqrt{6}+\sqrt{15}}{6}$

13 (1) $\sqrt{2}\times\sqrt{6}+\sqrt{21}\div\sqrt{7}$
$=\sqrt{12}+\dfrac{\sqrt{21}}{\sqrt{7}}=2\sqrt{3}+\sqrt{3}=3\sqrt{3}$

(2) $\dfrac{2}{\sqrt{3}}(6-\sqrt{24})-\dfrac{4}{\sqrt{2}}$
$=\dfrac{12}{\sqrt{3}}-2\sqrt{8}-2\sqrt{2}$
$=4\sqrt{3}-4\sqrt{2}-2\sqrt{2}$
$=4\sqrt{3}-6\sqrt{2}$

(3) $\dfrac{\sqrt{2}-\sqrt{6}}{\sqrt{2}}-\sqrt{12}(2-\sqrt{3})$
$=\dfrac{2-2\sqrt{3}}{2}-2\sqrt{3}(2-\sqrt{3})$
$=1-\sqrt{3}-4\sqrt{3}+6=7-5\sqrt{3}$

학교 시험 문제 × 확인하기 46~47쪽

1 ④	2 ③	3 ③	4 ④	5 $\dfrac{2\sqrt{2}}{5}$
6 ⑤	7 ⑤	8 ②	9 $\dfrac{33}{28}$	10 -3
11 ⑤	12 ④	13 $5\sqrt{2}-5\sqrt{6}$		

1 ① $\sqrt{2}\sqrt{3}\sqrt{5}=\sqrt{2\times3\times5}=\sqrt{30}$

② $\sqrt{5}\div\sqrt{\dfrac{1}{2}}=\sqrt{5}\times\sqrt{2}=\sqrt{5\times2}=\sqrt{10}$

③ $\sqrt{\dfrac{5}{12}}\sqrt{\dfrac{3}{5}}=\sqrt{\dfrac{5}{12}\times\dfrac{3}{5}}=\sqrt{\dfrac{1}{4}}=\dfrac{1}{2}$

④ $-\sqrt{\dfrac{14}{5}}\div\sqrt{\dfrac{7}{15}}=-\dfrac{\sqrt{14}}{\sqrt{5}}\div\dfrac{\sqrt{7}}{\sqrt{15}}$
$=-\dfrac{\sqrt{14}}{\sqrt{5}}\times\dfrac{\sqrt{15}}{\sqrt{7}}$
$=-\sqrt{\dfrac{14}{5}\times\dfrac{15}{7}}=-\sqrt{6}$

⑤ $3\sqrt{5}\times2\sqrt{7}=(3\times2)\times\sqrt{5\times7}=6\sqrt{35}$

따라서 옳지 않은 것은 ④이다.

2 ③ $\sqrt{0.21}=\sqrt{\dfrac{21}{100}}=\sqrt{\dfrac{21}{10^2}}=\dfrac{\sqrt{21}}{10}$

3 ① $\sqrt{300}=\sqrt{3\times100}=10\sqrt{3}=10\times1.732=17.32$

② $\sqrt{3000}=\sqrt{30\times100}=10\sqrt{30}$
$=10\times5.477=54.77$

③ $\sqrt{30000}=\sqrt{3\times10000}=100\sqrt{3}$
$=100\times1.732=173.2$

④ $\sqrt{0.3}=\sqrt{\dfrac{30}{100}}=\dfrac{\sqrt{30}}{10}=\dfrac{5.477}{10}=0.5477$

⑤ $\sqrt{0.03}=\sqrt{\dfrac{3}{100}}=\dfrac{\sqrt{3}}{10}=\dfrac{1.732}{10}=0.1732$

따라서 옳지 않은 것은 ③이다.

4 ① $\dfrac{12}{\sqrt{5}}=\dfrac{12\times\sqrt{5}}{\sqrt{5}\times\sqrt{5}}=\dfrac{12\sqrt{5}}{5}$

② $\dfrac{4}{3\sqrt{2}}=\dfrac{4\times\sqrt{2}}{3\sqrt{2}\times\sqrt{2}}=\dfrac{4\sqrt{2}}{6}=\dfrac{2\sqrt{2}}{3}$

③ $\dfrac{4}{\sqrt{3}\sqrt{5}}=\dfrac{4}{\sqrt{15}}=\dfrac{4\times\sqrt{15}}{\sqrt{15}\times\sqrt{15}}=\dfrac{4\sqrt{15}}{15}$

④ $\dfrac{\sqrt{3}}{\sqrt{20}}=\dfrac{\sqrt{3}}{2\sqrt{5}}=\dfrac{\sqrt{3}\times\sqrt{5}}{2\sqrt{5}\times\sqrt{5}}=\dfrac{\sqrt{15}}{10}$

⑤ $-\dfrac{12}{\sqrt{24}}=-\dfrac{12}{2\sqrt{6}}=-\dfrac{6}{\sqrt{6}}=-\dfrac{6\times\sqrt{6}}{\sqrt{6}\times\sqrt{6}}=-\sqrt{6}$

따라서 옳지 않은 것은 ④이다.

5 $\sqrt{\dfrac{5}{6}}\div\dfrac{\sqrt{50}}{\sqrt{3}}\times\dfrac{\sqrt{32}}{\sqrt{5}}=\sqrt{\dfrac{5}{6}}\times\dfrac{\sqrt{3}}{\sqrt{50}}\times\dfrac{\sqrt{32}}{\sqrt{5}}$
$=\dfrac{\sqrt{5}}{\sqrt{6}}\times\dfrac{\sqrt{3}}{5\sqrt{2}}\times\dfrac{4\sqrt{2}}{\sqrt{5}}$
$=\dfrac{4}{5\sqrt{2}}=\dfrac{4\sqrt{2}}{10}=\dfrac{2\sqrt{2}}{5}$

6 (삼각형의 넓이)$=\frac{1}{2}\times\sqrt{24}\times\sqrt{18}$

$=\frac{1}{2}\times2\sqrt{6}\times3\sqrt{2}$

$=3\sqrt{12}=6\sqrt{3}$

(직사각형의 넓이)$=\sqrt{15}x$

이때 삼각형과 직사각형의 넓이가 같으므로

$6\sqrt{3}=\sqrt{15}x$

$\therefore x=\frac{6\sqrt{3}}{\sqrt{15}}=\frac{6}{\sqrt{5}}=\frac{6\sqrt{5}}{5}$

7 ① $\sqrt{5}+\sqrt{2}$는 더 이상 간단히 할 수 없다.

② $5\sqrt{3}-2\sqrt{3}=(5-2)\sqrt{3}=3\sqrt{3}$

③ $4\sqrt{2}+\sqrt{3}$은 더 이상 간단히 할 수 없다.

④ $\sqrt{10}-\sqrt{5}$는 더 이상 간단히 할 수 없다.

⑤ $2\sqrt{7}-3\sqrt{7}+4\sqrt{7}=(2-3+4)\sqrt{7}=3\sqrt{7}$

따라서 옳은 것은 ⑤이다.

8 $-\sqrt{8}+4\sqrt{3}-\sqrt{75}+4\sqrt{2}$

$=-2\sqrt{2}+4\sqrt{3}-5\sqrt{3}+4\sqrt{2}$

$=(-2+4)\sqrt{2}+(4-5)\sqrt{3}$

$=2\sqrt{2}-\sqrt{3}$

따라서 $a=2$, $b=-1$이므로

$a+b=2+(-1)=1$

9 $\sqrt{7}+\frac{7}{4\sqrt{7}}-\frac{1}{2\sqrt{7}}=\sqrt{7}+\frac{7\sqrt{7}}{28}-\frac{\sqrt{7}}{14}$

$=\sqrt{7}+\frac{\sqrt{7}}{4}-\frac{\sqrt{7}}{14}$

$=\left(1+\frac{1}{4}-\frac{1}{14}\right)\sqrt{7}$

$=\frac{33\sqrt{7}}{28}$

$\therefore a=\frac{33}{28}$

10 $\sqrt{80}-\sqrt{27}+\frac{6}{\sqrt{3}}-\frac{10}{\sqrt{20}}=4\sqrt{5}-3\sqrt{3}+2\sqrt{3}-\frac{10}{2\sqrt{5}}$

$=4\sqrt{5}-\sqrt{3}-\sqrt{5}$

$=-\sqrt{3}+3\sqrt{5}$

따라서 $a=-1$, $b=3$이므로

$ab=-1\times3=-3$

11 $\sqrt{6}(\sqrt{2}+3\sqrt{3})-7\sqrt{2}=\sqrt{12}+3\sqrt{18}-7\sqrt{2}$

$=2\sqrt{3}+9\sqrt{2}-7\sqrt{2}$

$=2\sqrt{2}+2\sqrt{3}$

12 $\frac{2\sqrt{2}-\sqrt{5}}{\sqrt{2}}+\frac{\sqrt{6}-\sqrt{15}}{\sqrt{6}}$

$=\frac{4-\sqrt{10}}{2}+\frac{6-\sqrt{90}}{6}$

$=2-\frac{\sqrt{10}}{2}+1-\frac{3\sqrt{10}}{6}$

$=2-\frac{\sqrt{10}}{2}+1-\frac{\sqrt{10}}{2}$

$=3-\sqrt{10}$

따라서 $a=3$, $b=-1$이므로

$a-b=3-(-1)=4$

13 $(\sqrt{12}+4)\div\sqrt{2}-\sqrt{3}(6\sqrt{2}-\sqrt{6})$

$=\sqrt{6}+\frac{4}{\sqrt{2}}-6\sqrt{6}+\sqrt{18}$

$=\sqrt{6}+2\sqrt{2}-6\sqrt{6}+3\sqrt{2}$

$=5\sqrt{2}-5\sqrt{6}$

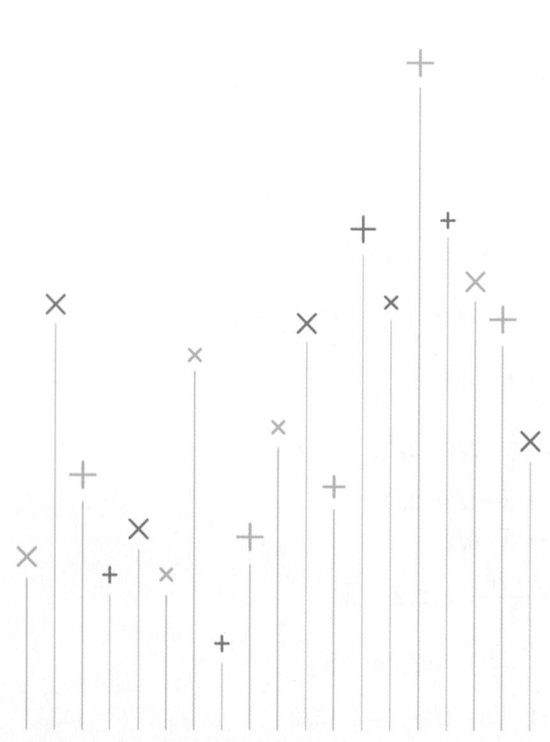

3 다항식의 곱셈

50~60쪽

001 답 $5x$, 15

002 답 $2ab+a+10b+5$

003 답 $-2ab+4a-b+2$

004 답 $3x^2+5x-12xy-20y$

005 답 $3ac-ad-6bc+2bd$

006 답 $4x$, 2, $6x^2+7x+2$

007 답 $8a^2-14ab-15b^2$

$(4a+3b)(2a-5b)=8a^2-20ab+6ab-15b^2$
$=8a^2-14ab-15b^2$

008 답 $-2x^2+11x+21$

$(-x+7)(2x+3)=-2x^2-3x+14x+21$
$=-2x^2+11x+21$

009 답 $6x^2+2xy+7x+3y-3$

$(2x+3)(3x+y-1)=6x^2+2xy-2x+9x+3y-3$
$=6x^2+2xy+7x+3y-3$

010 답 $a^2-3a+ab-2b+2$

$(a+b-1)(a-2)=a^2-2a+ab-2b-a+2$
$=a^2-3a+ab-2b+2$

011 답 3

$(2x-y)(5x+4y)$의 전개식에서 xy항이 나오는 부분만 전개하면
$2x\times4y+(-y)\times5x=3xy$
따라서 xy의 계수는 3이다.

012 답 -13

$(x+7y)(-2x+y)$의 전개식에서 xy항이 나오는 부분만 전개하면
$x\times y+7y\times(-2x)=-13xy$
따라서 xy의 계수는 -13이다.

013 답 5

$(x+2y)(3x-y+1)$의 전개식에서 xy항이 나오는 부분만 전개하면
$x\times(-y)+2y\times3x=5xy$
따라서 xy의 계수는 5이다.

014 답 -13

$(x-3y+5)(4x-y)$의 전개식에서 xy항이 나오는 부분만 전개하면
$x\times(-y)+(-3y)\times4x=-13xy$
따라서 xy의 계수는 -13이다.

015 답 x, x, $x^2+10x+25$

016 답 a^2+4a+4

017 답 $x^2+\frac{1}{2}x+\frac{1}{16}$

018 답 $4a^2+12a+9$

019 답 $25x^2+20xy+4y^2$

020 답 $\frac{1}{4}a^2+\frac{1}{3}ab+\frac{1}{9}b^2$

021 답 $4x^2-12x+9$

$(-2x+3)^2=(-2x)^2+2\times(-2x)\times3+3^2$
$=4x^2-12x+9$

022 답 $16a^2-8ab+b^2$

$(-4a+b)^2=(-4a)^2+2\times(-4a)\times b+b^2$
$=16a^2-8ab+b^2$

023 답 4, 4, $x^2-8x+16$

024 답 a^2-6a+9

025 답 $x^2-x+\frac{1}{4}$

026 답 $9a^2-6a+1$

027 답 $x^2-12xy+36y^2$

028 답 $4a^2-20ab+25b^2$

029 답 x^2+4x+4

$(-x-2)^2=(-x)^2-2\times(-x)\times2+2^2$
$=x^2+4x+4$

030 답 $9a^2+24ab+16b^2$

$(-3a-4b)^2=(-3a)^2-2\times(-3a)\times4b+(4b)^2$
$=9a^2+24ab+16b^2$

031 답 3, x^2-9

032 답 $16-a^2$

033 답 $a^2-\frac{1}{4}$

034 답 $9x^2-4$

035 답 $49a^2-1$

036 답 $4x^2-25y^2$

037 답 $16a^2-9b^2$

038 답 $x^2-\frac{1}{9}y^2$

039 답 a^2-36

$(-a+6)(-a-6)=(-a)^2-6^2$
$=a^2-36$

040 답 $9x^2-4y^2$

$(-3x-2y)(-3x+2y)=(-3x)^2-(2y)^2$
$=9x^2-4y^2$

041 답 $5x$, $5x$, $5x$, $4-25x^2$

042 답 $16a^2-b^2$

$(4a-b)(b+4a)=(4a-b)(4a+b)$
$=16a^2-b^2$

043 답 $9-a^2$

$(-a+3)(a+3)=(3-a)(3+a)$
$=9-a^2$

044 답 $4y^2-9x^2$

$(-3x-2y)(3x-2y)=(-2y-3x)(-2y+3x)$
$=4y^2-9x^2$

045 답 7, 7, $x^2+9x+14$

046 답 y^2-y-12

$(y+3)(y-4)=y^2+(3-4)y+3\times(-4)$
$=y^2-y-12$

047 답 a^2+5a+6

$(a+2)(a+3)=a^2+(2+3)a+2\times 3$
$=a^2+5a+6$

048 답 $b^2-3b-10$

$(b+2)(b-5)=b^2+(2-5)b+2\times(-5)$
$=b^2-3b-10$

049 답 $x^2-5x-24$

$(x-8)(x+3)=x^2+(-8+3)x+(-8)\times 3$
$=x^2-5x-24$

050 답 y^2-6y+5

$(y-5)(y-1)=y^2+(-5-1)y+(-5)\times(-1)$
$=y^2-6y+5$

051 답 $a^2+a-\frac{10}{9}$

$\left(a-\frac{2}{3}\right)\left(a+\frac{5}{3}\right)=a^2+\left(-\frac{2}{3}+\frac{5}{3}\right)a+\left(-\frac{2}{3}\right)\times\frac{5}{3}$
$=a^2+a-\frac{10}{9}$

052 답 $a^2+6ab+8b^2$

$(a+2b)(a+4b)=a^2+(2b+4b)a+2b\times 4b$
$=a^2+6ab+8b^2$

053 답 $x^2+9xy+18y^2$

$(x+3y)(x+6y)=x^2+(3y+6y)x+3y\times 6y$
$=x^2+9xy+18y^2$

054 답 $a^2-3ab-4b^2$

$(a+b)(a-4b)=a^2+(b-4b)a+b\times(-4b)$
$=a^2-3ab-4b^2$

055 답 $x^2-5xy-14y^2$

$(x+2y)(x-7y)=x^2+(2y-7y)x+2y\times(-7y)$
$=x^2-5xy-14y^2$

056 답 $a^2+5ab-36b^2$

$(a-4b)(a+9b)=a^2+(-4b+9b)a+(-4b)\times 9b$
$=a^2+5ab-36b^2$

057 답 $x^2+4xy-60y^2$

$(x-6y)(x+10y)=x^2+(-6y+10y)x+(-6y)\times 10y$
$=x^2+4xy-60y^2$

058 답 $a^2-\frac{8}{7}ab+\frac{1}{7}b^2$

$(a-b)\left(a-\frac{1}{7}b\right)=a^2+\left(-b-\frac{1}{7}b\right)a+(-b)\times\left(-\frac{1}{7}b\right)$
$=a^2-\frac{8}{7}ab+\frac{1}{7}b^2$

059 답 1, 2, 1, $2x^2+7x+3$

060 답 $6a^2+17a+12$

$(3a+4)(2a+3)=(3\times 2)a^2+(9+8)a+4\times 3$
$=6a^2+17a+12$

061 답 $2x^2-7x-15$

$(2x+3)(x-5)=(2\times1)x^2+(-10+3)x+3\times(-5)$
$=2x^2-7x-15$

062 답 $20a^2-9a-18$

$(5a-6)(4a+3)=(5\times4)a^2+(15-24)a+(-6)\times3$
$=20a^2-9a-18$

063 답 $-6y^2+7y-2$

$(2y-1)(-3y+2)=\{2\times(-3)\}y^2+(4+3)y+(-1)\times2$
$=-6y^2+7y-2$

064 답 $15b^2-\frac{5}{2}b+\frac{1}{10}$

$\left(3b-\frac{1}{5}\right)\left(5b-\frac{1}{2}\right)=(3\times5)b^2+\left(-\frac{3}{2}-1\right)b+\left(-\frac{1}{5}\right)\times\left(-\frac{1}{2}\right)$
$=15b^2-\frac{5}{2}b+\frac{1}{10}$

065 답 $-28x^2+10x+2$

$(-7x-1)(4x-2)$
$=(-7\times4)x^2+(14-4)x+(-1)\times(-2)$
$=-28x^2+10x+2$

066 답 $2x^2+9xy+10y^2$

$(x+2y)(2x+5y)=(1\times2)x^2+(5y+4y)x+2y\times5y$
$=2x^2+9xy+10y^2$

067 답 $15a^2-ab-6b^2$

$(5a+3b)(3a-2b)=(5\times3)a^2+(-10b+9b)a+3b\times(-2b)$
$=15a^2-ab-6b^2$

068 답 $6x^2-xy-12y^2$

$(2x-3y)(3x+4y)=(2\times3)x^2+(8y-9y)x+(-3y)\times4y$
$=6x^2-xy-12y^2$

069 답 $4a^2+\frac{5}{3}ab-\frac{1}{6}b^2$

$\left(a+\frac{1}{2}b\right)\left(4a-\frac{1}{3}b\right)=(1\times4)a^2+\left(-\frac{1}{3}b+2b\right)a+\frac{1}{2}b\times\left(-\frac{1}{3}b\right)$
$=4a^2+\frac{5}{3}ab-\frac{1}{6}b^2$

070 답 $-15x^2+19xy-6y^2$

$(-3x+2y)(5x-3y)$
$=(-3\times5)x^2+(9y+10y)x+2y\times(-3y)$
$=-15x^2+19xy-6y^2$

071 답 $3a^2-10ab+8b^2$

$(a-2b)(3a-4b)=(1\times3)a^2+(-4b-6b)a+(-2b)\times(-4b)$
$=3a^2-10ab+8b^2$

072 답 $18x^2+9xy-14y^2$

$(-6x-7y)(-3x+2y)$
$=\{-6\times(-3)\}x^2+(-12y+21y)x+(-7y)\times2y$
$=18x^2+9xy-14y^2$

073 답 $10a^2-2ab+5b^2$

$(a+2b)^2+(3a-b)^2=(a^2+4ab+4b^2)+(9a^2-6ab+b^2)$
$=10a^2-2ab+5b^2$

074 답 $8x+20$

$(x+4)^2-(x+2)(x-2)=(x^2+8x+16)-(x^2-4)$
$=8x+20$

075 답 $17x^2+6xy$

$(4x-3y)(4x+3y)+(x+3y)^2$
$=(16x^2-9y^2)+(x^2+6xy+9y^2)$
$=17x^2+6xy$

076 답 $-3a^2-4ab+13b^2$

$(a-2b)^2-(2a+3b)(2a-3b)$
$=(a^2-4ab+4b^2)-(4a^2-9b^2)$
$=-3a^2-4ab+13b^2$

077 답 $5x^2-9y^2$

$(3x+5y)(3x-5y)-(2x-4y)(2x+4y)$
$=(9x^2-25y^2)-(4x^2-16y^2)$
$=5x^2-9y^2$

078 답 $5x^2-7x-26$

$4(x+3)(x-3)+(x-5)(x-2)$
$=4(x^2-9)+(x^2-7x+10)$
$=4x^2-36+x^2-7x+10$
$=5x^2-7x-26$

079 답 $3b^2-12b-14$

$(b-4)^2+2(b+3)(b-5)$
$=(b^2-8b+16)+2(b^2-2b-15)$
$=b^2-8b+16+2b^2-4b-30$
$=3b^2-12b-14$

080 답 $5a^2-ab+5b^2$

$(a-b)(a-4b)+(2a+b)^2$
$=(a^2-5ab+4b^2)+(4a^2+4ab+b^2)$
$=5a^2-ab+5b^2$

081 답 x^2-x+6

$3(x-1)^2-(2x+1)(x-3)$
$=3(x^2-2x+1)-(2x^2-5x-3)$
$=3x^2-6x+3-2x^2+5x+3$
$=x^2-x+6$

082 답 $-8b^2-3b+7$

$(2b-1)(2b+3)-(3b-2)(4b+5)$
$=(4b^2+4b-3)-(12b^2+7b-10)$
$=-8b^2-3b+7$

083 답 $12x^2-29xy+14y^2$

$(3x+y)(x-2y)+(3x-4y)^2$
$=(3x^2-5xy-2y^2)+(9x^2-24xy+16y^2)$
$=12x^2-29xy+14y^2$

084 답 $A=4$, $B=16$

$(x+A)^2=x^2+2Ax+A^2=x^2+8x+B$
즉, $2A=8$, $A^2=B$이므로
$A=4$, $B=A^2=4^2=16$

085 답 $A=2$, $B=4$

$(3x-A)^2=9x^2-6Ax+A^2=9x^2-12x+B$
즉, $-6A=-12$, $A^2=B$이므로
$A=2$, $B=A^2=2^2=4$

086 답 $A=5$, $B=4$

$(2x+Ay)(2x-5y)=4x^2+(-10+2A)xy-5Ay^2$
$=Bx^2-25y^2$
즉, $4=B$, $-10+2A=0$, $-5A=-25$이므로
$A=5$, $B=4$

087 답 $A=7$, $B=3$

$(y+A)(y-4)=y^2+(A-4)y-4A=y^2+By-28$
즉, $A-4=B$, $-4A=-28$이므로
$A=7$, $B=A-4=7-4=3$

088 답 $A=1$, $B=1$

$(2x-1)(x+A)=2x^2+(2A-1)x-A=2x^2+x-B$
즉, $2A-1=1$, $-A=-B$이므로
$A=1$, $B=A=1$

089 답 1, 1, 1, 2601

090 답 10404

$102^2=(100+2)^2$
$=100^2+2\times100\times2+2^2$
$=10404$

091 답 40401

$201^2=(200+1)^2$
$=200^2+2\times200\times1+1^2$
$=40401$

092 답 102.01

$10.1^2=(10+0.1)^2$
$=10^2+2\times10\times0.1+0.1^2$
$=102.01$

093 답 1, 1, 1, 2401

094 답 9409

$97^2=(100-3)^2$
$=100^2-2\times100\times3+3^2$
$=9409$

095 답 98.01

$9.9^2=(10-0.1)^2$
$=10^2-2\times10\times0.1+0.1^2$
$=98.01$

096 답 1, 1, 1, 2499

097 답 8091

$93\times87=(90+3)(90-3)$
$=90^2-3^2$
$=8091$

098 답 8.99

$3.1\times2.9=(3+0.1)(3-0.1)$
$=3^2-0.1^2$
$=8.99$

099 답 3, 3, 3, 2703

100 답 1120

$32\times35=(30+2)(30+5)$
$=30^2+(2+5)\times30+2\times5$
$=1120$

101 답 39798

$201\times198=(200+1)(200-2)$
$=200^2+(1-2)\times200+1\times(-2)$
$=39798$

102 답 5000

$\frac{4999\times5001+1}{5000}=\frac{(5000-1)(5000+1)+1}{5000}$
$=\frac{5000^2-1^2+1}{5000}$
$=\frac{5000^2}{5000}$
$=5000$

103 답 $12+2\sqrt{35}$

$(\sqrt{7}+\sqrt{5})^2=7+2\sqrt{35}+5$
$=12+2\sqrt{35}$

104 답 $7+4\sqrt{3}$

$(2+\sqrt{3})^2=4+4\sqrt{3}+3$
$=7+4\sqrt{3}$

105 답 $29+12\sqrt{5}$

$(2\sqrt{5}+3)^2=20+12\sqrt{5}+9$
$=29+12\sqrt{5}$

106 답 $8-2\sqrt{15}$

$(\sqrt{5}-\sqrt{3})^2=5-2\sqrt{15}+3$
$=8-2\sqrt{15}$

107 답 $10-4\sqrt{6}$

$(\sqrt{6}-2)^2=6-4\sqrt{6}+4$
$=10-4\sqrt{6}$

108 답 $29-6\sqrt{22}$

$(3\sqrt{2}-\sqrt{11})^2=18-6\sqrt{22}+11$
$=29-6\sqrt{22}$

109 답 -1

$(\sqrt{2}+\sqrt{3})(\sqrt{2}-\sqrt{3})=2-3=-1$

110 답 -5

$(1-\sqrt{6})(1+\sqrt{6})=1-6=-5$

111 답 3

$(2\sqrt{3}+3)(2\sqrt{3}-3)=12-9=3$

112 답 $11+6\sqrt{3}$

$(\sqrt{3}+2)(\sqrt{3}+4)=3+(2+4)\sqrt{3}+8$
$=11+6\sqrt{3}$

113 답 $1-5\sqrt{7}$

$(\sqrt{7}+1)(\sqrt{7}-6)=7+(1-6)\sqrt{7}-6$
$=1-5\sqrt{7}$

114 답 $-5+2\sqrt{10}$

$(\sqrt{10}-3)(\sqrt{10}+5)=10+(-3+5)\sqrt{10}-15$
$=-5+2\sqrt{10}$

115 답 $16+11\sqrt{2}$

$(\sqrt{2}+4)(2\sqrt{2}+3)=4+(3+8)\sqrt{2}+12$
$=16+11\sqrt{2}$

116 답 $5\sqrt{6}$

$(\sqrt{6}+4)(2\sqrt{6}-3)=12+(-3+8)\sqrt{6}-12$
$=5\sqrt{6}$

117 답 $29-20\sqrt{10}$

$(7\sqrt{5}+\sqrt{2})(\sqrt{5}-3\sqrt{2})=35+(-21\sqrt{2}+\sqrt{2})\sqrt{5}-6$
$=29-20\sqrt{10}$

118 답 -6

$(\sqrt{7}+3)(\sqrt{7}-4)=7+(3-4)\sqrt{7}-12$
$=-5-\sqrt{7}$

따라서 $a=-5$, $b=-1$이므로

$a+b=-5+(-1)=-6$

119 답 풀이 참조

$$\frac{2}{\sqrt{3}+1}=\frac{2(\boxed{\sqrt{3}-1})}{(\sqrt{3}+1)(\boxed{\sqrt{3}-1})}=\boxed{\sqrt{3}-1}$$

120 답 $4+2\sqrt{3}$

$$\frac{2}{2-\sqrt{3}}=\frac{2(2+\sqrt{3})}{(2-\sqrt{3})(2+\sqrt{3})}$$
$$=\frac{4+2\sqrt{3}}{4-3}=4+2\sqrt{3}$$

121 답 $\sqrt{5}-\sqrt{2}$

$$\frac{3}{\sqrt{5}+\sqrt{2}}=\frac{3(\sqrt{5}-\sqrt{2})}{(\sqrt{5}+\sqrt{2})(\sqrt{5}-\sqrt{2})}$$
$$=\frac{3(\sqrt{5}-\sqrt{2})}{5-2}=\sqrt{5}-\sqrt{2}$$

122 답 $2\sqrt{7}+2\sqrt{3}$

$$\frac{8}{\sqrt{7}-\sqrt{3}}=\frac{8(\sqrt{7}+\sqrt{3})}{(\sqrt{7}-\sqrt{3})(\sqrt{7}+\sqrt{3})}$$
$$=\frac{8(\sqrt{7}+\sqrt{3})}{7-3}=2\sqrt{7}+2\sqrt{3}$$

123 답 $\dfrac{-3\sqrt{2}+\sqrt{6}}{2}$

$$-\frac{6}{3\sqrt{2}+\sqrt{6}}=-\frac{6(3\sqrt{2}-\sqrt{6})}{(3\sqrt{2}+\sqrt{6})(3\sqrt{2}-\sqrt{6})}$$
$$=-\frac{6(3\sqrt{2}-\sqrt{6})}{18-6}=\frac{-3\sqrt{2}+\sqrt{6}}{2}$$

124 답 $2\sqrt{3}+\sqrt{2}$

$$\frac{10}{2\sqrt{3}-\sqrt{2}}=\frac{10(2\sqrt{3}+\sqrt{2})}{(2\sqrt{3}-\sqrt{2})(2\sqrt{3}+\sqrt{2})}$$
$$=\frac{10(2\sqrt{3}+\sqrt{2})}{12-2}=2\sqrt{3}+\sqrt{2}$$

125 답 $\sqrt{6}-2$

$$\frac{\sqrt{2}}{\sqrt{3}+\sqrt{2}}=\frac{\sqrt{2}(\sqrt{3}-\sqrt{2})}{(\sqrt{3}+\sqrt{2})(\sqrt{3}-\sqrt{2})}=\frac{\sqrt{6}-2}{3-2}=\sqrt{6}-2$$

126 답 $\sqrt{3}+\sqrt{2}$

$$\frac{\sqrt{3}}{3-\sqrt{6}}=\frac{\sqrt{3}(3+\sqrt{6})}{(3-\sqrt{6})(3+\sqrt{6})}=\frac{3\sqrt{3}+3\sqrt{2}}{9-6}=\sqrt{3}+\sqrt{2}$$

127 답 $3-2\sqrt{2}$

$$\frac{2-\sqrt{2}}{2+\sqrt{2}}=\frac{(2-\sqrt{2})^2}{(2+\sqrt{2})(2-\sqrt{2})}=\frac{4-4\sqrt{2}+2}{4-2}=3-2\sqrt{2}$$

128 답 $8+3\sqrt{7}$

$$\frac{3+\sqrt{7}}{3-\sqrt{7}}=\frac{(3+\sqrt{7})^2}{(3-\sqrt{7})(3+\sqrt{7})}=\frac{9+6\sqrt{7}+7}{9-7}=8+3\sqrt{7}$$

129 답 $4-\sqrt{15}$

$$\frac{\sqrt{5}-\sqrt{3}}{\sqrt{5}+\sqrt{3}}=\frac{(\sqrt{5}-\sqrt{3})^2}{(\sqrt{5}+\sqrt{3})(\sqrt{5}-\sqrt{3})}=\frac{5-2\sqrt{15}+3}{5-3}=4-\sqrt{15}$$

130 답 $2+\sqrt{3}$

$$\frac{\sqrt{6}+\sqrt{2}}{\sqrt{6}-\sqrt{2}}=\frac{(\sqrt{6}+\sqrt{2})^2}{(\sqrt{6}-\sqrt{2})(\sqrt{6}+\sqrt{2})}=\frac{6+2\sqrt{12}+2}{6-2}=2+\sqrt{3}$$

131 답 $2ab$, 16, 6, 10

132 답 $4ab$, 16, 12, 4

133 답 $2ab$, 1, 12, 13

134 답 $4ab$, 1, 24, 25

135 답 a^2+b^2, $\frac{13}{6}$

136 답 30

$x^2+y^2=(x+y)^2-2xy=6^2-2\times3=30$

137 답 40

$(a-b)^2=(a+b)^2-4ab=(-8)^2-4\times6=40$

138 답 2

$x^2+y^2=(x+y)^2-2xy$에서 $5=3^2-2xy$

$2xy=4 \quad \therefore xy=2$

139 답 7

$x^2+y^2=(x-y)^2+2xy=3^2+2\times(-1)=7$

140 답 49

$(a+b)^2=(a-b)^2+4ab=5^2+4\times6=49$

141 답 -4

$x^2+y^2=(x-y)^2+2xy$에서 $8=(-4)^2+2xy$

$2xy=-8 \quad \therefore xy=-4$

142 답 2

$$\frac{b}{a}+\frac{a}{b}=\frac{a^2+b^2}{ab}=\frac{(a+b)^2-2ab}{ab}=\frac{2^2-2\times1}{1}=2$$

143 답 2, 36, 2, 34

144 답 4, 36, 4, 32

145 답 2, 9, 2, 11

146 답 4, 9, 4, 13

147 답 47

$$a^2+\frac{1}{a^2}=\left(a+\frac{1}{a}\right)^2-2=7^2-2=47$$

148 답 21

$$\left(x-\frac{1}{x}\right)^2=\left(x+\frac{1}{x}\right)^2-4=(-5)^2-4=21$$

149 답 83

$$a^2+\frac{1}{a^2}=\left(a-\frac{1}{a}\right)^2+2=(-9)^2+2=83$$

150 답 20

$$\left(x+\frac{1}{x}\right)^2=\left(x-\frac{1}{x}\right)^2+4=4^2+4=20$$

151 답 2, 2, 4, -1, -1, 4, $4\sqrt{3}$, 4

152 답 1

$x=-1+\sqrt{5}$에서 $x+1=\sqrt{5}$이므로

이 식의 양변을 제곱하면 $(x+1)^2=5$

$x^2+2x+1=5$, $x^2+2x=4$

$\therefore x^2+2x-3=4-3=1$

다른 풀이
$x=-1+\sqrt{5}$를 x^2+2x-3에 대입하면
$(-1+\sqrt{5})^2+2(-1+\sqrt{5})-3$
$=1-2\sqrt{5}+5-2+2\sqrt{5}-3=1$

153 답 -5

$x=4+\sqrt{7}$에서 $x-4=\sqrt{7}$이므로
이 식의 양변을 제곱하면 $(x-4)^2=7$
$x^2-8x+16=7$, $x^2-8x=-9$
$\therefore x^2-8x+4=-9+4=-5$

154 답 2

$x=1-\sqrt{2}$에서 $x-1=-\sqrt{2}$이므로
이 식의 양변을 제곱하면 $(x-1)^2=2$
$x^2-2x+1=2$, $x^2-2x=1$
$\therefore 2x^2-4x=2(x^2-2x)=2\times1=2$

155 답 20

$x=\sqrt{6}-5$에서 $x+5=\sqrt{6}$이므로
이 식의 양변을 제곱하면 $(x+5)^2=6$
$x^2+10x+25=6$, $x^2+10x=-19$
$\therefore -x^2-10x+1=-(x^2+10x)+1$
$=-(-19)+1=20$

기본 문제 × 확인하기 61쪽

1 $x^2+xy+9x+y+8$

2 (1) $a^2+\frac{2}{5}a+\frac{1}{25}$ (2) $x^2-4xy+4y^2$
(3) $9x^2-6x+1$ (4) $a^2+8ab+16b^2$

3 (1) $a^2-\frac{1}{9}$ (2) $4x^2-y^2$ (3) a^2-81 (4) $25y^2-x^2$

4 (1) $x^2+\frac{3}{4}x+\frac{1}{8}$ (2) $a^2-4ab-21b^2$
(3) $6x^2+7xy+2y^2$ (4) $-4a^2+23a-15$

5 (1) $8x^2-20x+24$ (2) $11x^2-3x-17$

6 (1) 10609 (2) 4761 (3) 24.91 (4) 2652

7 (1) $8+2\sqrt{7}$ (2) 1 (3) $5+4\sqrt{2}$ (4) $16+\sqrt{3}$

8 (1) $\frac{\sqrt{3}-1}{2}$ (2) $-2\sqrt{5}-5$ (3) $\sqrt{6}-\sqrt{2}$ (4) $5+2\sqrt{6}$

9 (1) 20 (2) 36

10 (1) 14 (2) 12

1 $(x+1)(x+y+8)=x^2+xy+8x+x+y+8$
$=x^2+xy+9x+y+8$

2 (3) $(-3x+1)^2=(-3x)^2+2\times(-3x)\times1+1^2$
$=9x^2-6x+1$
(4) $(-a-4b)^2=(-a)^2-2\times(-a)\times4b+(4b)^2$
$=a^2+8ab+16b^2$

3 (3) $(-a+9)(-a-9)=(-a)^2-9^2=a^2-81$
(4) $(5y+x)(-x+5y)=(5y+x)(5y-x)$
$=25y^2-x^2$

4 (1) $\left(x+\frac{1}{2}\right)\left(x+\frac{1}{4}\right)=x^2+\left(\frac{1}{2}+\frac{1}{4}\right)x+\frac{1}{2}\times\frac{1}{4}$
$=x^2+\frac{3}{4}x+\frac{1}{8}$
(2) $(a+3b)(a-7b)=a^2+(3b-7b)a+3b\times(-7b)$
$=a^2-4ab-21b^2$
(3) $(2x+y)(3x+2y)$
$=(2\times3)x^2+(4y+3y)x+y\times2y$
$=6x^2+7xy+2y^2$
(4) $(-a+5)(4a-3)$
$=(-1\times4)a^2+(3+20)a+5\times(-3)$
$=-4a^2+23a-15$

5 (1) $(2x-5)^2+(2x+1)(2x-1)$
$=(4x^2-20x+25)+(4x^2-1)$
$=8x^2-20x+24$
(2) $(4x-1)(3x+2)-(x+3)(x+5)$
$=(12x^2+5x-2)-(x^2+8x+15)$
$=11x^2-3x-17$

6 (1) $103^2=(100+3)^2=100^2+2\times100\times3+3^2$
$=10609$
(2) $69^2=(70-1)^2=70^2-2\times70\times1+1^2$
$=4761$
(3) $5.3\times4.7=(5+0.3)(5-0.3)$
$=5^2-0.3^2=24.91$
(4) $51\times52=(50+1)(50+2)$
$=50^2+(1+2)\times50+1\times2$
$=2652$

7 (1) $(\sqrt{7}+1)^2=7+2\sqrt{7}+1=8+2\sqrt{7}$
(2) $(\sqrt{6}+\sqrt{5})(\sqrt{6}-\sqrt{5})=6-5=1$
(3) $(\sqrt{2}+1)(\sqrt{2}+3)=2+(1+3)\sqrt{2}+3$
$=5+4\sqrt{2}$
(4) $(3\sqrt{3}+2)(2\sqrt{3}-1)=18+(-3+4)\sqrt{3}-2$
$=16+\sqrt{3}$

8 (1) $\frac{1}{\sqrt{3}+1}=\frac{\sqrt{3}-1}{(\sqrt{3}+1)(\sqrt{3}-1)}=\frac{\sqrt{3}-1}{2}$
(2) $\frac{\sqrt{5}}{2-\sqrt{5}}=\frac{\sqrt{5}(2+\sqrt{5})}{(2-\sqrt{5})(2+\sqrt{5})}=\frac{2\sqrt{5}+5}{4-5}=-2\sqrt{5}-5$
(3) $\frac{4}{\sqrt{6}+\sqrt{2}}=\frac{4(\sqrt{6}-\sqrt{2})}{(\sqrt{6}+\sqrt{2})(\sqrt{6}-\sqrt{2})}$
$=\frac{4(\sqrt{6}-\sqrt{2})}{6-2}=\sqrt{6}-\sqrt{2}$
(4) $\frac{\sqrt{3}+\sqrt{2}}{\sqrt{3}-\sqrt{2}}=\frac{(\sqrt{3}+\sqrt{2})^2}{(\sqrt{3}-\sqrt{2})(\sqrt{3}+\sqrt{2})}$
$=\frac{3+2\sqrt{6}+2}{3-2}=5+2\sqrt{6}$

9 (1) $a^2+b^2=(a+b)^2-2ab=2^2-2\times(-8)=20$

(2) $(a-b)^2=(a+b)^2-4ab=2^2-4\times(-8)=36$

10 (1) $x^2+\frac{1}{x^2}=\left(x+\frac{1}{x}\right)^2-2=4^2-2=14$

(2) $\left(x-\frac{1}{x}\right)^2=\left(x+\frac{1}{x}\right)^2-4=4^2-4=12$

학교 시험 문제 × 확인하기 62~63쪽

1 ⑤	2 ①	3 ②	4 ④	5 11
6 ⑤	7 -2	8 ③	9 ③	10 ⑤
11 10	12 ⑤	13 5	14 ④	

1 $(x+3y)(2x-5y+1)$에서

x^2항이 나오는 부분만 전개하면 $x\times2x=2x^2$ $\therefore a=2$

xy항이 나오는 부분만 전개하면

$x\times(-5y)+3y\times2x=xy$ $\therefore b=1$

$\therefore a+b=2+1=3$

2 $\left(-\frac{1}{2}x-y\right)^2=\frac{1}{4}x^2+xy+y^2$

① $\frac{1}{4}(x+2y)^2=\frac{1}{4}(x^2+4xy+4y^2)=\frac{1}{4}x^2+xy+y^2$

② $\frac{1}{4}(x-2y)^2=\frac{1}{4}(x^2-4xy+4y^2)=\frac{1}{4}x^2-xy+y^2$

③ $\frac{1}{2}(x+2y)^2=\frac{1}{2}(x^2+4xy+4y^2)=\frac{1}{2}x^2+2xy+2y^2$

④ $\frac{1}{2}(x-2y)^2=\frac{1}{2}(x^2-4xy+4y^2)=\frac{1}{2}x^2-2xy+2y^2$

⑤ $-\frac{1}{2}(x+2y)^2=-\frac{1}{2}(x^2+4xy+4y^2)=-\frac{1}{2}x^2-2xy-2y^2$

따라서 전개식이 같은 것은 ①이다.

3 색칠한 직사각형의 가로, 세로의 길이가 각각 $x+3$, $x-3$이므로

(색칠한 직사각형의 넓이)$=(x+3)(x-3)$

$=x^2-9$

4 $(Ax-2)^2=A^2x^2-4Ax+4=Bx^2-20x+4$

즉, $A^2=B$, $-4A=-20$이므로

$A=5$, $B=A^2=5^2=25$

$\therefore B-A=25-5=20$

5 $(3x+A)(Bx-2)=3Bx^2+(-6+AB)x-2A$

$=15x^2+Cx-4$

즉, $3B=15$, $-6+AB=C$, $-2A=-4$이므로

$A=2$, $B=5$, $C=-6+AB=-6+2\times5=4$

$\therefore A+B+C=2+5+4=11$

6 ① $(2x+3)^2=4x^2+12x+9$

② $(3-x)^2=9-6x+x^2$

③ $(4x-y)(4x+y)=16x^2-y^2$

④ $(x+1)(x+3)=x^2+4x+3$

따라서 옳은 것은 ⑤이다.

7 $(5x-4)(3x-2)-3(2x-3)^2$

$=(15x^2-22x+8)-3(4x^2-12x+9)$

$=15x^2-22x+8-12x^2+36x-27$

$=3x^2+14x-19$

따라서 $a=3$, $b=14$, $c=-19$이므로

$a+b+c=3+14+(-19)=-2$

8 $9.3\times10.7=(10-0.7)(10+0.7)$이므로

$(a+b)(a-b)=a^2-b^2$을 이용하는 것이 가장 편리하다.

9 $\frac{2016\times2024+16}{2020}=\frac{(2020-4)(2020+4)+16}{2020}$

$=\frac{2020^2-4^2+16}{2020}=\frac{2020^2}{2020}=2020$

10 ① $(1+\sqrt{2})^2=1+2\sqrt{2}+2=3+2\sqrt{2}$

② $(2-\sqrt{3})^2=4-4\sqrt{3}+3=7-4\sqrt{3}$

③ $(\sqrt{10}+3)(\sqrt{10}-3)=10-9=1$

④ $(\sqrt{5}+3)(\sqrt{5}-2)=5+(3-2)\sqrt{5}-6=-1+\sqrt{5}$

⑤ $(3\sqrt{5}+1)(2\sqrt{5}-3)=30+(-9+2)\sqrt{5}-3=27-7\sqrt{5}$

따라서 옳지 않은 것은 ⑤이다.

11 $\frac{4}{\sqrt{10}-2\sqrt{2}}-\frac{8}{\sqrt{10}+2\sqrt{2}}$

$=\frac{4(\sqrt{10}+2\sqrt{2})}{(\sqrt{10}-2\sqrt{2})(\sqrt{10}+2\sqrt{2})}-\frac{8(\sqrt{10}-2\sqrt{2})}{(\sqrt{10}+2\sqrt{2})(\sqrt{10}-2\sqrt{2})}$

$=\frac{4(\sqrt{10}+2\sqrt{2})}{10-8}-\frac{8(\sqrt{10}-2\sqrt{2})}{10-8}$

$=2\sqrt{10}+4\sqrt{2}-4\sqrt{10}+8\sqrt{2}$

$=12\sqrt{2}-2\sqrt{10}$

따라서 $a=12$, $b=-2$이므로

$a+b=12+(-2)=10$

12 $\frac{x}{y}+\frac{y}{x}=\frac{x^2+y^2}{xy}=\frac{(x-y)^2+2xy}{xy}=\frac{(-6)^2+2\times4}{4}=11$

13 $x^2-2+\frac{1}{x^2}=\left(x^2+\frac{1}{x^2}\right)-2=\left\{\left(x+\frac{1}{x}\right)^2-2\right\}-2$

$=\left(x+\frac{1}{x}\right)^2-4=3^2-4=5$

14 $x=5+\sqrt{3}$에서 $x-5=\sqrt{3}$이므로

이 식의 양변을 제곱하면 $(x-5)^2=3$

$x^2-10x+25=3$, $x^2-10x=-22$

$\therefore x^2-10x+30=-22+30=8$

4 다항식의 인수분해

66~79쪽

001 답 $6x^2+18x$

002 답 $a^2+16a+64$

003 답 $b^2-10b+25$

004 답 x^2-16

005 답 x^2-6x-7

006 답 $6a^2-11a-10$

007 답 x, $x+5$

008 답 $a+2$, $a-2$

009 답 4, xy, $y(1-x)$

010 답 a, a^2, $a+2b$, $a(a+2b)$

011 답 $2x$, $3-x$

012 답 x, y, $x-y$

013 답 $x(y-2z)$

$xy-2xz=\underline{x}\times y-\underline{x}\times 2z$
$=\underline{x}(y-2z)$

014 답 $x^2(1+x)$

$x^2+x^3=\underline{x^2}\times 1+\underline{x^2}\times x$
$=\underline{x^2}(1+x)$

015 답 $-3a(2a+b)$

$-6a^2-3ab=\underline{-3a}\times 2a+(\underline{-3a})\times b$
$=\underline{-3a}(2a+b)$

016 답 $xy(x+y-1)$

$x^2y+xy^2-xy=\underline{xy}\times x+\underline{xy}\times y-\underline{xy}\times 1$
$=\underline{xy}(x+y-1)$

017 답 $2a(a-2b+c)$

$2a^2-4ab+2ac=\underline{2a}\times a-\underline{2a}\times 2b+\underline{2a}\times c$
$=\underline{2a}(a-2b+c)$

018 답 $-ab(x^2-x+c)$

$-abx^2+abx-abc=\underline{-ab}\times x^2+(\underline{-ab})\times(-x)+(\underline{-ab})\times c$
$=\underline{-ab}(x^2-x+c)$

019 답 x, 2, $x+2$

020 답 $(a+b)(3-b)$

$3(\underline{a+b})-(\underline{a+b})b=(\underline{a+b})(3-b)$

021 답 $(2x-5)(a-b)$

$a(\underline{2x-5})-b(\underline{2x-5})=(\underline{2x-5})(a-b)$

022 답 $(x-4)(x-1)$

$x(x-4)+(4-x)=x(\underline{x-4})-(\underline{x-4})$
$=(\underline{x-4})(x-1)$

023 답 $(a-2b)(3-x)$

$2(\underline{a-2b})+(1-x)(\underline{a-2b})=(\underline{a-2b})(2+1-x)$
$=(a-2b)(3-x)$

024 답 $3x(x-5)$

$(2x-y)(x-5)-(x+y)(5-x)$
$=(2x-y)(\underline{x-5})+(x+y)(\underline{x-5})$
$=(\underline{x-5})(2x-y+x+y)$
$=3x(x-5)$

025 답 ④

$3x^2y-9xy^2=\underline{3xy}\times x-\underline{3xy}\times 3y$
$=3xy(x-3y)$

따라서 다항식 $3x^2y-9xy^2$의 인수가 아닌 것은 ④이다.

026 답 3, 3, 3

027 답 $(x+7)^2$

$x^2+14x+49=x^2+2\times x\times 7+7^2$
$=(x+7)^2$

028 답 $(a+5b)^2$

$a^2+10ab+25b^2=a^2+2\times a\times 5b+(5b)^2$
$=(a+5b)^2$

029 답 $2(a+6)^2$

$2a^2+24a+72=2(a^2+12a+36)$
$=2(a^2+2\times a\times 6+6^2)$
$=2(a+6)^2$

030 답 $(a-4)^2$

$a^2-8a+16=a^2-2\times a\times 4+4^2$
$=(a-4)^2$

031 답 $\left(x-\frac{1}{2}\right)^2$

$x^2-x+\frac{1}{4}=x^2-2\times x\times\frac{1}{2}+\left(\frac{1}{2}\right)^2$
$=\left(x-\frac{1}{2}\right)^2$

032 답 $(x-2y)^2$

$x^2-4xy+4y^2=x^2-2\times x\times 2y+(2y)^2$
$=(x-2y)^2$

033 답 $x(x-9y)^2$

$x^3-18x^2y+81xy^2=x(x^2-18xy+81y^2)$
$=x\{x^2-2\times x\times 9y+(9y)^2\}$
$=x(x-9y)^2$

034 답 5, 5, 5

035 답 $(4x+1)^2$

$16x^2+8x+1=(4x)^2+2\times 4x\times 1+1^2$
$=(4x+1)^2$

036 답 $(5a+4b)^2$

$25a^2+40ab+16b^2=(5a)^2+2\times 5a\times 4b+(4b)^2$
$=(5a+4b)^2$

037 답 $3(3x+y)^2$

$27x^2+18xy+3y^2=3(9x^2+6xy+y^2)$
$=3\{(3x)^2+2\times 3x\times y+y^2\}$
$=3(3x+y)^2$

038 답 $(9a-1)^2$

$81a^2-18a+1=(9a)^2-2\times 9a\times 1+1^2$
$=(9a-1)^2$

039 답 $(3x-2)^2$

$9x^2-12x+4=(3x)^2-2\times 3x\times 2+2^2$
$=(3x-2)^2$

040 답 $(2x-7y)^2$

$4x^2-28xy+49y^2=(2x)^2-2\times 2x\times 7y+(7y)^2$
$=(2x-7y)^2$

041 답 $2a(2x-5y)^2$

$8ax^2-40axy+50ay^2=2a(4x^2-20xy+25y^2)$
$=2a\{(2x)^2-2\times 2x\times 5y+(5y)^2\}$
$=2a(2x-5y)^2$

042 답 2, 4

043 답 16

$x^2-8x+A=x^2-2\times x\times 4+A$
$\therefore A=4^2=16$

044 답 100

$x^2+20x+A=x^2+2\times x\times 10+A$
$\therefore A=10^2=100$

045 답 25

$x^2-10xy+Ay^2=x^2-2\times x\times 5y+Ay^2$
$\therefore A=5^2=25$

046 답 25

$A=5^2=25$

047 답 1

$9x^2-6x+A=(3x)^2-2\times 3x\times 1+A$
$\therefore A=1^2=1$

048 답 4

$49a^2+28ab+Ab^2=(7a)^2+2\times 7a\times 2b+Ab^2$
$\therefore A=2^2=4$

049 답 6, ±12

050 답 −20, 20

$x^2+Ax+100=x^2+Ax+10^2=(x\pm 10)^2$
$\therefore A=\pm 2\times 1\times 10=\pm 20$

051 답 −40, 40

$16x^2+Ax+25=(4x)^2+Ax+(\pm 5)^2=(4x\pm 5)^2$
$\therefore A=\pm 2\times 4\times 5=\pm 40$

052 답 −48, 48

$64x^2+Ax+9=(8x)^2+Ax+3^2=(8x\pm 3)^2$
$\therefore A=\pm 2\times 8\times 3=\pm 48$

053 답 −24, 24

$4x^2+Axy+36y^2=(2x)^2+Axy+(6y)^2=(2x\pm 6y)^2$
$\therefore A=\pm 2\times 2\times 6=\pm 24$

054 답 9

$(x+1)(x-5)+k=x^2-4x-5+k$
$=x^2-2\times x\times 2-5+k$

즉, $-5+k=2^2$ $\quad\therefore k=9$

055 답 3, $x-3$

056 답 $(x+6)(x-6)$

$x^2-36=x^2-6^2=(x+6)(x-6)$

057 답 $(a+7)(a-7)$

$a^2-49=a^2-7^2=(a+7)(a-7)$

058 답 $(5+x)(5-x)$

$25-x^2=5^2-x^2$
$=(5+x)(5-x)$

059 답 $(8+a)(8-a)$

$64-a^2=8^2-a^2$
$=(8+a)(8-a)$

060 답 $(11+x)(11-x)$

$-x^2+121=121-x^2$
$=11^2-x^2$
$=(11+x)(11-x)$

061 답 $\left(x+\frac{1}{2}\right)\left(x-\frac{1}{2}\right)$

$x^2-\frac{1}{4}=x^2-\left(\frac{1}{2}\right)^2$
$=\left(x+\frac{1}{2}\right)\left(x-\frac{1}{2}\right)$

062 답 $\left(\frac{1}{10}+a\right)\left(\frac{1}{10}-a\right)$

$\frac{1}{100}-a^2=\left(\frac{1}{10}\right)^2-a^2$
$=\left(\frac{1}{10}+a\right)\left(\frac{1}{10}-a\right)$

063 답 $2x$, 3, $2x-3$

064 답 $(4a+5)(4a-5)$

$16a^2-25=(4a)^2-5^2$
$=(4a+5)(4a-5)$

065 답 $(6a+1)(6a-1)$

$36a^2-1=(6a)^2-1^2$
$=(6a+1)(6a-1)$

066 답 $(2+7x)(2-7x)$

$4-49x^2=2^2-(7x)^2$
$=(2+7x)(2-7x)$

067 답 $(12+5x)(12-5x)$

$144-25x^2=12^2-(5x)^2$
$=(12+5x)(12-5x)$

068 답 $(9+2x)(9-2x)$

$-4x^2+81=81-4x^2$
$=9^2-(2x)^2$
$=(9+2x)(9-2x)$

069 답 $\left(3x+\frac{1}{4}\right)\left(3x-\frac{1}{4}\right)$

$9x^2-\frac{1}{16}=(3x)^2-\left(\frac{1}{4}\right)^2$
$=\left(3x+\frac{1}{4}\right)\left(3x-\frac{1}{4}\right)$

070 답 $\left(\frac{1}{2}a+1\right)\left(\frac{1}{2}a-1\right)$

$\frac{1}{4}a^2-1=\left(\frac{1}{2}a\right)^2-1^2$
$=\left(\frac{1}{2}a+1\right)\left(\frac{1}{2}a-1\right)$

071 답 $4y$, $4y$, $4y$

072 답 $(a+5b)(a-5b)$

$a^2-25b^2=a^2-(5b)^2$
$=(a+5b)(a-5b)$

073 답 $(x+6y)(x-6y)$

$x^2-36y^2=x^2-(6y)^2$
$=(x+6y)(x-6y)$

074 답 $(b+2a)(b-2a)$

$-4a^2+b^2=b^2-4a^2$
$=b^2-(2a)^2$
$=(b+2a)(b-2a)$

075 답 $(3x+2y)(3x-2y)$

$9x^2-4y^2=(3x)^2-(2y)^2$
$=(3x+2y)(3x-2y)$

076 답 $(7a+8b)(7a-8b)$

$49a^2-64b^2=(7a)^2-(8b)^2$
$=(7a+8b)(7a-8b)$

077 답 $(3y+10x)(3y-10x)$

$-100x^2+9y^2=9y^2-100x^2$
$=(3y)^2-(10x)^2$
$=(3y+10x)(3y-10x)$

078 답 $\left(\frac{3}{5}a+2b\right)\left(\frac{3}{5}a-2b\right)$

$\frac{9}{25}a^2-4b^2=\left(\frac{3}{5}a\right)^2-(2b)^2$
$=\left(\frac{3}{5}a+2b\right)\left(\frac{3}{5}a-2b\right)$

079 답 4, 2, 2

080 답 $x(5+2x)(5-2x)$

$25x-4x^3=x(25-4x^2)$
$=x(5+2x)(5-2x)$

081 답 $5\left(x+\frac{1}{6}\right)\left(x-\frac{1}{6}\right)$

$5x^2-\frac{5}{36}=5\left(x^2-\frac{1}{36}\right)$
$=5\left(x+\frac{1}{6}\right)\left(x-\frac{1}{6}\right)$

082 답 $a(x+9y)(x-9y)$

$ax^2-81ay^2=a(x^2-81y^2)$
$=a(x+9y)(x-9y)$

083 답 $a(8a+7b)(8a-7b)$

$64a^3-49ab^2=a(64a^2-49b^2)$
$=a(8a+7b)(8a-7b)$

084 답 $2\left(6x+\frac{1}{9}y\right)\left(6x-\frac{1}{9}y\right)$

$-\frac{2}{81}y^2+72x^2=2\left(36x^2-\frac{1}{81}y^2\right)$
$=2\left(6x+\frac{1}{9}y\right)\left(6x-\frac{1}{9}y\right)$

085 답 7

$8x^2-18y^2=2(4x^2-9y^2)$
$=2(2x+3y)(2x-3y)$
따라서 $a=2$, $b=2$, $c=3$이므로
$a+b+c=2+2+3=7$

086 답 1, 3, 1, 3, 4, $(x+1)(x+3)$

087 답 4, -1, $(x+4)(x-1)$

088 답 2, 3, $(x+2)(x+3)$

089 답 -2, -4, $(x-2)(x-4)$

090 답 1, -2, 1, -2, -1, $(x+y)(x-2y)$

091 답 7, -4, $(x+7y)(x-4y)$

092 답 -5, -6, $(a-5b)(a-6b)$

093 답 5, -4, $(a+5b)(a-4b)$

094 답 $(x+3)(x-2)$

곱이 -6이고 합이 1인 두 정수는 3, -2이므로
$x^2+x-6=(x+3)(x-2)$

095 답 $(x+2)(x+5)$

곱이 10이고 합이 7인 두 정수는 2, 5이므로
$x^2+7x+10=(x+2)(x+5)$

096 답 $(a+1)(a+5)$

곱이 5이고 합이 6인 두 정수는 1, 5이므로
$a^2+6a+5=(a+1)(a+5)$

097 답 $(a+2)(a-7)$

곱이 -14이고 합이 -5인 두 정수는 2, -7이므로
$a^2-5a-14=(a+2)(a-7)$

098 답 $(x-4)(x-6)$

곱이 24이고 합이 -10인 두 정수는 -4, -6이므로
$x^2-10x+24=(x-4)(x-6)$

099 답 $2(x+3)(x+5)$

$2x^2+16x+30=2(x^2+8x+15)$
$=2(x+3)(x+5)$

100 답 $3(a+3)(a-4)$

$3a^2-3a-36=3(a^2-a-12)$
$=3(a+3)(a-4)$

101 답 $a(x-1)(x-3)$

$ax^2-4ax+3a=a(x^2-4x+3)$
$=a(x-1)(x-3)$

102 답 $(x+3y)(x-6y)$

곱이 -18이고 합이 -3인 두 정수는 3, -6이므로
$x^2-3xy-18y^2=(x+3y)(x-6y)$

103 답 $(x+y)(x+7y)$

곱이 7이고 합이 8인 두 정수는 1, 7이므로
$x^2+8xy+7y^2=(x+y)(x+7y)$

104 답 $(a+b)(a+2b)$

곱이 2이고 합이 3인 두 정수는 1, 2이므로
$a^2+3ab+2b^2=(a+b)(a+2b)$

105 답 $(a-2b)(a-3b)$

곱이 6이고 합이 -5인 두 정수는 -2, -3이므로
$a^2-5ab+6b^2=(a-2b)(a-3b)$

106 답 $(x+2y)(x-5y)$

곱이 -10이고 합이 -3인 두 정수는 2, -5이므로
$x^2-3xy-10y^2=(x+2y)(x-5y)$

107 답 $3(x+5y)(x-3y)$

$3x^2+6xy-45y^2=3(x^2+2xy-15y^2)$
$=3(x+5y)(x-3y)$

108 답 $2(a+b)(a-3b)$

$2a^2-4ab-6b^2=2(a^2-2ab-3b^2)$

$=2(a+b)(a-3b)$

109 답 $x(x-3y)(x-4y)$

$x^3-7x^2y+12xy^2=x(x^2-7xy+12y^2)$

$=x(x-3y)(x-4y)$

110 답 $2x+1$

$x^2+x-20=(x-4)(x+5)$

따라서 두 일차식의 합은

$(x-4)+(x+5)=2x+1$

111 답 풀이 참조

$3x^2+4x+1=$ $(x+1)(3x+1)$

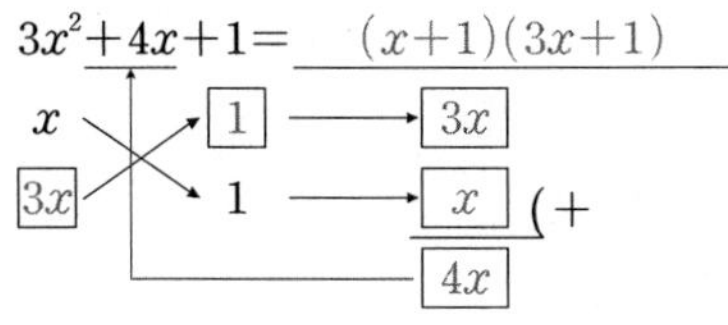

112 답 풀이 참조

$2x^2-5x+2=$ $(x-2)(2x-1)$

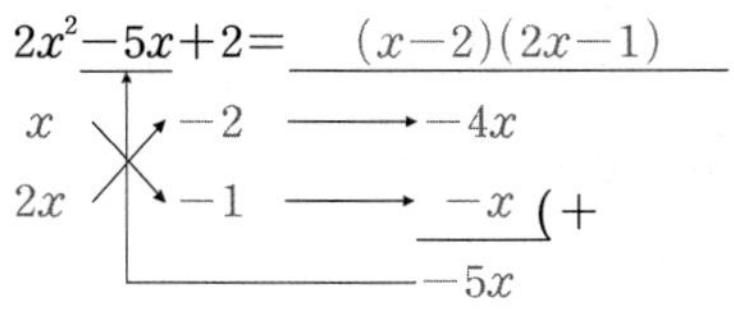

113 답 풀이 참조

$3x^2+xy-10y^2=$ $(x+2y)(3x-5y)$

x → $2y$ → $6xy$

$3x$ → $-5y$ → $-5xy$ (+

xy

114 답 풀이 참조

$4x^2-31xy-8y^2=$ $(x-8y)(4x+y)$

x → $-8y$ → $-32xy$

$4x$ → y → xy (+

$-31xy$

115 답 $(a-1)(3a+5)$

$3a^2+2a-5=(a-1)(3a+5)$

a → -1 → $-3a$

$3a$ → 5 → $5a$ (+

$2a$

116 답 $(2a+1)(3a+4)$

$6a^2+11a+4=(2a+1)(3a+4)$

$2a$ → 1 → $3a$

$3a$ → 4 → $8a$ (+

$11a$

117 답 $(2x+7)(4x-9)$

$8x^2+10x-63=(2x+7)(4x-9)$

$2x$ → 7 → $28x$

$4x$ → -9 → $-18x$ (+

$10x$

118 답 $(3x+2)(5x-7)$

$15x^2-11x-14=(3x+2)(5x-7)$

$3x$ → 2 → $10x$

$5x$ → -7 → $-21x$ (+

$-11x$

119 답 $3(x-3)(2x-1)$

$6x^2-21x+9=3(2x^2-7x+3)$

$=3(x-3)(2x-1)$

120 답 $a(a+3)(4a-3)$

$4a^3+9a^2-9a=a(4a^2+9a-9)$

$=a(a+3)(4a-3)$

121 답 $(a-2b)(3a+5b)$

$3a^2-ab-10b^2=(a-2b)(3a+5b)$

a → $-2b$ → $-6ab$

$3a$ → $5b$ → $5ab$ (+

$-ab$

122 답 $(2x-3y)(4x-y)$

$8x^2-14xy+3y^2=(2x-3y)(4x-y)$

$2x$ → $-3y$ → $-12xy$

$4x$ → $-y$ → $-2xy$ (+

$-14xy$

123 답 $(2a+3b)(5a-2b)$

$10a^2+11ab-6b^2=(2a+3b)(5a-2b)$

$2a$ → $3b$ → $15ab$

$5a$ → $-2b$ → $-4ab$ (+

$11ab$

124 답 $(3x+2y)(4x-5y)$

$12x^2-7xy-10y^2=(3x+2y)(4x-5y)$

$3x$ → $2y$ → $8xy$

$4x$ → $-5y$ → $-15xy$ (+

$-7xy$

125 답 $(3a+b)(5a+b)$

$15a^2+8ab+b^2=(3a+b)(5a+b)$

$3a$ → b → $5ab$

$5a$ → b → $3ab$ (+

$8ab$

126 답 $2(x+6y)(2x+3y)$

$4x^2+30xy+36y^2=2(2x^2+15xy+18y^2)$
$=2(x+6y)(2x+3y)$

127 답 $a(2x-3y)(3x-2y)$

$6ax^2-13axy+6ay^2=a(6x^2-13xy+6y^2)$
$=a(2x-3y)(3x-2y)$

128 답 $3b(a-b)(3a+b)$

$9a^2b-6ab^2-3b^3=3b(3a^2-2ab-b^2)$
$=3b(a-b)(3a+b)$

129 답 0

$2x^2-7x-15=(2x+3)(x-5)$이므로
$a=2,\ b=3,\ c=-5$
$\therefore a+b+c=2+3+(-5)=0$

130 답 $x-5$

$x^2-25=(x+5)(\underline{x-5})$
$x^2-2x-15=(x+3)(\underline{x-5})$
따라서 두 다항식의 공통인 인수는 $x-5$이다.

131 답 $x-2$

$x^2-4x+4=(\underline{x-2})^2$
$x^2+2x-8=(x+4)(\underline{x-2})$
따라서 두 다항식의 공통인 인수는 $x-2$이다.

132 답 $x+3$

$x^2-6x-27=(\underline{x+3})(x-9)$
$5x^2+13x-6=(\underline{x+3})(5x-2)$
따라서 두 다항식의 공통인 인수는 $x+3$이다.

133 답 $3x-2$

$9x^2-4=(3x+2)(\underline{3x-2})$
$3x^2+4x-4=(x+2)(\underline{3x-2})$
따라서 두 다항식의 공통인 인수는 $3x-2$이다.

134 답 $A=2,\ B=6$

$x^2+Ax-24=(x-4)(x+B)$
$=x^2+(-4+B)x-4B$
상수항에서 $-24=-4B$ $\quad\therefore B=6$
x의 계수에서 $A=-4+B=-4+6=2$

135 답 $A=12,\ B=2$

$x^2-8xy+Ay^2=(x-By)(x-6y)$
$=x^2+(-B-6)xy+6By^2$
xy의 계수에서 $-8=-B-6$ $\quad\therefore B=2$
y^2의 계수에서 $A=6B=6\times2=12$

136 답 $A=7,\ B=3$

$2x^2+Ax+6=(x+2)(2x+B)$
$=2x^2+(B+4)x+2B$
상수항에서 $6=2B$ $\quad\therefore B=3$
x의 계수에서 $A=B+4=3+4=7$

137 답 $A=8,\ B=1$

$3x^2-23xy-Ay^2=(3x+By)(x-8y)$
$=3x^2+(-24+B)xy-8By^2$
xy의 계수에서 $-23=-24+B$ $\quad\therefore B=1$
y^2의 계수에서 $-A=-8B=-8\times1=-8$ $\quad\therefore A=8$

138 답 $A,\ A,\ 2$

139 답 $(x+3)(x+4)$

$x+1=A$로 놓으면
$(x+1)^2+5(x+1)+6=A^2+5A+6$
$=(A+2)(A+3)$
$=(x+1+2)(x+1+3)$
$=(x+3)(x+4)$

140 답 $(2x-1)(3x-7)$

$x-2=A$로 놓으면
$6(x-2)^2+7(x-2)-3=6A^2+7A-3$
$=(2A+3)(3A-1)$
$=\{2(x-2)+3\}\{3(x-2)-1\}$
$=(2x-1)(3x-7)$

141 답 $(x+y+1)(x+y-2)$

$x+y=A$로 놓으면
$(x+y)(x+y-1)-2=A(A-1)-2$
$=A^2-A-2$
$=(A+1)(A-2)$
$=(x+y+1)(x+y-2)$

142 답 $(2x-y+2)(2x-y-3)$

$2x-y=A$로 놓으면
$(2x-y)(2x-y-1)-6=A(A-1)-6=A^2-A-6$
$=(A+2)(A-3)$
$=(2x-y+2)(2x-y-3)$

143 답 $A,\ B,\ A-B,\ 2a+1,\ 2a+1,\ 3a-1$

144 답 $(a+b-2)(a-b)$

$a-1=A,\ b-1=B$로 놓으면
$(a-1)^2-(b-1)^2=A^2-B^2=(A+B)(A-B)$
$=(a-1+b-1)\{a-1-(b-1)\}$
$=(a+b-2)(a-b)$

145 답 $4(2x+1)(x-2)$

$3x-1=A$, $x+3=B$로 놓으면

$$\begin{aligned}(3x-1)^2-(x+3)^2&=A^2-B^2\\&=(A+B)(A-B)\\&=(3x-1+x+3)\{3x-1-(x+3)\}\\&=(4x+2)(2x-4)\\&=4(2x+1)(x-2)\end{aligned}$$

146 답 $(x+y+1)(x-3y+5)$

$x+2=A$, $y-1=B$로 놓으면

$(x+2)^2-2(x+2)(y-1)-3(y-1)^2$

$=A^2-2AB-3B^2$

$=(A+B)(A-3B)$

$=(x+2+y-1)\{x+2-3(y-1)\}$

$=(x+y+1)(x-3y+5)$

147 답 $(x+y)(2x-y-3)$

$x-1=A$, $y+1=B$로 놓으면

$2(x-1)^2+(x-1)(y+1)-(y+1)^2$

$=2A^2+AB-B^2$

$=(A+B)(2A-B)$

$=(x-1+y+1)\{2(x-1)-(y+1)\}$

$=(x+y)(2x-y-3)$

148 답 $a+1$, $a+1$, $a+1$

149 답 $(a+1)(a+b)$

$$\begin{aligned}\underline{a^2+a}+\underline{ab+b}&=a(a+1)+b(a+1)\\&=(a+1)(a+b)\end{aligned}$$

150 답 $(a+6)(a+x)$

$$\begin{aligned}\underline{a^2+6a}+\underline{ax+6x}&=a(a+6)+x(a+6)\\&=(a+6)(a+x)\end{aligned}$$

151 답 $(x-y)(x+y-3)$

$$\begin{aligned}\underline{x^2-y^2}\underline{-3x+3y}&=(x+y)(x-y)-3(x-y)\\&=(x-y)(x+y-3)\end{aligned}$$

152 답 $(x+1)(x-1)^2$

$$\begin{aligned}\underline{x^3-x^2}\underline{-x+1}&=x^2(x-1)-(x-1)\\&=(x-1)(x^2-1)\\&=(x-1)(x+1)(x-1)\\&=(x+1)(x-1)^2\end{aligned}$$

153 답 $(a+4)(b+3)(b-3)$

$$\begin{aligned}ab^2+4b^2-9a-36&=\underline{ab^2-9a}+\underline{4b^2-36}\\&=a(b^2-9)+4(b^2-9)\\&=(b^2-9)(a+4)\\&=(a+4)(b+3)(b-3)\end{aligned}$$

154 답 $x+2$, $x+2$, $x+2$

155 답 $(2x+4y-3)(2x-4y-3)$

$$\begin{aligned}\underline{4x^2-12x+9}\underline{-16y^2}&=(2x-3)^2-(4y)^2\\&=(2x-3+4y)(2x-3-4y)\\&=(2x+4y-3)(2x-4y-3)\end{aligned}$$

156 답 $(a+2b+1)(a+2b-1)$

$$\begin{aligned}\underline{a^2+4ab+4b^2}\underline{-1}&=(a+2b)^2-1^2\\&=(a+2b+1)(a+2b-1)\end{aligned}$$

157 답 $(5+x-3y)(5-x+3y)$

$$\begin{aligned}\underline{25}\underline{-x^2+6xy-9y^2}&=5^2-(x^2-6xy+9y^2)\\&=5^2-(x-3y)^2\\&=(5+x-3y)(5-x+3y)\end{aligned}$$

158 답 $(x+y+1)(x-y-1)$

$$\begin{aligned}\underline{x^2}\underline{-y^2-2y-1}&=x^2-(y^2+2y+1)\\&=x^2-(y+1)^2\\&=(x+y+1)(x-y-1)\end{aligned}$$

159 답 $(x-4y+3)(x-4y-3)$

$$\begin{aligned}x^2+16y^2-9-8xy&=\underline{x^2-8xy+16y^2}\underline{-9}\\&=(x-4y)^2-3^2\\&=(x-4y+3)(x-4y-3)\end{aligned}$$

160 답 35, 50, 450

161 답 500

$$\begin{aligned}5\times87+5\times13&=5(87+13)\\&=5\times100\\&=500\end{aligned}$$

162 답 660

$$\begin{aligned}11\times83-23\times11&=11(83-23)\\&=11\times60\\&=660\end{aligned}$$

163 답 23, 30, 900

164 답 **4900**

$$56^2+2\times56\times14+14^2=(56+14)^2$$
$$=70^2$$
$$=4900$$

165 답 **1600**

$$47^2-2\times47\times7+7^2=(47-7)^2$$
$$=40^2$$
$$=1600$$

166 답 **10000**

$$103^2-6\times103+9=103^2-2\times103\times3+3^2$$
$$=(103-3)^2$$
$$=100^2$$
$$=10000$$

167 답 **35, 25, 60, 10, 600**

168 답 **5200**

$$76^2-24^2=(76+24)(76-24)$$
$$=100\times52$$
$$=5200$$

169 답 **6800**

$$84^2-16^2=(84+16)(84-16)$$
$$=100\times68$$
$$=6800$$

170 답 **3, 3, 21, 21, 3, 8, 1200**

171 답 **20000**

$$105^2\times10-95^2\times10=10(105+95)(105-95)$$
$$=10\times200\times10$$
$$=20000$$

172 답 **78**

$$7.8\times5.5^2-7.8\times4.5^2=7.8(5.5+4.5)(5.5-4.5)$$
$$=7.8\times10\times1$$
$$=78$$

173 답 **7**

$$\sqrt{25^2-24^2}=\sqrt{(25+24)(25-24)}$$
$$=\sqrt{49\times1}$$
$$=\sqrt{49}$$
$$=\sqrt{7^2}$$
$$=7$$

174 답 $x+2$, **2, 20, 360**

175 답 **10000**

$$x^2+6x+9=(x+3)^2$$
$$=(97+3)^2$$
$$=100^2$$
$$=10000$$

176 답 **10**

$$x^2-10x+25=(x-5)^2$$
$$=(5+\sqrt{10}-5)^2$$
$$=(\sqrt{10})^2$$
$$=10$$

177 답 **9200**

$$x^2-16=(x+4)(x-4)$$
$$=(96+4)(96-4)$$
$$=100\times92$$
$$=9200$$

178 답 **9700**

$$x^2-x-2=(x+1)(x-2)$$
$$=(99+1)(99-2)$$
$$=100\times97$$
$$=9700$$

179 답 $\sqrt{3}+3$

$$x=\frac{1}{2+\sqrt{3}}=\frac{2-\sqrt{3}}{(2+\sqrt{3})(2-\sqrt{3})}=2-\sqrt{3}$$

$$\therefore\ x^2-5x+6=(x-2)(x-3)$$
$$=(2-\sqrt{3}-2)(2-\sqrt{3}-3)$$
$$=-\sqrt{3}(-1-\sqrt{3})$$
$$=\sqrt{3}+3$$

180 답 $x-y$, $\sqrt{3}+\sqrt{2}$, $-2\sqrt{2}$, **8**

181 답 $8\sqrt{5}$

$$x^2-y^2=(x+y)(x-y)$$
$$=(2+\sqrt{5}+2-\sqrt{5})(2+\sqrt{5}-2+\sqrt{5})$$
$$=4\times2\sqrt{5}$$
$$=8\sqrt{5}$$

182 답 $12\sqrt{2}+2$

$$x^2-9y^2=(x+3y)(x-3y)$$
$$=(6+\sqrt{2}+3\times2)(6+\sqrt{2}-3\times2)$$
$$=(12+\sqrt{2})\times\sqrt{2}$$
$$=12\sqrt{2}+2$$

183 답 $9\sqrt{2}$

$x^2-xy-2y^2=(x+y)(x-2y)$
$=(2\sqrt{2}+1+\sqrt{2}-1)\{2\sqrt{2}+1-2(\sqrt{2}-1)\}$
$=3\sqrt{2}\times3$
$=9\sqrt{2}$

184 답 55

$2x^2-8xy+6y^2=2(x^2-4xy+3y^2)$
$=2(x-y)(x-3y)$
$=2(5.75-0.25)(5.75-3\times0.25)$
$=2\times5.5\times5$
$=55$

185 답 5

$xy+x-2y-2=x(y+1)-2(y+1)$
$=(x-2)(y+1)$
$=(\sqrt{5}+2-2)(\sqrt{5}-1+1)$
$=\sqrt{5}\times\sqrt{5}=5$

기본 문제 × 확인하기 80~81쪽

1 (1) $2x$, $x-4$, $y(x-4)$ (2) $(a+1)^2$, $(a+1)(a^2-2)$
2 (1) $a(a+5)$ (2) $3x(x-2y)$ (3) $y(x-y+4)$
(4) $(a-3)(a-1)$
3 (1) $\left(a+\frac{1}{8}\right)^2$ (2) $(2x-3)^2$ (3) $(3x+4y)^2$ (4) $2(2a-b)^2$
4 (1) 9 (2) 9 (3) ±10 (4) ±4
5 (1) $(a+4)(a-4)$ (2) $\left(\frac{1}{3}x+2\right)\left(\frac{1}{3}x-2\right)$
(3) $(7y+2x)(7y-2x)$ (4) $5b(a+3)(a-3)$
6 (1) $(x+3)(x+5)$ (2) $(a-6)(a-3)$
(3) $(x-2y)(x+5y)$ (4) $(a-4b)(a-3b)$
(5) $2(x-3)(x+12)$ (6) $3(x-6y)(x+2y)$
7 (1) $(x+2)(3x+2)$ (2) $(2a-1)(2a+3)$
(3) $(x-2y)(5x+3y)$ (4) $(2a-7b)(5a+2b)$
(5) $2(x-1)(3x+2)$ (6) $b(a-b)(7a-4b)$
8 (1) $(x+1)^2$ (2) $(3x+2y+3)(3x+2y-3)$
9 (1) $(5x+1)(x+7)$ (2) $(x+y+1)(x-3y+17)$
10 (1) $(x+1)(y+1)$ (2) $(x-1)(a+1)(a-1)$
11 (1) $(x+y+3)(x-y+3)$
(2) $(4+2x-y)(4-2x+y)$
12 (1) 1500 (2) 4900 (3) 2400
13 (1) 10000 (2) 42

2 (1) $a^2+5a=\underline{a}\times a+\underline{a}\times5=\underline{a}(a+5)$
(2) $3x^2-6xy=\underline{3x}\times x-\underline{3x}\times2y$
$=\underline{3x}(x-2y)$
(3) $xy-y^2+4y=\underline{y}\times x-\underline{y}\times y+\underline{y}\times4$
$=\underline{y}(x-y+4)$
(4) $a(a-3)+(3-a)=a(\underline{a-3})-(\underline{a-3})$
$=(a-3)(a-1)$

3 (1) $a^2+\frac{1}{4}a+\frac{1}{64}=a^2+2\times a\times\frac{1}{8}+\left(\frac{1}{8}\right)^2$
$=\left(a+\frac{1}{8}\right)^2$
(2) $4x^2-12x+9=(2x)^2-2\times2x\times3+3^2$
$=(2x-3)^2$
(3) $9x^2+24xy+16y^2=(3x)^2+2\times3x\times4y+(4y)^2$
$=(3x+4y)^2$
(4) $8a^2-8ab+2b^2=2(4a^2-4ab+b^2)$
$=2\{(2a^2)-2\times2a\times b+b^2\}$
$=2(2a-b)^2$

4 (1) $x^2+6x+\square=x^2+2\times x\times3+\square$이므로
$\square=3^2=9$
(2) $16x^2-24x+\square=(4x)^2-2\times4x\times3+\square$이므로
$\square=3^2=9$
(3) $x^2+(\square)x+25=(x\pm5)^2$이므로
$\square=\pm2\times1\times5=\pm10$
(4) $4x^2+(\square)x+1=(2x\pm1)^2$이므로
$\square=\pm2\times2\times1=\pm4$

5 (1) $a^2-16=a^2-4^2=(a+4)(a-4)$
(2) $\frac{1}{9}x^2-4=\left(\frac{1}{3}x\right)^2-2^2=\left(\frac{1}{3}x+2\right)\left(\frac{1}{3}x-2\right)$
(3) $-4x^2+49y^2=49y^2-4x^2=(7y)^2-(2x)^2$
$=(7y+2x)(7y-2x)$
(4) $5a^2b-45b=5b(a^2-9)=5b(a^2-3^2)$
$=5b(a+3)(a-3)$

6 (1) 곱이 15이고 합이 8인 두 정수는 3, 5이므로
$x^2+8x+15=(x+3)(x+5)$
(2) 곱이 18이고 합이 -9인 두 정수는 -6, -3이므로
$a^2-9a+18=(a-6)(a-3)$
(3) 곱이 -10이고 합이 3인 두 정수는 -2, 5이므로
$x^2+3xy-10y^2=(x-2y)(x+5y)$
(4) 곱이 12이고 합이 -7인 두 정수는 -4, -3이므로
$a^2-7ab+12b^2=(a-4b)(a-3b)$
(5) $2x^2+18x-72=2(x^2+9x-36)$
곱이 -36이고 합이 9인 두 정수는 -3, 12이므로
(주어진 식)$=2(x^2+9x-36)$
$=2(x-3)(x+12)$
(6) $3x^2-12xy-36y^2=3(x^2-4xy-12y^2)$
곱이 -12이고 합이 -4인 두 정수는 -6, 2이므로
(주어진 식)$=3(x^2-4xy-12y^2)$
$=3(x-6y)(x+2y)$

7 (1) $3x^2\underline{+8x}+4=(x+2)(3x+2)$

$x \quad 2 \longrightarrow 6x$
$3x \quad 2 \longrightarrow \underline{2x}\ (+$
$8x$

(2) $4a^2\underline{+4a}-3=(2a-1)(2a+3)$

$2a \quad -1 \longrightarrow -2a$
$2a \quad 3 \longrightarrow \underline{6a}\ (+$
$4a$

(3) $5x^2\underline{-7xy}-6y^2=(x-2y)(5x+3y)$

$x \quad -2y \longrightarrow -10xy$
$5x \quad 3y \longrightarrow \underline{3xy}\ (+$
$-7xy$

(4) $10a^2\underline{-31ab}-14b^2=(2a-7b)(5a+2b)$

$2a \quad -7b \longrightarrow -35ab$
$5a \quad 2b \longrightarrow \underline{4ab}\ (+$
$-31ab$

(5) $6x^2-2x-4$
$=2(3x^2\underline{-x}-2)=2(x-1)(3x+2)$

$x \quad -1 \longrightarrow -3x$
$3x \quad 2 \longrightarrow \underline{2x}\ (+$
$-x$

(6) $7a^2b-11ab^2+4b^3$
$=b(7a^2\underline{-11ab}+4b^2)=b(a-b)(7a-4b)$

$a \quad -b \longrightarrow -7ab$
$7a \quad -4b \longrightarrow \underline{-4ab}\ (+$
$-11ab$

8 (1) $x+2=A$로 놓으면
$(x+2)^2-2(x+2)+1=A^2-2A+1$
$=(A-1)^2$
$=(x+2-1)^2$
$=(x+1)^2$

(2) $3x+2y=A$로 놓으면
$(3x+2y)(3x+2y)-9=A\times A-9$
$=A^2-9$
$=(A+3)(A-3)$
$=(3x+2y+3)(3x+2y-3)$

9 (1) $3x+4=A$, $2x-3=B$로 놓으면
$(3x+4)^2-(2x-3)^2$
$=A^2-B^2=(A+B)(A-B)$
$=(3x+4+2x-3)(3x+4-2x+3)$
$=(5x+1)(x+7)$

(2) $x+5=A$, $y-4=B$로 놓으면
$(x+5)^2-2(x+5)(y-4)-3(y-4)^2$
$=A^2-2AB-3B^2$
$=(A+B)(A-3B)$
$=(x+5+y-4)(x+5-3y+12)$
$=(x+y+1)(x-3y+17)$

10 (1) $\underline{xy+x}+\underline{y+1}=x(y+1)+(y+1)$
$=(x+1)(y+1)$

(2) $\underline{a^2x-x}-\underline{a^2+1}=x(a^2-1)-(a^2-1)$
$=(x-1)(a^2-1)$
$=(x-1)(a+1)(a-1)$

11 (1) $\underline{x^2+6x+9}-\underline{y^2}=(x+3)^2-y^2$
$=(x+3+y)(x+3-y)$
$=(x+y+3)(x-y+3)$

(2) $\underline{16}-\underline{4x^2-y^2+4xy}=4^2-(4x^2-4xy+y^2)$
$=4^2-(2x-y)^2$
$=(4+2x-y)(4-2x+y)$

12 (1) $15\times47+15\times53=15(47+53)$
$=15\times100$
$=1500$

(2) $72^2-2\times72\times2+2^2=(72-2)^2$
$=70^2=4900$

(3) $12\times51^2-12\times49^2=12(51+49)(51-49)$
$=12\times100\times2$
$=2400$

13 (1) $x^2+4x+4=(x+2)^2$
$=(98+2)^2=100^2=10000$

(2) $xy=(3+\sqrt{2})(3-\sqrt{2})=7$,
$x+y=(3+\sqrt{2})+(3-\sqrt{2})=6$이므로
$x^2y+xy^2=xy(x+y)=7\times6=42$

학교 시험 문제 × 확인하기

82~83쪽

1 ④	2 $x-2$	3 ③	4 ②	5 1
6 ⑤	7 $2x-11$	8 ③	9 ④	10 ③
11 $2x-1$	12 ②, ④	13 ①, ③	14 2	15 $-4\sqrt{2}$

2 $6x^2-12x=6x(\underline{x-2})$
$x(y+1)-2(y+1)=(\underline{x-2})(y+1)$
따라서 두 다항식의 공통인 인수는 $x-2$이다.

3 ① $x^2-4x+4=(x-2)^2$
② $2a^2+16a+32=2(a^2+8a+16)=2(a+4)^2$
④ $\frac{4}{9}a^2-\frac{4}{3}a+1=\left(\frac{2}{3}a-1\right)^2$
⑤ $ax^2+2axy+ay^2=a(x^2+2xy+y^2)=a(x+y)^2$
따라서 완전제곱식으로 인수분해되지 않는 것은 ③이다.

4 ① $x^2+6x+\square=x^2+2\times x\times 3+\square$이므로

$\square=3^2=9$ ➡ 절댓값은 9

② $a^2-12ab+\square b^2=a^2-2\times a\times 6b+\square b^2$이므로

$\square=6^2=36$ ➡ 절댓값은 36

③ $4x^2+16x+\square=(2x)^2+2\times 2x\times 4+\square$이므로

$\square=4^2=16$ ➡ 절댓값은 16

④ $x^2+\square x+49=(x\pm 7)^2$이므로

$\square=\pm 2\times 1\times 7=\pm 14$ ➡ 절댓값은 14

⑤ $25x^2+\square x+4=(5x\pm 2)^2$이므로

$\square=\pm 2\times 5\times 2=\pm 20$ ➡ 절댓값은 20

따라서 절댓값이 가장 큰 것은 ②이다.

5 $(2x-1)(2x-3)+k=4x^2-8x+3+k$

$=(2x)^2-2\times 2x\times 2+3+k$

즉, $3+k=2^2$ $\quad\therefore k=1$

6 $5x^2-80y^2=5(x^2-16y^2)=5(x+4y)(x-4y)$

따라서 $a=5$, $b=1$, $c=4$이므로

$a+b+c=5+1+4=10$

7 $x^2-11x+18=(x-2)(x-9)$

따라서 두 일차식의 합은

$(x-2)+(x-9)=2x-11$

8 $3x^2+Ax-12=(x+B)(3x-2)$

$=3x^2+(-2+3B)x-2B$

상수항에서 $-12=-2B$ $\quad\therefore B=6$

x의 계수에서 $A=-2+3B=-2+18=16$

$\therefore A-B=16-6=10$

9 ④ $x^2-2xy-8y^2=(x+2y)(x-4y)$

10 $3x-5=A$, $2x+7=B$로 놓으면

$(3x-5)^2-(2x+7)^2=A^2-B^2$

$=(A+B)(A-B)$

$=(3x-5+2x+7)(3x-5-2x-7)$

$=(5x+2)(x-12)$

따라서 $(3x-5)^2-(2x+7)^2$의 인수인 것은 ㄴ, ㄷ이다.

11 $x^2-4y^2-x+2y=(x+2y)(x-2y)-(x-2y)$

$=(x-2y)(x+2y-1)$

따라서 두 일차식의 합은

$(x-2y)+(x+2y-1)=2x-1$

12 $\underline{4x^2+20x+25}\underline{-9y^2}=(2x+5)^2-(3y)^2$

$=(2x+5+3y)(2x+5-3y)$

$=(2x+3y+5)(2x-3y+5)$

따라서 주어진 식의 인수는 ②, ④이다.

13 $9\times 8.5^2-9\times 1.5^2$

$=9\times(8.5^2-1.5^2)$ → $ma+mb=m(a+b)$

$=9\times(8.5+1.5)\times(8.5-1.5)$ → $a^2-b^2=(a+b)(a-b)$

$=9\times 10\times 7=630$

따라서 주어진 식을 계산하는 데 이용되는 가장 편리한 인수분해 공식은 ①, ③이다.

14 $\dfrac{999\times 2000-2000}{999^2-1}=\dfrac{2000\times(999-1)}{(999+1)(999-1)}$

$=\dfrac{2000\times 998}{1000\times 998}=2$

15 $x=\dfrac{1}{\sqrt{2}+1}=\dfrac{\sqrt{2}-1}{(\sqrt{2}+1)(\sqrt{2}-1)}=\sqrt{2}-1$,

$y=\dfrac{1}{\sqrt{2}-1}=\dfrac{\sqrt{2}+1}{(\sqrt{2}-1)(\sqrt{2}+\sqrt{1})}=\sqrt{2}+1$이므로

$x+y=(\sqrt{2}-1)+(\sqrt{2}+1)=2\sqrt{2}$,

$x-y=(\sqrt{2}-1)-(\sqrt{2}+1)=-2$

$\therefore x^2-y^2=(x+y)(x-y)$

$=2\sqrt{2}\times(-2)=-4\sqrt{2}$

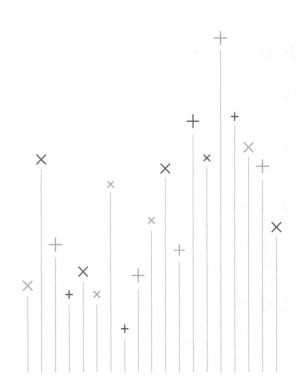

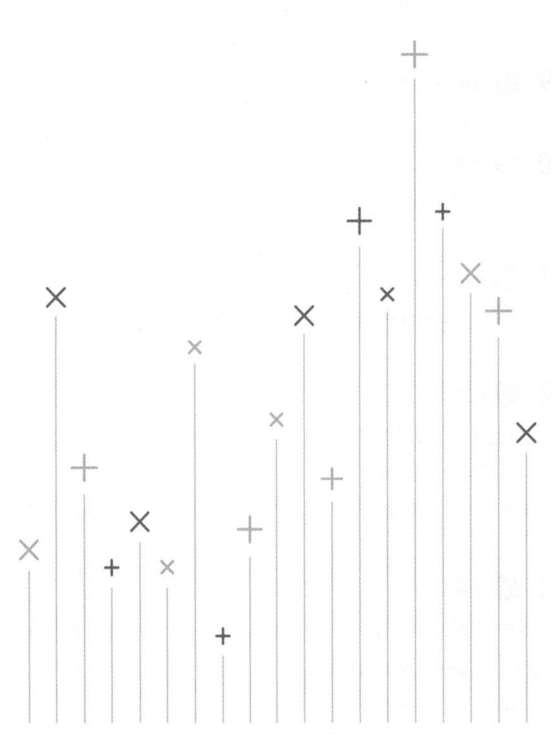

5 이차방정식

86~104쪽

001 답 ○

$x^2-4=0$ ➡ 이차방정식

002 답 ○

$x^2-7x=8$에서 $x^2-7x-8=0$ ➡ 이차방정식

003 답 ○

$3x^2-5x+9=-x^2+2x$에서 $4x^2-7x+9=0$ ➡ 이차방정식

004 답 ×

$(x+1)(x+2)=x^2+6$에서 $x^2+3x+2=x^2+6$

$\therefore 3x-4=0$ ➡ 일차방정식

005 답 ×

$\frac{1}{x^2}+3=0$ ➡ 분모에 미지수가 있으므로 이차방정식이 아니다.

006 답 ×

x^2+3x+6 ➡ 등식이 아니므로 방정식이 아니다.

007 답 ○

$x^3+x-1=x^3+2x^2-3x$에서

$-2x^2+4x-1=0$ ➡ 이차방정식

008 답 ○

$5x(x-2)=3x^2+6x+1$에서 $5x^2-10x=3x^2+6x+1$

$\therefore 2x^2-16x-1=0$ ➡ 이차방정식

009 답 $a\neq0$

010 답 $a\neq2$

$a-2\neq0 \quad \therefore a\neq2$

011 답 $a\neq-5$

$a+5\neq0 \quad \therefore a\neq-5$

012 답 $a\neq3$

$ax^2+4x-1=3x^2$에서

$(a-3)x^2+4x-1=0$이므로

$a-3\neq0 \quad \therefore a\neq3$

013 답 $a\neq2$

$ax^2-3x=2x^2+1$에서

$(a-2)x^2-3x-1=0$이므로

$a-2\neq0 \quad \therefore a\neq2$

014 답 ②

$kx^2+3x-5=2x^2-5x$에서

$(k-2)x^2+8x-5=0$이므로

$k-2\neq0 \quad \therefore k\neq2$

따라서 k의 값이 될 수 없는 것은 ②이다.

015 답 풀이 참조

x의 값	좌변	우변	참, 거짓
-1	$(-1)^2-3\times(-1)+2=6$	0	거짓
0	$0^2-3\times0+2=2$	0	거짓
1	$1^2-3\times1+2=0$	0	참
2	$2^2-3\times2+2=0$	0	참
3	$3^2-3\times3+2=2$	0	거짓

➡ 해: $x=1$ 또는 $x=2$

016 답 $x=-1$

$x^2+4x+3=0$에 $x=-1, 0, 1, 2, 3$을 각각 대입하면

$x=-1$일 때, $(-1)^2+4\times(-1)+3=0$

$x=0$일 때, $0^2+4\times0+3\neq0$

$x=1$일 때, $1^2+4\times1+3\neq0$

$x=2$일 때, $2^2+4\times2+3\neq0$

$x=3$일 때, $3^2+4\times3+3\neq0$

따라서 주어진 이차방정식의 해는 $x=-1$이다.

017 답 $x=3$

$(x-5)^2=4$에 $x=-1, 0, 1, 2, 3$을 각각 대입하면

$x=-1$일 때, $(-1-5)^2\neq4$

$x=0$일 때, $(0-5)^2\neq4$

$x=1$일 때, $(1-5)^2\neq4$

$x=2$일 때, $(2-5)^2\neq4$

$x=3$일 때, $(3-5)^2=4$

따라서 주어진 이차방정식의 해는 $x=3$이다.

018 답 $x=-1$ 또는 $x=1$

$(x+2)^2=4(x+1)+1$에 $x=-1, 0, 1, 2, 3$을 각각 대입하면

$x=-1$일 때, $(-1+2)^2=4\times(-1+1)+1$

$x=0$일 때, $(0+2)^2\neq4\times(0+1)+1$

$x=1$일 때, $(1+2)^2=4\times(1+1)+1$

$x=2$일 때, $(2+2)^2\neq4\times(2+1)+1$

$x=3$일 때, $(3+2)^2\neq4\times(3+1)+1$

따라서 주어진 이차방정식의 해는 $x=-1$ 또는 $x=1$이다.

019 답 ○

020 답 ×

$2x^2-x-1=0$에 $x=-1$을 대입하면

$2\times(-1)^2-(-1)-1\neq0$ ➡ 거짓

021 답 ×

$x^2+x-2=0$에 $x=2$를 대입하면

$2^2+2-2\neq0$

022 답 ○

$3x^2+2x-1=0$에 $x=\frac{1}{3}$을 대입하면

$3\times\left(\frac{1}{3}\right)^2+2\times\frac{1}{3}-1=0$

023 답 ○

$(x-4)(x+3)=0$에 $x=-3$을 대입하면

$(-3-4)(-3+3)=0$

024 답 ×

$(x+1)(x-6)=x$에 $x=4$를 대입하면

$(4+1)(4-6)\neq4$

025 답 **1, 1, 1, 2**

026 답 **6**

$2x^2+x-a=0$에 $x=-2$를 대입하면

$2\times(-2)^2+(-2)-a=0$

$8-2-a=0$, $6-a=0$

$\therefore a=6$

027 답 **−6**

$x^2+ax+5=0$에 $x=1$을 대입하면

$1^2+a\times1+5=0$

$1+a+5=0$, $a+6=0$

$\therefore a=-6$

028 답 **2**

$3x^2-ax-8=0$에 $x=2$를 대입하면

$3\times2^2-a\times2-8=0$

$12-2a-8=0$, $4-2a=0$

$\therefore a=2$

029 답 **−9**

$ax^2-4x+5=0$에 $x=-1$을 대입하면

$a\times(-1)^2-4\times(-1)+5=0$

$a+4+5=0$, $a+9=0$

$\therefore a=-9$

030 답 **−1**

$x^2+ax-3=0$에 $x=2$를 대입하면

$2^2+a\times2-3=0$

$2a+1=0$ $\quad\therefore a=-\frac{1}{2}$

$x^2+bx-15=0$에 $x=3$을 대입하면

$3^2+b\times3-15=0$

$3b-6=0$ $\quad\therefore b=2$

$\therefore ab=-\frac{1}{2}\times2=-1$

031 답 **0, 4**

032 답 **6**

$3x^2-x-6=0$에 $x=m$을 대입하면

$3m^2-m-6=0$

$\therefore 3m^2-m=6$

033 답 **17**

$7x^2-6x-14=0$에 $x=k$를 대입하면

$7k^2-6k-14=0$

$\therefore 7k^2-6k=14$

$\therefore 7k^2-6k+3=14+3=17$

034 답 **1**

$x^2-5x+1=0$에 $x=a$를 대입하면

$a^2-5a+1=0$

$\therefore a^2-5a=-1$

$\therefore 5a-a^2=-(a^2-5a)=-(-1)=1$

035 답 **8**

$3x^2-6x-4=0$에 $x=a$를 대입하면

$3a^2-6a-4=0$

$\therefore 3a^2-6a=4$

$\therefore 6a^2-12a=2(3a^2-6a)=2\times4=8$

036 답 **6**

$2x^2+8x-1=0$에 $x=k$를 대입하면

$2k^2+8k-1=0$

$\therefore 2k^2+8k=1$

$\therefore 4k^2+16k+4=2(2k^2+8k)+4=2\times1+4=6$

037 답 **0, 0, −1, 3**

038 답 $x=2$ **또는** $x=5$

$(x-2)(x-5)=0$에서

$x-2=0$ 또는 $x-5=0$

$\therefore x=2$ 또는 $x=5$

039 답 $x=0$ **또는** $x=-7$

$x(x+7)=0$에서

$x=0$ 또는 $x+7=0$

$\therefore x=0$ 또는 $x=-7$

040 답 $x=\frac{3}{2}$ 또는 $x=\frac{4}{3}$

$(2x-3)(3x-4)=0$에서

$2x-3=0$ 또는 $3x-4=0$

$\therefore x=\frac{3}{2}$ 또는 $x=\frac{4}{3}$

041 답 $x=\frac{9}{2}$ 또는 $x=-\frac{9}{2}$

$(2x-9)(2x+9)=0$에서

$2x-9=0$ 또는 $2x+9=0$

$\therefore x=\frac{9}{2}$ 또는 $x=-\frac{9}{2}$

042 답 $x=\frac{5}{7}$ 또는 $x=-\frac{1}{3}$

$(-7x+5)(3x+1)=0$에서

$-7x+5=0$ 또는 $3x+1=0$

$\therefore x=\frac{5}{7}$ 또는 $x=-\frac{1}{3}$

043 답 $x+2$, 0, $x+2$, 0, -2

044 답 $x=0$ 또는 $x=6$

$x^2-6x=0$에서 $x(x-6)=0$

$x=0$ 또는 $x-6=0$

$\therefore x=0$ 또는 $x=6$

045 답 $x=0$ 또는 $x=-7$

$4x^2+28x=0$에서 $4x(x+7)=0$

$4x=0$ 또는 $x+7=0$

$\therefore x=0$ 또는 $x=-7$

046 답 $x=0$ 또는 $x=\frac{1}{3}$

$6x^2-2x=0$에서 $2x(3x-1)=0$

$2x=0$ 또는 $3x-1=0$

$\therefore x=0$ 또는 $x=\frac{1}{3}$

047 답 $x=0$ 또는 $x=\frac{5}{4}$

$4x^2=5x$에서 $4x^2-5x=0$

$x(4x-5)=0$

$x=0$ 또는 $4x-5=0$

$\therefore x=0$ 또는 $x=\frac{5}{4}$

048 답 $x=0$ 또는 $x=-\frac{7}{2}$

$(x+2)(2x+3)=6$에서 $2x^2+7x+6=6$

$2x^2+7x=0$, $x(2x+7)=0$

$x=0$ 또는 $2x+7=0$

$\therefore x=0$ 또는 $x=-\frac{7}{2}$

049 답 $x-2$, 0, $x-2$, -2, 2

050 답 $x=-5$ 또는 $x=5$

$x^2-25=0$에서 $(x+5)(x-5)=0$

$x+5=0$ 또는 $x-5=0$

$\therefore x=-5$ 또는 $x=5$

051 답 $x=-\frac{8}{3}$ 또는 $x=\frac{8}{3}$

$64-9x^2=0$에서 $(8+3x)(8-3x)=0$

$8+3x=0$ 또는 $8-3x=0$

$\therefore x=-\frac{8}{3}$ 또는 $x=\frac{8}{3}$

052 답 $x=-\frac{4}{3}$ 또는 $x=\frac{4}{3}$

$9x^2=16$에서 $9x^2-16=0$

$(3x+4)(3x-4)=0$

$3x+4=0$ 또는 $3x-4=0$

$\therefore x=-\frac{4}{3}$ 또는 $x=\frac{4}{3}$

053 답 $x=-\frac{1}{2}$ 또는 $x=\frac{1}{2}$

$4(x^2+1)=5$에서 $4x^2+4=5$

$4x^2-1=0$, $(2x+1)(2x-1)=0$

$2x+1=0$ 또는 $2x-1=0$

$\therefore x=-\frac{1}{2}$ 또는 $x=\frac{1}{2}$

054 답 $x=-1$ 또는 $x=1$

$(x+1)(x+2)=3x+3$에서 $x^2+3x+2=3x+3$

$x^2-1=0$, $(x+1)(x-1)=0$

$x+1=0$ 또는 $x-1=0$

$\therefore x=-1$ 또는 $x=1$

055 답 $x+1$, 0, $x+1$, -3, -1

056 답 $x=-2$ 또는 $x=1$

$x^2+x-2=0$에서 $(x+2)(x-1)=0$

$x+2=0$ 또는 $x-1=0$

$\therefore x=-2$ 또는 $x=1$

057 답 $x=2$ 또는 $x=5$

$x^2-7x+10=0$에서 $(x-2)(x-5)=0$

$x-2=0$ 또는 $x-5=0$

$\therefore x=2$ 또는 $x=5$

058 답 $x=2$ 또는 $x=3$

$x^2=5x-6$에서 $x^2-5x+6=0$

$(x-2)(x-3)=0$

$x-2=0$ 또는 $x-3=0$

$\therefore x=2$ 또는 $x=3$

059 답 $x=-5$ 또는 $x=4$

$2x^2-2x-20=x^2-3x$에서 $x^2+x-20=0$

$(x+5)(x-4)=0$

$x+5=0$ 또는 $x-4=0$

$\therefore x=-5$ 또는 $x=4$

060 답 $x=-4$ 또는 $x=2$

$(x+3)(x-1)=5$에서 $x^2+2x-3=5$

$x^2+2x-8=0$, $(x+4)(x-2)=0$

$x+4=0$ 또는 $x-2=0$

$\therefore x=-4$ 또는 $x=2$

061 답 $x=-4$ 또는 $x=7$

$(x+5)(x-5)=3x+3$에서 $x^2-25=3x+3$

$x^2-3x-28=0$, $(x+4)(x-7)=0$

$x+4=0$ 또는 $x-7=0$

$\therefore x=-4$ 또는 $x=7$

062 답 $3x+2$, $3x+2$, 0, $-\frac{2}{3}$, 1

063 답 $x=-\frac{1}{2}$ 또는 $x=\frac{3}{4}$

$8x^2-2x-3=0$에서 $(2x+1)(4x-3)=0$

$2x+1=0$ 또는 $4x-3=0$

$\therefore x=-\frac{1}{2}$ 또는 $x=\frac{3}{4}$

064 답 $x=\frac{1}{3}$ 또는 $x=5$

$3x^2-16x+5=0$에서 $(3x-1)(x-5)=0$

$3x-1=0$ 또는 $x-5=0$

$\therefore x=\frac{1}{3}$ 또는 $x=5$

065 답 $x=-\frac{1}{2}$ 또는 $x=3$

$2x^2=5x+3$에서 $2x^2-5x-3=0$

$(2x+1)(x-3)=0$

$2x+1=0$ 또는 $x-3=0$

$\therefore x=-\frac{1}{2}$ 또는 $x=3$

066 답 $x=-\frac{5}{2}$ 또는 $x=-2$

$x^2+7x+10=-x^2-2x$에서 $2x^2+9x+10=0$

$(2x+5)(x+2)=0$

$2x+5=0$ 또는 $x+2=0$

$\therefore x=-\frac{5}{2}$ 또는 $x=-2$

067 답 $x=-\frac{2}{5}$ 또는 $x=\frac{1}{3}$

$(3x+2)(5x-3)=-4$에서 $15x^2+x-6=-4$

$15x^2+x-2=0$, $(5x+2)(3x-1)=0$

$5x+2=0$ 또는 $3x-1=0$

$\therefore x=-\frac{2}{5}$ 또는 $x=\frac{1}{3}$

068 답 $x=-6$ 또는 $x=\frac{7}{2}$

$2(x+4)(x-4)=10-5x$에서 $2x^2-32=10-5x$

$2x^2+5x-42=0$, $(x+6)(2x-7)=0$

$x+6=0$ 또는 $2x-7=0$

$\therefore x=-6$ 또는 $x=\frac{7}{2}$

069 답 2, 2, 4, -4, 2, $x=-4$

070 답 $a=-8$, $x=4$

$x^2-2x+a=0$에 $x=-2$를 대입하면

$(-2)^2-2\times(-2)+a=0$

$8+a=0$ $\quad\therefore a=-8$

즉, $x^2-2x-8=0$에서 $(x+2)(x-4)=0$

$\therefore x=-2$ 또는 $x=4$

따라서 다른 한 근은 $x=4$이다.

071 답 $a=3$, $x=\frac{3}{2}$

$2x^2+ax-9=0$에 $x=-3$을 대입하면

$2\times(-3)^2+a\times(-3)-9=0$

$9-3a=0$ $\quad\therefore a=3$

즉, $2x^2+3x-9=0$에서 $(x+3)(2x-3)=0$

$\therefore x=-3$ 또는 $x=\frac{3}{2}$

따라서 다른 한 근은 $x=\frac{3}{2}$이다.

072 답 $a=0$, $x=-\frac{2}{5}$

$5x^2-3x+a-2=0$에 $x=1$을 대입하면

$5\times1^2-3\times1+a-2=0$ $\quad\therefore a=0$

즉, $5x^2-3x-2=0$에서 $(5x+2)(x-1)=0$

$\therefore x=-\frac{2}{5}$ 또는 $x=1$

따라서 다른 한 근은 $x=-\frac{2}{5}$이다.

073 답 $a=-5$, $x=1$

$x^2+ax-a-1=0$에 $x=4$를 대입하면

$4^2+a\times4-a-1=0$

$15+3a=0$ $\quad\therefore a=-5$

즉, $x^2-5x+4=0$에서 $(x-1)(x-4)=0$

$\therefore x=1$ 또는 $x=4$

따라서 다른 한 근은 $x=1$이다.

074 답 $a=-2$, $x=-2$
$(a+1)x^2-3x+a=0$에 $x=-1$을 대입하면
$(a+1)\times(-1)^2-3\times(-1)+a=0$
$2a+4=0$　　$\therefore a=-2$
즉, $-x^2-3x-2=0$에서 $x^2+3x+2=0$
$(x+2)(x+1)=0$　　$\therefore x=-2$ 또는 $x=-1$
따라서 다른 한 근은 $x=-2$이다.

075 답 $x+1$, -1

076 답 $x=5$
$x^2-10x+25=0$에서 $(x-5)^2=0$　　$\therefore x=5$

077 답 $x=4$
$x^2-8x+16=0$에서 $(x-4)^2=0$　　$\therefore x=4$

078 답 $x=-\frac{1}{4}$
$x^2+\frac{1}{2}x+\frac{1}{16}=0$에서 $\left(x+\frac{1}{4}\right)^2=0$　　$\therefore x=-\frac{1}{4}$

079 답 $x=-\frac{1}{3}$
$9x^2+6x+1=0$에서 $(3x+1)^2=0$　　$\therefore x=-\frac{1}{3}$

080 답 $x=-\frac{3}{2}$
$4x^2+12x+9=0$에서 $(2x+3)^2=0$　　$\therefore x=-\frac{3}{2}$

081 답 -4, 4

082 답 81
$x^2+18x+k=0$이 중근을 가지므로
$k=\left(\frac{18}{2}\right)^2=9^2=81$

083 답 $\frac{9}{4}$
$x^2-3x+k=0$이 중근을 가지므로
$k=\left(\frac{-3}{2}\right)^2=\frac{9}{4}$

084 답 4
$x^2-8x+4a=0$이 중근을 가지므로
$4a=\left(\frac{-8}{2}\right)^2=16$　　$\therefore a=4$

085 답 2
$x^2+2x+k-1=0$이 중근을 가지므로
$k-1=\left(\frac{2}{2}\right)^2=1$　　$\therefore k=2$

086 답 12
$x^2-10x+2k=-1$에서 $x^2-10x+2k+1=0$
이 이차방정식이 중근을 가지므로
$2k+1=\left(\frac{-10}{2}\right)^2=(-5)^2=25$
$2k=24$　　$\therefore k=12$

087 답 1
$x^2-k+10=6x$에서 $x^2-6x-k+10=0$
이 이차방정식이 중근을 가지므로
$-k+10=\left(\frac{-6}{2}\right)^2=(-3)^2=9$　　$\therefore k=1$

088 답 $\frac{15}{4}$
$(x+4)^2=x+k$에서 $x^2+8x+16=x+k$
$x^2+7x+16-k=0$
이 이차방정식이 중근을 가지므로
$16-k=\left(\frac{7}{2}\right)^2=\frac{49}{4}$　　$\therefore k=\frac{15}{4}$

089 답 $-\frac{9}{4}$
$(x+1)(x-2)=k$에서 $x^2-x-2=k$
$x^2-x-2-k=0$
이 이차방정식이 중근을 가지므로
$-2-k=\left(\frac{-1}{2}\right)^2=\frac{1}{4}$　　$\therefore k=-\frac{9}{4}$

090 답 16, 4

091 답 -6, 6
$x^2-kx+9=0$이 중근을 가지므로
$9=\left(\frac{-k}{2}\right)^2=\frac{k^2}{4}$
$k^2=36$　　$\therefore k=\pm6$

092 답 -5, 5
$x^2+2kx+25=0$이 중근을 가지므로
$25=\left(\frac{2k}{2}\right)^2$
$k^2=25$　　$\therefore k=\pm5$

093 답 -1, 1
$x^2+kx=-\frac{1}{4}$에서 $x^2+kx+\frac{1}{4}=0$
이 이차방정식이 중근을 가지므로
$\frac{1}{4}=\left(\frac{k}{2}\right)^2=\frac{k^2}{4}$
$k^2=1$　　$\therefore k=\pm1$

094 답 2, $x^2-2x+\frac{k}{2}=0$, 2

$2x^2-4x+k=0$의 양변을 2로 나누면

$x^2-2x+\frac{k}{2}=0$

이 이차방정식이 중근을 가지므로

$\frac{k}{2}=\left(\frac{-2}{2}\right)^2=1 \quad \therefore k=2$

095 답 16

$9x^2+24x+k=0$의 양변을 9로 나누면

$x^2+\frac{8}{3}x+\frac{k}{9}=0$

이 이차방정식이 중근을 가지므로

$\frac{k}{9}=\left(\frac{4}{3}\right)^2=\frac{16}{9} \quad \therefore k=16$

096 답 -20

$5x^2-20x-k=0$의 양변을 5로 나누면

$x^2-4x-\frac{k}{5}=0$

이 이차방정식이 중근을 가지므로

$-\frac{k}{5}=\left(\frac{-4}{2}\right)^2=4 \quad \therefore k=-20$

097 답 2

$4x^2-2kx+1=0$의 양변을 4로 나누면

$x^2-\frac{k}{2}x+\frac{1}{4}=0$

이 이차방정식이 중근을 가지므로

$\frac{1}{4}=\left(-\frac{k}{4}\right)^2$, $k^2=4 \quad \therefore k=\pm 2$

이때 $k>0$이므로 $k=2$

098 답 -9

$2x^2+x=-kx-8$에서 $2x^2+(k+1)x+8=0$

양변을 2로 나누면 $x^2+\frac{k+1}{2}x+4=0$

이 이차방정식이 중근을 가지므로

$4=\left(\frac{k+1}{4}\right)^2=\frac{k^2+2k+1}{16}$

$k^2+2k-63=0$, $(k+9)(k-7)=0$

$\therefore k=-9$ 또는 $k=7$

이때 $k<0$이므로 $k=-9$

099 답 1

$x^2-2ax-a+2=0$이 중근을 가지므로

$-a+2=\left(\frac{-2a}{2}\right)^2$

$a^2+a-2=0$, $(a+2)(a-1)=0$

$\therefore a=-2$ 또는 $a=1$

이때 $a>0$이므로 $a=1$

100 답 $x=\pm\sqrt{10}$

101 답 $x=\pm 4$

$x^2=16$에서 $x=\pm\sqrt{16}=\pm 4$

102 답 $x=\pm\sqrt{5}$

$x^2-5=0$에서 $x^2=5 \quad \therefore x=\pm\sqrt{5}$

103 답 13, $\pm\sqrt{13}$

104 답 $x=\pm\sqrt{11}$

$4x^2=44$에서 $x^2=11$

$\therefore x=\pm\sqrt{11}$

105 답 $x=\pm\frac{\sqrt{42}}{6}$

$6x^2-7=0$에서 $6x^2=7$, $x^2=\frac{7}{6}$

$\therefore x=\pm\sqrt{\frac{7}{6}}=\pm\frac{\sqrt{42}}{6}$

106 답 $\sqrt{3}$, -1, $\sqrt{3}$

107 답 $x=4\pm 2\sqrt{5}$

$(x-4)^2=20$에서 $x-4=\pm\sqrt{20}=\pm 2\sqrt{5}$

$\therefore x=4\pm 2\sqrt{5}$

108 답 $x=2$ 또는 $x=8$

$(x-5)^2=9$에서 $x-5=\pm 3$

$\therefore x=2$ 또는 $x=8$

109 답 6, $\sqrt{6}$, -7, $\sqrt{6}$

110 답 $x=0$ 또는 $x=-4$

$2(x+2)^2=8$에서 $(x+2)^2=4$

$x+2=\pm\sqrt{4}=\pm 2 \quad \therefore x=0$ 또는 $x=-4$

111 답 $x=\frac{1\pm\sqrt{13}}{4}$

$(4x-1)^2=13$에서 $4x-1=\pm\sqrt{13}$

$4x=1\pm\sqrt{13} \quad \therefore x=\frac{1\pm\sqrt{13}}{4}$

112 답 $x=\frac{-5\pm 2\sqrt{2}}{2}$

$(2x+5)^2-8=0$에서 $(2x+5)^2=8$

$2x+5=\pm\sqrt{8}=\pm 2\sqrt{2}$, $2x=-5\pm 2\sqrt{2}$

$\therefore x=\frac{-5\pm 2\sqrt{2}}{2}$

113 답 (1) -22, 25, -22, 25, 5, 3, 5, $\sqrt{3}$, $-5\pm\sqrt{3}$
(2) 7, -7, 9, -7, 9, 3, 2, 3, $\sqrt{2}$, $3\pm\sqrt{2}$

114 답 $x=1\pm\sqrt{10}$

$x^2-2x=9$
$x^2-2x+\underline{1}=9+\underline{1}$ ← 양변에 $\left(\frac{-2}{2}\right)^2=1$을 더한다.
$(x-1)^2=10$, $x-1=\pm\sqrt{10}$
$\therefore x=1\pm\sqrt{10}$

115 답 $x=-4\pm\sqrt{3}$

$x^2+8x=-13$
$x^2+8x+\underline{16}=-13+\underline{16}$ ← 양변에 $\left(\frac{8}{2}\right)^2=16$을 더한다.
$(x+4)^2=3$, $x+4=\pm\sqrt{3}$
$\therefore x=-4\pm\sqrt{3}$

116 답 $x=\frac{3\pm\sqrt{5}}{2}$

$x^2-3x=-1$
$x^2-3x+\underline{\frac{9}{4}}=-1+\underline{\frac{9}{4}}$ ← 양변에 $\left(\frac{-3}{2}\right)^2=\frac{9}{4}$를 더한다.
$\left(x-\frac{3}{2}\right)^2=\frac{5}{4}$, $x-\frac{3}{2}=\pm\sqrt{\frac{5}{4}}=\pm\frac{\sqrt{5}}{2}$
$\therefore x=\frac{3\pm\sqrt{5}}{2}$

117 답 $x=3\pm\sqrt{7}$

$3x^2-18x+6=0$
$x^2-6x+2=0$ ← 양변을 3으로 나눈다.
$x^2-6x=-2$
$x^2-6x+9=-2+9$ ← 양변에 $\left(\frac{-6}{2}\right)^2=9$를 더한다.
$(x-3)^2=7$, $x-3=\pm\sqrt{7}$
$\therefore x=3\pm\sqrt{7}$

118 답 $x=2\pm\sqrt{6}$

$4x^2-16x-8=0$
$x^2-4x-2=0$ ← 양변을 4로 나눈다.
$x^2-4x=2$
$x^2-4x+4=2+4$ ← 양변에 $\left(\frac{-4}{2}\right)^2=4$를 더한다.
$(x-2)^2=6$, $x-2=\pm\sqrt{6}$
$\therefore x=2\pm\sqrt{6}$

119 답 $x=-3\pm2\sqrt{2}$

$5x^2+30x+5=0$
$x^2+6x+1=0$ ← 양변을 5로 나눈다.
$x^2+6x=-1$
$x^2+6x+9=-1+9$ ← 양변에 $\left(\frac{6}{2}\right)^2=9$를 더한다.
$(x+3)^2=8$, $x+3=\pm2\sqrt{2}$
$\therefore x=-3\pm2\sqrt{2}$

120 답 $x=\frac{1\pm\sqrt{5}}{4}$

$16x^2-8x-4=0$
$x^2-\frac{1}{2}x-\frac{1}{4}=0$ ← 양변을 16으로 나눈다.
$x^2-\frac{1}{2}x=\frac{1}{4}$
$x^2-\frac{1}{2}x+\frac{1}{16}=\frac{1}{4}+\frac{1}{16}$ ← 양변에 $\left(-\frac{1}{4}\right)^2=\frac{1}{16}$을 더한다.
$\left(x-\frac{1}{4}\right)^2=\frac{5}{16}$, $x-\frac{1}{4}=\pm\sqrt{\frac{5}{16}}=\pm\frac{\sqrt{5}}{4}$
$\therefore x=\frac{1\pm\sqrt{5}}{4}$

121 답 $x=-2\pm\sqrt{7}$

$-2x^2-8x+6=0$
$x^2+4x-3=0$ ← 양변을 -2로 나눈다.
$x^2+4x=3$
$x^2+4x+4=3+4$ ← 양변에 $\left(\frac{4}{2}\right)^2=4$를 더한다.
$(x+2)^2=7$, $x+2=\pm\sqrt{7}$
$\therefore x=-2\pm\sqrt{7}$

122 답 풀이 참조

(1) 근의 공식에 $a=\boxed{1}$, $b=\boxed{3}$, $c=\boxed{-6}$을 대입하면

$$x=\frac{-\boxed{3}\pm\sqrt{\boxed{3}^2-4\times\boxed{1}\times(\boxed{-6})}}{2\times\boxed{1}}=\boxed{\frac{-3\pm\sqrt{33}}{2}}$$

(2) 일차항의 계수가 짝수일 때의 근의 공식에
$a=\boxed{1}$, $b'=\boxed{-3}$, $c=\boxed{-5}$를 대입하면

$$x=\frac{-(\boxed{-3})\pm\sqrt{(\boxed{-3})^2-\boxed{1}\times(\boxed{-5})}}{\boxed{1}}=\boxed{3\pm\sqrt{14}}$$

123 답 1, -3, 1, $\frac{3\pm\sqrt{5}}{2}$

근의 공식에 $a=1$, $b=-3$, $c=1$을 대입하면

$$x=\frac{-(-3)\pm\sqrt{(-3)^2-4\times1\times1}}{2\times1}=\frac{3\pm\sqrt{5}}{2}$$

124 답 $x=\frac{1\pm\sqrt{17}}{2}$

근의 공식에 $a=1$, $b=-1$, $c=-4$를 대입하면

$$x=\frac{-(-1)\pm\sqrt{(-1)^2-4\times1\times(-4)}}{2\times1}=\frac{1\pm\sqrt{17}}{2}$$

125 답 $x=\frac{-3\pm\sqrt{29}}{2}$

근의 공식에 $a=1$, $b=3$, $c=-5$를 대입하면

$$x=\frac{-3\pm\sqrt{3^2-4\times1\times(-5)}}{2\times1}=\frac{-3\pm\sqrt{29}}{2}$$

126 답 $x=\frac{-9\pm\sqrt{73}}{2}$

근의 공식에 $a=1$, $b=9$, $c=2$를 대입하면

$x=\frac{-9\pm\sqrt{9^2-4\times1\times2}}{2\times1}=\frac{-9\pm\sqrt{73}}{2}$

127 답 $x=\frac{-5\pm\sqrt{33}}{4}$

근의 공식에 $a=2$, $b=5$, $c=-1$을 대입하면

$x=\frac{-5\pm\sqrt{5^2-4\times2\times(-1)}}{2\times2}=\frac{-5\pm\sqrt{33}}{4}$

128 답 $x=\frac{7\pm\sqrt{17}}{8}$

근의 공식에 $a=4$, $b=-7$, $c=2$를 대입하면

$x=\frac{-(-7)\pm\sqrt{(-7)^2-4\times4\times2}}{2\times4}=\frac{7\pm\sqrt{17}}{8}$

129 답 $x=\frac{1\pm\sqrt{61}}{10}$

근의 공식에 $a=5$, $b=-1$ $c=-3$을 대입하면

$x=\frac{-(-1)\pm\sqrt{(-1)^2-4\times5\times(-3)}}{2\times5}=\frac{1\pm\sqrt{61}}{10}$

130 답 $x=\frac{1\pm\sqrt{33}}{2}$

$(x+1)(x-2)=6$에서 $x^2-x-2=6$

$x^2-x-8=0$

근의 공식에 $a=1$, $b=-1$, $c=-8$을 대입하면

$x=\frac{-(-1)\pm\sqrt{(-1)^2-4\times1\times(-8)}}{2\times1}=\frac{1\pm\sqrt{33}}{2}$

131 답 1, 2, 2, $-2\pm\sqrt{2}$

일차항의 계수가 짝수일 때의 근의 공식에

$a=1$, $b'=2$, $c=2$를 대입하면

$x=\frac{-2\pm\sqrt{2^2-1\times2}}{1}=-2\pm\sqrt{2}$

132 답 $x=3\pm\sqrt{10}$

일차항의 계수가 짝수일 때의 근의 공식에

$a=1$, $b'=-3$, $c=-1$을 대입하면

$x=\frac{-(-3)\pm\sqrt{(-3)^2-1\times(-1)}}{1}=3\pm\sqrt{10}$

133 답 $x=-7\pm2\sqrt{13}$

일차항의 계수가 짝수일 때의 근의 공식에

$a=1$, $b'=7$, $c=-3$을 대입하면

$x=\frac{-7\pm\sqrt{7^2-1\times(-3)}}{1}=-7\pm2\sqrt{13}$

134 답 $x=\frac{4\pm\sqrt{26}}{5}$

일차항의 계수가 짝수일 때의 근의 공식에

$a=5$, $b'=-4$, $c=-2$를 대입하면

$x=\frac{-(-4)\pm\sqrt{(-4)^2-5\times(-2)}}{5}=\frac{4\pm\sqrt{26}}{5}$

135 답 $x=\frac{-5\pm\sqrt{31}}{2}$

일차항의 계수가 짝수일 때의 근의 공식에

$a=2$, $b'=5$, $c=-3$을 대입하면

$x=\frac{-5\pm\sqrt{5^2-2\times(-3)}}{2}=\frac{-5\pm\sqrt{31}}{2}$

136 답 $x=\frac{-2\pm\sqrt{2}}{3}$

일차항의 계수가 짝수일 때의 근의 공식에

$a=9$, $b'=6$, $c=2$를 대입하면

$x=\frac{-6\pm\sqrt{6^2-9\times2}}{9}=\frac{-6\pm3\sqrt{2}}{9}=\frac{-2\pm\sqrt{2}}{3}$

137 답 $x=7\pm\sqrt{41}$

$(x-5)(x-1)=8x-3$에서 $x^2-6x+5=8x-3$

$x^2-14x+8=0$

일차항의 계수가 짝수일 때의 근의 공식에

$a=1$, $b'=-7$, $c=8$을 대입하면

$x=\frac{-(-7)\pm\sqrt{(-7)^2-1\times8}}{1}=7\pm\sqrt{41}$

138 답 74

$4x^2-9x+1=0$에서

$x=\frac{-(-9)\pm\sqrt{(-9)^2-4\times4\times1}}{2\times4}=\frac{9\pm\sqrt{65}}{8}$

따라서 $A=9$, $B=65$이므로

$A+B=9+65=74$

139 답 x^2-x-2, 1, 2, -1, 2

140 답 $x=-\frac{5}{2}$ 또는 $x=1$

$0.2x^2+0.3x-0.5=0$의 양변에 10을 곱하면

$2x^2+3x-5=0$, $(2x+5)(x-1)=0$

$\therefore x=-\frac{5}{2}$ 또는 $x=1$

141 답 $x=-3$ 또는 $x=6$

$0.01x^2-0.03x=0.18$의 양변에 100을 곱하여 정리하면

$x^2-3x-18=0$, $(x+3)(x-6)=0$

$\therefore x=-3$ 또는 $x=6$

142 답 $x=-\frac{5}{7}$ 또는 $x=\frac{5}{7}$

$4.9x^2-2.5=0$의 양변에 10을 곱하면

$49x^2-25=0$, $(7x+5)(7x-5)=0$

$\therefore x=-\frac{5}{7}$ 또는 $x=\frac{5}{7}$

143 답 $x=\frac{3\pm2\sqrt{11}}{5}$

$0.5x^2-0.6x=0.7$의 양변에 10을 곱하여 정리하면

$5x^2-6x-7=0$

$\therefore x=\frac{-(-3)\pm\sqrt{(-3)^2-5\times(-7)}}{5}=\frac{3\pm2\sqrt{11}}{5}$

144 답 x^2-6x+3, $3\pm\sqrt{6}$

145 답 $x=2$ 또는 $x=4$

$\frac{1}{4}x^2-\frac{3}{2}x+2=0$의 양변에 4를 곱하면

$x^2-6x+8=0$, $(x-2)(x-4)=0$

$\therefore x=2$ 또는 $x=4$

146 답 $x=-\frac{1}{3}$ 또는 $x=1$

$\frac{1}{2}x^2-\frac{1}{3}x-\frac{1}{6}=0$의 양변에 6을 곱하면

$3x^2-2x-1=0$, $(3x+1)(x-1)=0$

$\therefore x=-\frac{1}{3}$ 또는 $x=1$

147 답 $x=-2$ 또는 $x=-\frac{1}{2}$

$\frac{1}{5}x^2+\frac{1}{2}x=-\frac{1}{5}$의 양변에 10을 곱하여 정리하면

$2x^2+5x+2=0$, $(x+2)(2x+1)=0$

$\therefore x=-2$ 또는 $x=-\frac{1}{2}$

148 답 $x=\frac{2\pm\sqrt{10}}{3}$

$\frac{1}{3}x+\frac{1}{6}=\frac{1}{4}x^2$의 양변에 12를 곱하여 정리하면

$3x^2-4x-2=0$

$\therefore x=\frac{-(-2)\pm\sqrt{(-2)^2-3\times(-2)}}{3}=\frac{2\pm\sqrt{10}}{3}$

149 답 $x=\frac{6\pm\sqrt{42}}{2}$

$\frac{1}{3}x^2-2x-0.5=0$의 양변에 6을 곱하면

$2x^2-12x-3=0$

$\therefore x=\frac{-(-6)\pm\sqrt{(-6)^2-2\times(-3)}}{2}=\frac{6\pm\sqrt{42}}{2}$

150 답 $x=-\frac{1}{2}$ 또는 $x=\frac{5}{6}$

$1.2x^2-0.4x-\frac{1}{2}=0$의 양변에 10을 곱하면

$12x^2-4x-5=0$, $(2x+1)(6x-5)=0$

$\therefore x=-\frac{1}{2}$ 또는 $x=\frac{5}{6}$

151 답 $x=\frac{3\pm\sqrt{17}}{2}$

$\frac{x(x-3)}{4}=\frac{1}{2}$의 양변에 4를 곱하면

$x(x-3)=2$, $x^2-3x-2=0$

$\therefore x=\frac{-(-3)\pm\sqrt{(-3)^2-4\times1\times(-2)}}{2\times1}=\frac{3\pm\sqrt{17}}{2}$

152 답 $x=\frac{2\pm\sqrt{34}}{2}$

$\frac{x(x-2)}{5}=\frac{(x+1)(x-3)}{3}$의 양변에 15를 곱하면

$3x(x-2)=5(x+1)(x-3)$, $2x^2-4x-15=0$

$\therefore x=\frac{-(-2)\pm\sqrt{(-2)^2-2\times(-15)}}{2}=\frac{2\pm\sqrt{34}}{2}$

153 답 $x=\frac{1\pm\sqrt{17}}{2}$

$0.5x^2-\frac{x^2+x}{4}=1$의 양변에 4를 곱하면

$2x^2-x^2-x=4$, $x^2-x-4=0$

$\therefore x=\frac{-(-1)\pm\sqrt{(-1)^2-4\times1\times(-4)}}{2\times1}=\frac{1\pm\sqrt{17}}{2}$

154 답 $x=4$ 또는 $x=6$

$0.3(x-2)^2=\frac{(x+2)(x-3)}{5}$의 양변에 10을 곱하면

$3(x-2)^2=2(x+2)(x-3)$, $x^2-10x+24=0$

$(x-4)(x-6)=0$ $\therefore x=4$ 또는 $x=6$

155 답 32

$0.2x^2+\frac{1}{10}x=\frac{2}{5}$의 양변에 10을 곱하면

$2x^2+x=4$, $2x^2+x-4=0$

$\therefore x=\frac{-1\pm\sqrt{1^2-4\times2\times(-4)}}{2\times2}=\frac{-1\pm\sqrt{33}}{4}$

따라서 $p=-1$, $q=33$이므로

$p+q=-1+33=32$

156 답 A^2-4A-5, 1, 5, -1, 5, -1, 5, -3, 3

157 답 $x=0$

$(x+1)^2-2(x+1)+1=0$에서 $x+1=A$로 놓으면

$A^2-2A+1=0$

$(A-1)^2=0$ $\therefore A=1$

즉, $x+1=1$

$\therefore x=0$

158 답 $x=\frac{11}{3}$

$9(x-4)^2+6(x-4)+1=0$에서 $x-4=A$로 놓으면
$9A^2+6A+1=0$
$(3A+1)^2=0$ $\therefore A=-\frac{1}{3}$
즉, $x-4=-\frac{1}{3}$
$\therefore x=\frac{11}{3}$

159 답 $x=4$ 또는 $x=7$

$(x-3)^2-5(x-3)+4=0$에서 $x-3=A$로 놓으면
$A^2-5A+4=0$
$(A-1)(A-4)=0$ $\therefore A=1$ 또는 $A=4$
즉, $x-3=1$ 또는 $x-3=4$
$\therefore x=4$ 또는 $x=7$

160 답 $x=-2$ 또는 $x=\frac{3}{2}$

$2(x+1)^2-3(x+1)-5=0$에서 $x+1=A$로 놓으면
$2A^2-3A-5=0$
$(A+1)(2A-5)=0$ $\therefore A=-1$ 또는 $A=\frac{5}{2}$
즉, $x+1=-1$ 또는 $x+1=\frac{5}{2}$
$\therefore x=-2$ 또는 $x=\frac{3}{2}$

161 답 $x=-\frac{1}{4}$ 또는 $x=\frac{3}{4}$

$4(2x-1)^2+4(2x-1)-3=0$에서 $2x-1=A$로 놓으면
$4A^2+4A-3=0$
$(2A+3)(2A-1)=0$ $\therefore A=-\frac{3}{2}$ 또는 $A=\frac{1}{2}$
즉, $2x-1=-\frac{3}{2}$ 또는 $2x-1=\frac{1}{2}$
$\therefore x=-\frac{1}{4}$ 또는 $x=\frac{3}{4}$

162 답 1, -4, 1, 12, $>$, 2

163 답 0

$x^2+3x+4=0$에서 $a=1$, $b=3$, $c=4$이므로
$b^2-4ac=3^2-4\times1\times4=-7<0$
따라서 주어진 이차방정식은 근이 없다.

164 답 2

$x^2+x-4=0$에서 $a=1$, $b=1$, $c=-4$이므로
$b^2-4ac=1^2-4\times1\times(-4)=17>0$
따라서 주어진 이차방정식은 서로 다른 두 근을 가진다.

165 답 0

$-3x^2-5=5x$에서 $-3x^2-5x-5=0$
$a=-3$, $b=-5$, $c=-5$이므로
$b^2-4ac=(-5)^2-4\times(-3)\times(-5)=-35<0$
따라서 주어진 이차방정식은 근이 없다.

166 답 1

$4x^2+4x+1=0$에서 $a=4$, $b=4$, $c=1$이므로
$b^2-4ac=4^2-4\times4\times1=0$
따라서 주어진 이차방정식은 중근을 가진다.

167 답 0

$6x^2+3x+1=0$에서 $a=6$, $b=3$, $c=1$이므로
$b^2-4ac=3^2-4\times6\times1=-15<0$
따라서 주어진 이차방정식은 근이 없다.

168 답 2

$-2x^2+8x+3=0$에서 $a=-2$, $b=8$, $c=3$이므로
$b^2-4ac=8^2-4\times(-2)\times3=88>0$
따라서 주어진 이차방정식은 서로 다른 두 근을 가진다.

169 답 $k<\frac{25}{4}$

$b^2-4ac=5^2-4\times1\times k>0$이므로
$25-4k>0$, $4k<25$ $\therefore k<\frac{25}{4}$

170 답 $k=\frac{25}{4}$

$b^2-4ac=5^2-4\times1\times k=0$이므로
$25-4k=0$, $4k=25$ $\therefore k=\frac{25}{4}$

171 답 $k>\frac{25}{4}$

$b^2-4ac=5^2-4\times1\times k<0$이므로
$25-4k<0$, $4k>25$ $\therefore k>\frac{25}{4}$

172 답 $k>-\frac{1}{3}$

$b^2-4ac=2^2-4\times3\times(-k)>0$이므로
$4+12k>0$, $12k>-4$ $\therefore k>-\frac{1}{3}$

173 답 $k=-\frac{1}{3}$

$b^2-4ac=2^2-4\times3\times(-k)=0$이므로
$4+12k=0$, $12k=-4$ $\therefore k=-\frac{1}{3}$

174 답 $k<-\frac{1}{3}$

$b^2-4ac=2^2-4\times3\times(-k)<0$이므로

$4+12k<0,\ 12k<-4 \qquad \therefore k<-\frac{1}{3}$

175 답 $k\le\frac{7}{4}$

$x^2-7x+7k=0$이 근을 가지려면 서로 다른 두 근을 가지거나 중근을 가져야 하므로 $b^2-4ac\ge0$이어야 한다.

즉, $b^2-4ac=(-7)^2-4\times1\times7k\ge0$

$49-28k\ge0,\ 28k\le49 \qquad \therefore k\le\frac{7}{4}$

176 답 2, 3, x^2-5x+6

177 답 $x^2-4x+3=0$

$(x-1)(x-3)=0 \qquad \therefore x^2-4x+3=0$

178 답 $-x^2-3x+18=0$

$-(x-3)(x+6)=0,\ -(x^2+3x-18)=0$

$\therefore -x^2-3x+18=0$

179 답 $-2x^2-2x+4=0$

$-2(x+2)(x-1)=0,\ -2(x^2+x-2)=0$

$\therefore -2x^2-2x+4=0$

180 답 $3x^2+15x+12=0$

$3(x+1)(x+4)=0,\ 3(x^2+5x+4)=0$

$\therefore 3x^2+15x+12=0$

181 답 $4x^2+8x-5=0$

$4\left(x-\frac{1}{2}\right)\left(x+\frac{5}{2}\right)=0,\ 4\left(x^2+2x-\frac{5}{4}\right)=0$

$\therefore 4x^2+8x-5=0$

182 답 3, x^2-6x+9

183 답 $x^2-8x+16=0$

$(x-4)^2=0 \qquad \therefore x^2-8x+16=0$

184 답 $3x^2+18x+27=0$

$3(x+3)^2=0,\ 3(x^2+6x+9)=0$

$\therefore 3x^2+18x+27=0$

185 답 $-x^2-8x-16=0$

$-(x+4)^2=0,\ -(x^2+8x+16)=0$

$\therefore -x^2-8x-16=0$

186 답 $-3x^2+9x-\frac{27}{4}=0$

$-3\left(x-\frac{3}{2}\right)^2=0,\ -3\left(x^2-3x+\frac{9}{4}\right)=0$

$\therefore -3x^2+9x-\frac{27}{4}=0$

187 답 $a=-6,\ b=-20$

두 근이 -2, 5이고 x^2의 계수가 2이므로

$2(x+2)(x-5)=0$

$2(x^2-3x-10)=0 \qquad \therefore 2x^2-6x-20=0$

$\therefore a=-6,\ b=-20$

188 답 $(x+1)^2$, $9x+1$, $(x+1)^2=9x+1$

189 답 $x=0$ 또는 $x=7$

$(x+1)^2=9x+1$에서 $x^2+2x+1=9x+1$

$x^2-7x=0,\ x(x-7)=0$

$\therefore x=0$ 또는 $x=7$

190 답 7

x는 자연수이므로 $x=7$

따라서 어떤 자연수는 7이다.

191 답 9

어떤 자연수를 x라 하면 $(x-3)^2=x+27$

$x^2-6x+9=x+27,\ x^2-7x-18=0$

$(x+2)(x-9)=0 \qquad \therefore x=-2$ 또는 $x=9$

이때 x는 자연수이므로 $x=9$

따라서 어떤 자연수는 9이다.

192 답 $x+2$, $x(x+2)=288$

193 답 $x=-18$ 또는 $x=16$

$x(x+2)=288$에서

$x^2+2x=288,\ x^2+2x-288=0$

$(x+18)(x-16)=0 \qquad \therefore x=-18$ 또는 $x=16$

194 답 16, 18

x는 자연수이므로 $x=16$

따라서 연속하는 두 짝수는 16, 18이다.

195 답 $x-1$, $x+1$, $(x-1)^2+x^2=10(x+1)+5$

196 답 $x=-1$ 또는 $x=7$

$(x-1)^2+x^2=10(x+1)+5$에서

$x^2-2x+1+x^2=10x+10+5$

$2x^2-12x-14=0,\ x^2-6x-7=0$

$(x+1)(x-7)=0 \qquad \therefore x=-1$ 또는 $x=7$

197 답 $6, 7, 8$

x는 자연수이므로 $x=7$

따라서 연속하는 세 자연수는 6, 7, 8이다.

198 답 $x+5$, $x^2=3(x+5)+3$

199 답 $x=-3$ 또는 $x=6$

$x^2=3(x+5)+3$에서 $x^2-3x-18=0$

$(x+3)(x-6)=0$

$\therefore x=-3$ 또는 $x=6$

200 답 6살

x는 자연수이므로 $x=6$

따라서 동생의 나이는 6살이다.

201 답 $x-5$, $x(x-5)=84$

202 답 $x=-7$ 또는 $x=12$

$x(x-5)=84$에서 $x^2-5x-84=0$

$(x+7)(x-12)=0$

$\therefore x=-7$ 또는 $x=12$

203 답 12명

x는 자연수이므로 $x=12$

따라서 모둠의 학생은 모두 12명이다.

204 답 $40x-5x^2=75$

205 답 $x=3$ 또는 $x=5$

$40x-5x^2=75$에서 $5x^2-40x+75=0$

$x^2-8x+15=0$, $(x-3)(x-5)=0$

$\therefore x=3$ 또는 $x=5$

206 답 3초 후

공의 높이가 처음으로 75m가 되는 것은 쏘아 올린 지 3초 후이다.

207 답 2초 후

$-5t^2+30t+5=45$에서 $5t^2-30t+40=0$

$t^2-6t+8=0$, $(t-2)(t-4)=0$

$\therefore t=2$ 또는 $t=4$

따라서 야구공의 높이가 처음으로 45m가 되는 것은 던져 올린 지 2초 후이다.

208 답 7초 후

물체가 지면에 떨어질 때의 높이는 0m이므로

$-5t^2+35t=0$, $t^2-7t=0$

$t(t-7)=0$ $\therefore t=0$ 또는 $t=7$

이때 $t>0$이므로 $t=7$

따라서 물체가 지면에 떨어지는 것은 물체를 쏘아 올린 지 7초 후이다.

209 답 $x+3$, $x(x+3)=108$

210 답 $x=-12$ 또는 $x=9$

$x(x+3)=108$에서 $x^2+3x-108=0$

$(x+12)(x-9)=0$

$\therefore x=-12$ 또는 $x=9$

211 답 9cm

$x>0$이므로 $x=9$

따라서 직사각형의 가로의 길이는 9cm이다.

212 답 8cm

직사각형의 세로의 길이를 $x$cm라 하면 가로의 길이는 $(x+4)$cm 이므로

$x(x+4)=96$

$x^2+4x-96=0$, $(x+12)(x-8)=0$

$\therefore x=-12$ 또는 $x=8$

이때 $x>0$이므로 $x=8$

따라서 직사각형의 세로의 길이는 8cm이다.

213 답 6cm

삼각형의 밑변의 길이를 $x$cm라 하면 높이는 $(x+5)$cm이므로

$\frac{1}{2}x(x+5)=33$

$x^2+5x-66=0$, $(x+11)(x-6)=0$

$\therefore x=-11$ 또는 $x=6$

이때 $x>0$이므로 $x=6$

따라서 삼각형의 밑변의 길이는 6cm이다.

214 답 $8+x$, $9-x$, $(8+x)(9-x)=70$

215 답 $x=-1$ 또는 $x=2$

$(8+x)(9-x)=70$에서 $72+x-x^2=70$

$x^2-x-2=0$, $(x+1)(x-2)=0$

$\therefore x=-1$ 또는 $x=2$

216 답 10cm

$x>0$이므로 $x=2$

따라서 처음 직사각형에서 가로의 길이를 2cm 늘였으므로 새로 만든 직사각형의 가로의 길이는

$8+2=10$(cm)

217 답 6

새로 만든 직사각형의 가로의 길이는 $(x+3)$cm, 세로의 길이는 $(x-2)$cm이므로

$(x+3)(x-2)=36$

$x^2+x-42=0$, $(x+7)(x-6)=0$

$\therefore x=-7$ 또는 $x=6$

이때 $x>0$이므로 $x=6$

기본 문제 × 확인하기 105~106쪽

1 (1) ○ (2) × (3) ○ (4) ×

2 (1) $x=0$ 또는 $x=-1$ (2) $x=4$ 또는 $x=\frac{1}{3}$

(3) $x=1$ 또는 $x=-\frac{4}{3}$

3 (1) $x=0$ 또는 $x=-3$ (2) $x=3$ 또는 $x=8$

(3) $x=-\frac{4}{3}$ 또는 $x=1$ (4) $x=-\frac{5}{2}$

(5) $x=-3$ (6) $x=\frac{1}{2}$

4 (1) 9 (2) ± 8 (3) 27

5 (1) $x=\pm 4\sqrt{3}$ (2) $x=\pm\frac{3}{4}$ (3) $x=\frac{1\pm\sqrt{5}}{3}$

(4) $x=-3\pm 3\sqrt{3}$

6 (1) $x=-1\pm\sqrt{6}$ (2) $x=2\pm\sqrt{5}$

(3) $x=2\pm\frac{\sqrt{10}}{2}$ (4) $x=\frac{-7\pm\sqrt{13}}{6}$

7 (1) $x=\frac{-1\pm\sqrt{29}}{2}$ (2) $x=2\pm\sqrt{6}$

(3) $x=\frac{-9\pm\sqrt{33}}{4}$ (4) $x=3\pm\sqrt{26}$

8 (1) $x=-9$ 또는 $x=5$ (2) $x=\frac{3\pm 2\sqrt{21}}{5}$

(3) $x=\frac{-2\pm 2\sqrt{11}}{5}$

9 (1) 2 (2) 1 (3) 0

10 (1) $k<\frac{9}{4}$ (2) $x=\frac{9}{4}$ (3) $k>\frac{9}{4}$

11 (1) $x^2-10x+21=0$ (2) $8x^2-2x-1=0$

(3) $2x^2+20x+50=0$ (4) $-9x^2+6x-1=0$

12 (1) $x^2=3x+10$ (2) 5

13 (1) $x^2+(x+1)^2=145$ (2) 8, 9

14 (1) $20x-5x^2=20$ (2) 2초 후

15 (1) $(8+x)(4+x)=60$ (2) 2

1 (1) $x^2-3x=-2$에서 $x^2-3x+2=0$ ➡ 이차방정식

(2) $4x^2+5x-1$ ➡ 등식이 아니므로 이차방정식이 아니다.

(3) $(x+1)(x-3)=-2x$에서 $x^2-2x-3=-2x$

$x^2-3=0$ ➡ 이차방정식

(4) $x^2-\frac{1}{x}=x^2-6$에서 $-\frac{1}{x}+6=0$

➡ 분모에 미지수가 있으므로 이차방정식이 아니다.

2 (1) $2x(x+1)=0$에서

$2x=0$ 또는 $x+1=0$

$\therefore x=0$ 또는 $x=-1$

(2) $(x-4)\left(x-\frac{1}{3}\right)=0$에서

$x-4=0$ 또는 $x-\frac{1}{3}=0$

$\therefore x=4$ 또는 $x=\frac{1}{3}$

(3) $5(x-1)(3x+4)=0$에서 $(x-1)(3x+4)=0$이므로

$x-1=0$ 또는 $3x+4=0$ $\therefore x=1$ 또는 $x=-\frac{4}{3}$

3 (1) $x^2+3x=0$에서 $x(x+3)=0$

$\therefore x=0$ 또는 $x=-3$

(2) $x^2-11x+24=0$에서 $(x-3)(x-8)=0$

$\therefore x=3$ 또는 $x=8$

(3) $(x+1)(3x-2)=2$에서 $3x^2+x-2=2$

$3x^2+x-4=0$, $(3x+4)(x-1)=0$

$\therefore x=-\frac{4}{3}$ 또는 $x=1$

(4) $4x^2+20x+25=0$에서 $(2x+5)^2=0$

$\therefore x=-\frac{5}{2}$

(5) $x^2+9=-6x$에서 $x^2+6x+9=0$

$(x+3)^2=0$ $\therefore x=-3$

(6) $(x+1)(4x-3)=5x-4$에서

$4x^2+x-3=5x-4$, $4x^2-4x+1=0$

$(2x-1)^2=0$ $\therefore x=\frac{1}{2}$

4 (1) $x^2-6x+k=0$이 중근을 가지므로

$k=\left(\frac{-6}{2}\right)^2=9$

(2) $x^2+kx+16=0$이 중근을 가지므로

$16=\left(\frac{k}{2}\right)^2=\frac{k^2}{4}$, $k^2=64$ $\therefore k=\pm 8$

(3) $3x^2+18x+k=0$의 양변을 3으로 나누면

$x^2+6x+\frac{k}{3}=0$

이 이차방정식이 중근을 가지므로

$\frac{k}{3}=\left(\frac{6}{2}\right)^2=9$ $\therefore k=27$

5 (1) $x^2-48=0$에서 $x^2=48$ $\therefore x=\pm 4\sqrt{3}$

(2) $16x^2=9$에서 $x^2=\frac{9}{16}$ $\therefore x=\pm\frac{3}{4}$

(3) $(3x-1)^2=5$에서 $3x-1=\pm\sqrt{5}$

$3x=1\pm\sqrt{5}$ $\therefore x=\frac{1\pm\sqrt{5}}{3}$

(4) $2(x+3)^2-54=0$에서 $2(x+3)^2=54$

$(x+3)^2=27$, $x+3=\pm 3\sqrt{3}$

$\therefore x=-3\pm 3\sqrt{3}$

6 (1) $x^2+2x-5=0$, $x^2+2x=5$

$x^2+2x+1=5+1$, $(x+1)^2=6$

$x+1=\pm\sqrt{6}$ $\therefore x=-1\pm\sqrt{6}$

(2) $x^2-4x-1=0$에서 $x^2-4x=1$

$x^2-4x+4=1+4$, $(x-2)^2=5$

$x-2=\pm\sqrt{5}$ $\therefore x=2\pm\sqrt{5}$

(3) $2x^2-8x+3=0$에서 $x^2-4x+\frac{3}{2}=0$

$x^2-4x=-\frac{3}{2}$, $x^2-4x+4=-\frac{3}{2}+4$

$(x-2)^2=\frac{5}{2}$, $x-2=\pm\frac{\sqrt{10}}{2}$

$\therefore x=2\pm\frac{\sqrt{10}}{2}$

(4) $3x^2+7x+3=0$에서 $x^2+\frac{7}{3}x+1=0$

$x^2+\frac{7}{3}x=-1$, $x^2+\frac{7}{3}x+\frac{49}{36}=-1+\frac{49}{36}$

$\left(x+\frac{7}{6}\right)^2=\frac{13}{36}$, $x+\frac{7}{6}=\pm\frac{\sqrt{13}}{6}$

$\therefore x=\frac{-7\pm\sqrt{13}}{6}$

7 (1) $x^2+x-7=0$에서

$x=\frac{-1\pm\sqrt{1^2-4\times1\times(-7)}}{2\times1}=\frac{-1\pm\sqrt{29}}{2}$

(2) $x^2-4x-2=0$에서

$x=\frac{-(-2)\pm\sqrt{(-2)^2-1\times(-2)}}{1}=2\pm\sqrt{6}$

(3) $2x^2+9x+6=0$에서

$x=\frac{-9\pm\sqrt{9^2-4\times2\times6}}{2\times2}=\frac{-9\pm\sqrt{33}}{4}$

(4) $(x+4)(x-4)=6x+1$에서

$x^2-16=6x+1$, $x^2-6x-17=0$

$\therefore x=\frac{-(-3)\pm\sqrt{(-3)^2-1\times(-17)}}{1}$

$=3\pm\sqrt{26}$

8 (1) $0.1x^2+0.4x-4.5=0$의 양변에 10을 곱하면

$x^2+4x-45=0$, $(x+9)(x-5)=0$

$\therefore x=-9$ 또는 $x=5$

(2) $\frac{1}{6}x^2-\frac{1}{2}=\frac{1}{5}x$의 양변에 30을 곱하면

$5x^2-15=6x$, $5x^2-6x-15=0$

$\therefore x=\frac{-(-3)\pm\sqrt{(-3)^2-5\times(-15)}}{5}$

$=\frac{3\pm2\sqrt{21}}{5}$

(3) $\frac{1}{4}x^2+0.2x=\frac{2}{5}$의 양변에 20을 곱하면

$5x^2+4x=8$, $5x^2+4x-8=0$

$\therefore x=\frac{-2\pm\sqrt{2^2-5\times(-8)}}{5}$

$=\frac{-2\pm2\sqrt{11}}{5}$

9 (1) $x^2+5x+2=0$에서 $a=1$, $b=5$, $c=2$이므로

$b^2-4ac=5^2-4\times1\times2=17>0$

따라서 주어진 이차방정식은 서로 다른 두 근을 가진다.

(2) $4x^2-4x+1=0$에서 $a=4$, $b=-4$, $c=1$이므로

$b^2-4ac=(-4)^2-4\times4\times1=0$

따라서 주어진 이차방정식은 중근을 가진다.

(3) $-x^2+3x-7=0$에서 $a=-1$, $b=3$, $c=-7$이므로

$b^2-4ac=3^2-4\times(-1)\times(-7)=-19<0$

따라서 주어진 이차방정식은 근이 없다.

10 $x^2-3x+k=0$에서 $a=1$, $b=-3$, $c=k$이므로

$b^2-4ac=(-3)^2-4\times1\times k=9-4k$

(1) $9-4k>0$ $\quad\therefore k<\frac{9}{4}$

(2) $9-4k=0$ $\quad\therefore k=\frac{9}{4}$

(3) $9-4k<0$ $\quad\therefore k>\frac{9}{4}$

11 (1) $(x-3)(x-7)=0$ $\quad\therefore x^2-10x+21=0$

(2) $8\left(x-\frac{1}{2}\right)\left(x+\frac{1}{4}\right)=0$, $8\left(x^2-\frac{1}{4}x-\frac{1}{8}\right)=0$

$\therefore 8x^2-2x-1=0$

(3) $2(x+5)^2=0$, $2(x^2+10x+25)=0$

$\therefore 2x^2+20x+50=0$

(4) $-9\left(x-\frac{1}{3}\right)^2=0$, $-9\left(x^2-\frac{2}{3}x+\frac{1}{9}\right)=0$

$\therefore -9x^2+6x-1=0$

12 (2) $x^2=3x+10$에서 $x^2-3x-10=0$

$(x+2)(x-5)=0$ $\quad\therefore x=-2$ 또는 $x=5$

이때 x는 자연수이므로 $x=5$

13 (2) $x^2+(x+1)^2=145$에서

$x^2+x^2+2x+1=145$, $2x^2+2x-144=0$

$x^2+x-72=0$, $(x+9)(x-8)=0$

$\therefore x=-9$ 또는 $x=8$

이때 x는 자연수이므로 $x=8$

따라서 연속하는 두 자연수는 8, 9이다.

14 (2) $20x-5x^2=20$에서 $5x^2-20x+20=0$

$x^2-4x+4=0$, $(x-2)^2=0$

$\therefore x=2$

따라서 물체의 높이가 20m가 되는 것은 물체를 쏘아 올린 지 2초 후이다.

15 (1) $(8+x)(4+x)=8\times4+28$

$\therefore (8+x)(4+x)=60$

(2) $(8+x)(4+x)=60$에서 $x^2+12x+32=60$

$x^2+12x-28=0$, $(x+14)(x-2)=0$

$\therefore x=-14$ 또는 $x=2$

이때 $x>0$이므로 $x=2$

학교 시험 문제 × 확인하기 107~109쪽

1 ③	2 ③	3 -7	4 4	5 ②
6 $a=-11$, $x=-\frac{1}{2}$	7 ④	8 ①, ④	9 ③	
10 ③	11 ④	12 ②	13 $x=-2$ 또는 $x=-1$	
14 ①	15 -2, 6	16 ④	17 9, 11, 13	
18 ②	19 ②	20 5cm	21 13초 후	

1 $ax^2+4x+1=2(x+1)(x-5)$에서
$(a-2)x^2+12x+11=0$이므로 x에 대한 이차방정식이 되려면
$a-2\neq0$ $\quad\therefore a\neq2$

2 주어진 이차방정식의 x에 [ ] 안의 수를 각각 대입하면
① $3^2-3-12\neq0$
② $(-3-6)\times(-3+7)\neq0$
③ $(-2)^2-2\times(-2)-8=0$
④ $5\times(-1)^2-3\times(-1)-10\neq0$
⑤ $(-7)^2\neq7\times(-7)$
따라서 [ ] 안의 수가 주어진 이차방정식의 해인 것은 ③이다.

3 $x^2-2x+a=0$에 $x=3$을 대입하면
$3^2-2\times3+a=0$, $3+a=0$ $\quad\therefore a=-3$
$4x^2+bx-3=0$에 $x=-\frac{1}{2}$을 대입하면
$4\times\left(-\frac{1}{2}\right)^2+b\times\left(-\frac{1}{2}\right)-3=0$, $-\frac{b}{2}-2=0$ $\quad\therefore b=-4$
$\therefore a+b=-3+(-4)=-7$

4 $x^2-4x+2=0$에 $x=a$를 대입하면
$a^2-4a+2=0$ $\quad\therefore a^2-4a=-2$
$\therefore a^2-4a+6=-2+6=4$

5 $(x-2)(x-4)=3$에서 $x^2-6x+8=3$
$x^2-6x+5=0$, $(x-1)(x-5)=0$
$\therefore x=1$ 또는 $x=5$
따라서 $a=5$, $b=1$이므로
$a-2b=5-2\times1=3$

6 $2x^2+ax-6=0$에 $x=6$을 대입하면
$2\times6^2+a\times6-6=0$
$6a+66=0$ $\quad\therefore a=-11$
즉, $2x^2-11x-6=0$에서 $(2x+1)(x-6)=0$
$\therefore x=-\frac{1}{2}$ 또는 $x=6$
따라서 다른 한 근은 $x=-\frac{1}{2}$이다.

7 ㄱ. $x^2=1$에서 $x^2-1=0$
$(x+1)(x-1)=0$ $\quad\therefore x=-1$ 또는 $x=1$
ㄴ. $x^2+6x+9=0$에서 $(x+3)^2=0$ $\quad\therefore x=-3$
ㄷ. $2x^2-28x+98=0$에서 $2(x^2-14x+49)=0$
$2(x-7)^2=0$ $\quad\therefore x=7$
ㄹ. $x^2-x+\frac{1}{4}=0$에서 $\left(x-\frac{1}{2}\right)^2=0$ $\quad\therefore x=\frac{1}{2}$
ㅁ. $(x+1)(x-7)=0$ $\quad\therefore x=-1$ 또는 $x=7$
ㅂ. $x^2+4x=0$에서 $x(x+4)=0$
$\therefore x=0$ 또는 $x=-4$
따라서 중근을 가지는 것은 ㄴ, ㄷ, ㄹ이다.

8 $x^2+2ax-8a+20=0$이 중근을 가지므로
$-8a+20=\left(\frac{2a}{2}\right)^2$, $a^2+8a-20=0$
$(a+10)(a-2)=0$ $\quad\therefore a=-10$ 또는 $a=2$

9 $3(x+a)^2=7$에서 $(x+a)^2=\frac{7}{3}$
$x+a=\pm\sqrt{\frac{7}{3}}=\pm\frac{\sqrt{21}}{3}$ $\quad\therefore x=-a\pm\frac{\sqrt{21}}{3}$
즉, $-a\pm\frac{\sqrt{21}}{3}=5\pm\frac{\sqrt{b}}{3}$이므로 $a=-5$, $b=21$
$\therefore a+b=-5+21=16$

10 $x^2-6x-3=0$에서
$x^2-6x=3$, $x^2-6x+9=3+9$
$(x-3)^2=12$ $\quad\therefore x=3\pm2\sqrt{3}$
따라서 (가) 3, (나) 9, (다) 3, (라) 12, (마) $3\pm2\sqrt{3}$이므로 옳은 것은 ③이다.

11 $3x^2-5x+1=0$에서
$x=\frac{-(-5)\pm\sqrt{(-5)^2-4\times3\times1}}{2\times3}=\frac{5\pm\sqrt{13}}{6}$
따라서 $a=5$, $b=13$이므로
$a+b=5+13=18$

12 $\frac{1}{5}x^2+0.5x=\frac{2}{5}x+0.3$의 양변에 10을 곱하면
$2x^2+5x=4x+3$, $2x^2+x-3=0$
$(2x+3)(x-1)=0$ $\quad\therefore x=-\frac{3}{2}$ 또는 $x=1$
따라서 주어진 이차방정식의 두 근의 합은
$-\frac{3}{2}+1=-\frac{1}{2}$

13 $(x+4)^2-5(x+4)+6=0$에서 $x+4=A$로 놓으면
$A^2-5A+6=0$
$(A-2)(A-3)=0$ $\quad\therefore A=2$ 또는 $A=3$
즉, $x+4=2$ 또는 $x+4=3$
$\therefore x=-2$ 또는 $x=-1$

14 $3x^2-6x+k=0$이 두 근을 가지려면 $b^2-4ac\geq0$이어야 한다.
즉, $b^2-4ac=(-6)^2-4\times3\times k\geq0$
$36-12k\geq0$, $12k\leq36$ $\quad\therefore k\leq3$
따라서 상수 k의 값이 될 수 있는 것은 ①이다.

15 $x^2-mx+m+3=0$이 중근을 가지려면 $b^2-4ac=0$이어야 한다.
즉, $b^2-4ac=(-m)^2-4\times1\times(m+3)=0$
$m^2-4m-12=0$, $(m+2)(m-6)=0$
$\therefore m=-2$ 또는 $m=6$

16 두 근이 1, 2이고 x^2의 계수가 4인 이차방정식은
$4(x-1)(x-2)=0$
$4(x^2-3x+2)=0$ $\therefore 4x^2-12x+8=0$
따라서 $a=12$, $b=8$이므로
$a-b=12-8=4$

17 연속하는 세 홀수를 $x-2$, x, $x+2$라 하면
$(x+2)^2=(x-2)^2+x^2-33$
$x^2+4x+4=x^2-4x+4+x^2-33$, $x^2-8x-33=0$
$(x+3)(x-11)=0$ $\therefore x=-3$ 또는 $x=11$
이때 x는 자연수이므로 $x=11$
따라서 연속하는 세 홀수는 9, 11, 13이다.

18 학생을 x명이라 하면 한 학생이 받은 쿠키는 $(x+4)$개이므로
$x(x+4)=140$
$x^2+4x-140=0$, $(x+14)(x-10)=0$
$\therefore x=-14$ 또는 $x=10$
이때 x는 자연수이므로 $x=10$
따라서 학생은 모두 10명이다.

19 $-5t^2+30t+40=80$에서
$5t^2-30t+40=0$, $t^2-6t+8=0$
$(t-2)(t-4)=0$ $\therefore t=2$ 또는 $t=4$
따라서 공의 높이가 처음으로 80 m가 되는 것은 공을 차 올린 지 2초 후이다.

20 처음 원의 반지름의 길이를 x cm라 하면
$\pi\times(x+5)^2=4\pi\times x^2$
$3x^2-10x-25=0$, $(3x+5)(x-5)=0$
$\therefore x=-\frac{5}{3}$ 또는 $x=5$
이때 $x>0$이므로 $x=5$
따라서 처음 원의 반지름의 길이는 5 cm이다.

21 x초 후에 직사각형의 가로의 길이는 $(20-x)$ cm, 세로의 길이는 $(14+2x)$ cm이므로
$(20-x)(14+2x)=20\times14$
$280+26x-2x^2=280$
$2x^2-26x=0$, $x^2-13x=0$
$x(x-13)=0$ $\therefore x=0$ 또는 $x=13$
이때 $x>0$이므로 $x=13$
따라서 13초 후에 처음 직사각형의 넓이와 같아진다.

6 이차함수와 그 그래프

112~131쪽

001 답 ×
$x^2+5x+3=0$ ➡ 이차방정식

002 답 ○
$y=x^2+3x-1$ ➡ 이차함수

003 답 ×
$y=x+5$ ➡ 일차함수

004 답 ○
$y=-x^2+5x-1$ ➡ 이차함수

005 답 ○
$y=\frac{x^2}{2}-3x$ ➡ 이차함수

006 답 ×
$y=\frac{1}{x}+2x$ ➡ 분모에 x가 있으면 이차함수가 아니다.

007 답 ○
$y=x(x-2)+3=x^2-2x+3$ ➡ 이차함수

008 답 ×
$y=(x+6)^2-x^2=12x+36$ ➡ 일차함수

009 답 $y=4x-20$, ×
$y=4(x-5)=4x-20$ ➡ 일차함수

010 답 $y=\pi x^2+2\pi x+\pi$, ○
$y=\pi(x+1)^2=\pi x^2+2\pi x+\pi$ ➡ 이차함수

011 답 $y=1500x-500$, ×
$y=500(3x-1)=1500x-500$ ➡ 일차함수

012 답 $y=60x$, ×
(거리)=(속력)×(시간)이므로 $y=60x$ ➡ 일차함수

013 답 $y=\frac{x^2-3x}{2}$, ○
(n각형의 대각선의 개수)$=\frac{n(n-3)}{2}$(개)이므로
$y=\frac{x(x-3)}{2}=\frac{x^2-3x}{2}$ ➡ 이차함수

014 답 $y=x^3$, ×
$y=x^3$ ➡ 이차함수가 아니다.

015 답 **2**

$f(1)=1^2+2\times1-1=2$

016 답 **−1**

$f(0)=0^2+2\times0-1=-1$

017 답 **−2**

$f(-1)=(-1)^2+2\times(-1)-1=-2$

018 답 $\frac{1}{4}$

$f\left(\frac{1}{2}\right)=\left(\frac{1}{2}\right)^2+2\times\frac{1}{2}-1=\frac{1}{4}$

019 답 **13**

$f(-2)=(-2)^2+2\times(-2)-1=-1$

$f(3)=3^2+2\times3-1=14$

$\therefore f(-2)+f(3)=-1+14=13$

020 답 **1**

$f(0)=-4\times0^2+8\times0+1=1$

021 답 **1**

$f(2)=-4\times2^2+8\times2+1=1$

022 답 **−11**

$f(-1)=-4\times(-1)^2+8\times(-1)+1=-11$

023 답 $-\frac{5}{4}$

$f\left(-\frac{1}{4}\right)=-4\times\left(-\frac{1}{4}\right)^2+8\times\left(-\frac{1}{4}\right)+1=-\frac{5}{4}$

024 답 **−9**

$f\left(-\frac{1}{2}\right)=-4\times\left(-\frac{1}{2}\right)^2+8\times\left(-\frac{1}{2}\right)+1=-4$

$f(1)=-4\times1^2+8\times1+1=5$

$\therefore f\left(-\frac{1}{2}\right)-f(1)=-4-5=-9$

025 답 **2, 2, 5**

026 답 **6**

$f(1)=3\times1^2-2\times1+a=7$

$1+a=7 \qquad \therefore a=6$

027 답 **4**

$f(-2)=-a\times(-2)^2-5\times(-2)+7=1$

$-4a+17=1,\ -4a=-16 \qquad \therefore a=4$

028 답 **0, 4, 2, −4, 2**

029 답 **−7, 1**

$f(a)=-a^2-6a=-7$

$a^2+6a-7=0,\ (a+7)(a-1)=0$

$\therefore a=-7$ 또는 $a=1$

030 답 $-\frac{1}{2}$, **2**

$f(a)=2a^2-3a-1=1$

$2a^2-3a-2=0,\ (2a+1)(a-2)=0$

$\therefore a=-\frac{1}{2}$ 또는 $a=2$

031 답 **13**

$f(-1)=3\times(-1)^2+a\times(-1)-5=-4$

$-2-a=-4 \qquad \therefore a=2$

$f(2)=3\times2^2+2\times2-5=11 \qquad \therefore b=11$

$\therefore a+b=2+11=13$

032 답

x	⋯	−2	−1	0	1	2	⋯
y	⋯	4	1	0	1	4	⋯

033 답

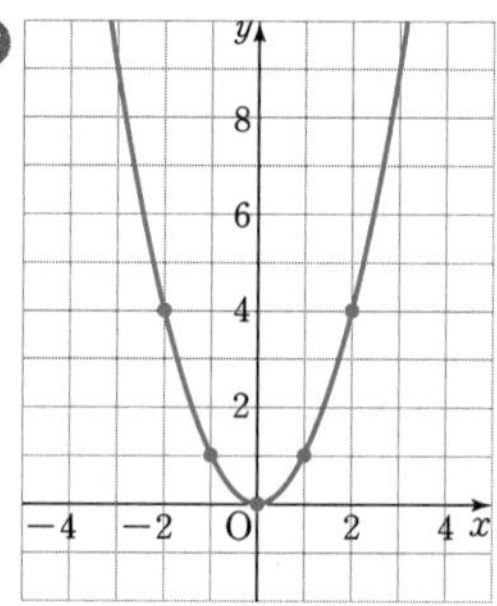

034 답

x	⋯	−2	−1	0	1	2	⋯
y	⋯	−4	−1	0	−1	−4	⋯

035 답

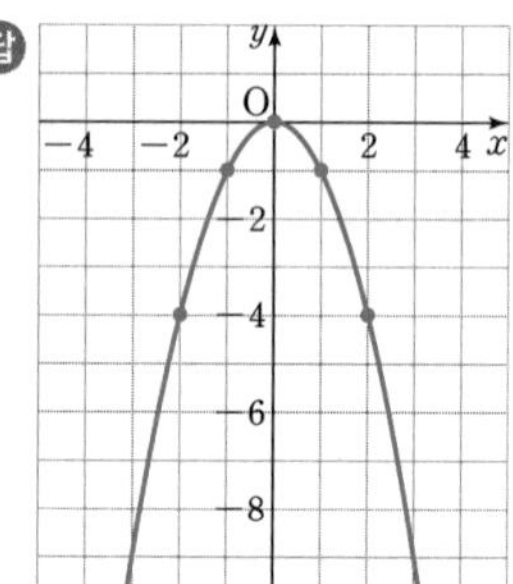

036 답 **0**

037 답 **아래**

038 답 y

039 답 $x>0$

040 답 $x<0$

041 답 x

042 답 **1, 2**

043 답 16

$y=x^2$에 $x=-4$를 대입하면 $y=(-4)^2=16$

따라서 점 $(-4,\ 16)$을 지난다.

044 답 0

045 답 위

046 답 y

047 답 $x<0$

048 답 $x>0$

049 답 x^2

050 답 3, 4

051 답 -49

$y=-x^2$에 $x=7$을 대입하면 $y=-7^2=-49$

따라서 점 $(7,\ -49)$를 지난다.

052 답 아래, y

053 답 0, 0, $x=0$

054 답 1, 2

055 답 $x<0$

056 답 $-5x^2$

057 답 20

$y=5x^2$에 $x=-2$를 대입하면 $y=5\times(-2)^2=20$

따라서 점 $(-2,\ 20)$을 지난다.

058 답 위, y

059 답 0, 0, $x=0$

060 답 3, 4

061 답 감소

062 답 $\frac{1}{4}x^2$

063 답 -9

$y=-\frac{1}{4}x^2$에 $x=6$을 대입하면 $y=-\frac{1}{4}\times 6^2=-9$

따라서 점 $(6,\ -9)$를 지난다.

064 답 ㄱ, ㄷ, ㅂ, ㅅ

$y=ax^2$에서 $a>0$이면 그래프가 아래로 볼록하므로 ㄱ, ㄷ, ㅂ, ㅅ

065 답 ㄴ, ㄹ, ㅁ, ㅇ, ㅈ

$y=ax^2$에서 $a<0$이면 그래프가 위로 볼록하므로 ㄴ, ㄹ, ㅁ, ㅇ, ㅈ

066 답 ㅂ

$y=ax^2$에서 a의 절댓값이 작을수록 그래프의 폭이 넓어지므로 ㅂ

067 답 ㄱ

$y=ax^2$에서 a의 절댓값이 클수록 그래프의 폭이 좁아지므로 ㄱ

068 답 ㄷ과 ㄹ

x^2의 계수의 절댓값이 같고 부호가 반대인 두 이차함수의 그래프는 x축에 서로 대칭이므로 ㄷ과 ㄹ

069 답 ㄱ, ㄷ, ㅂ, ㅅ

그래프의 꼭짓점 이외의 모든 점들이 x축보다 위쪽에 있는 그래프는 아래로 볼록하므로 ㄱ, ㄷ, ㅂ, ㅅ

070 답 ㄴ, ㄹ, ㅁ, ㅇ, ㅈ

$x<0$일 때, x의 값이 증가하면 y의 값도 증가하는 것은 그래프가 위로 볼록인 것이므로 ㄴ, ㄹ, ㅁ, ㅇ, ㅈ

071 답 8

$y=2x^2$에 $x=2,\ y=a$를 대입하면

$a=2\times 2^2=8$

072 답 $\sqrt{3}$

$y=2x^2$에 $x=a,\ y=6$을 대입하면 $6=2a^2$

$a^2=3 \qquad \therefore a=\pm\sqrt{3}$

이때 $a>0$이므로 $a=\sqrt{3}$

073 답 1

$y=2x^2$에 $x=a,\ y=2a$를 대입하면 $2a=2a^2$

$a^2-a=0,\ a(a-1)=0 \qquad \therefore a=0$ 또는 $a=1$

이때 $a\neq 0$이므로 $a=1$

074 답 $-\frac{1}{2}$

$y=2x^2$에 $x=a,\ y=a+1$을 대입하면 $a+1=2a^2$

$2a^2-a-1=0,\ (2a+1)(a-1)=0$

$\therefore a=-\frac{1}{2}$ 또는 $a=1$

이때 $a<0$이므로 $a=-\frac{1}{2}$

075 답 $\frac{4}{3}$

$y=ax^2$에 $x=3$, $y=12$를 대입하면 $12=a\times 3^2$

$12=9a$ $\therefore a=\frac{4}{3}$

076 답 2

$y=ax^2$에 $x=-2$, $y=8$을 대입하면 $8=a\times(-2)^2$

$8=4a$ $\therefore a=2$

077 답 -15

$y=ax^2$의 그래프가 점 $(1, -3)$을 지나므로

$-3=a\times 1^2$ $\therefore a=-3$

즉, $y=-3x^2$이고 이 그래프가 점 $(2, b)$를 지나므로

$b=-3\times 2^2=-12$

$\therefore a+b=-3+(-12)=-15$

078 답 $y=4x^2+5$

079 답 $y=2x^2-1$

080 답 $y=-\frac{2}{3}x^2+\frac{1}{6}$

081 답 3

082 답 $-\frac{3}{5}$, -9

083 답 5, $-\frac{7}{4}$

084 답 $x=0$, $(0, 5)$

085 답 $x=0$, $(0, -4)$

086 답 $x=0$, $\left(0, -\frac{2}{3}\right)$

087 답 $x=0$, $(0, 1)$

088 답 $x=0$, $\left(0, \frac{1}{5}\right)$

089 답 $x=0$, $(0, -2)$

[090~093]

$y=2x^2+2$의 그래프는 꼭짓점의 좌표가 $(0, 2)$이고 아래로 볼록한 포물선이므로 오른쪽 그림과 같다.

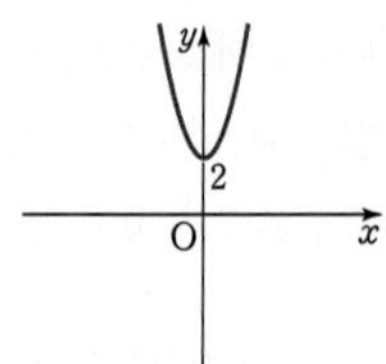

090 답 ○

091 답 ×

그래프의 모양은 아래로 볼록한 포물선이다.

092 답 ○

093 답 ×

$y=2x^2+2$에 $x=-1$을 대입하면 $y=2\times(-1)^2+2=4$

따라서 점 $(-1, 0)$을 지나지 않는다.

[094~097]

$y=-\frac{1}{5}x^2-2$의 그래프는 꼭짓점의 좌표가 $(0, -2)$이고 위로 볼록한 포물선이므로 오른쪽 그림과 같다.

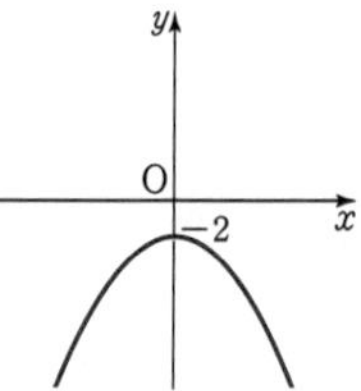

094 답 ×

$y=-\frac{1}{5}x^2$의 그래프를 y축의 방향으로 -2만큼 평행이동한 그래프이다.

095 답 ×

그래프의 모양은 위로 볼록한 포물선이다.

096 답 ○

097 답 ×

$x>0$일 때, x의 값이 증가하면 y의 값은 감소한다.

[098~101]

$y=\frac{4}{3}x^2-3$의 그래프는 꼭짓점의 좌표가 $(0, -3)$이고 아래로 볼록한 포물선이므로 오른쪽 그림과 같다.

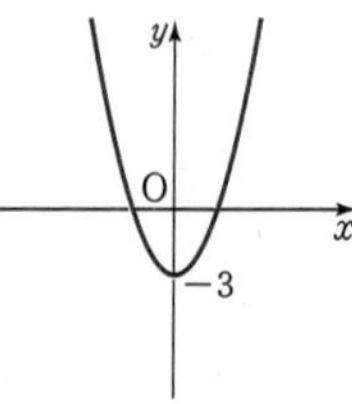

098 답 ×

$y=\frac{4}{3}x^2$의 그래프를 y축의 방향으로 -3만큼 평행이동한 그래프이다.

099 답 ×

축의 방정식은 $x=0$이다.

100 답 ×

제1사분면, 제2사분면, 제3사분면, 제4사분면을 모두 지난다.

101 답 ○

102 답 4

$y=\frac{1}{2}x^2-4$에 $x=4$, $y=a$를 대입하면

$a=\frac{1}{2}\times4^2-4=4$

103 답 -5

$y=3x^2+a$에 $x=2$, $y=7$을 대입하면

$7=3\times2^2+a$, $7=12+a$ $\quad\therefore a=-5$

104 답 3

$y=ax^2+3$에 $x=-1$, $y=6$을 대입하면

$6=a\times(-1)^2+3$, $6=a+3$ $\quad\therefore a=3$

105 답 -11

$y=5x^2$의 그래프를 y축의 방향으로 q만큼 평행이동한 그래프의 식은 $y=5x^2+q$

이 그래프가 점 $(2, 9)$를 지나므로 $x=2$, $y=9$를 대입하면

$9=5\times2^2+q$, $9=20+q$ $\quad\therefore q=-11$

106 답 $y=4(x-5)^2$

107 답 $y=2(x+3)^2$

108 답 $y=-\frac{2}{3}\left(x-\frac{1}{6}\right)^2$

109 답 2

110 답 3, $\frac{4}{5}$

111 답 $-\frac{2}{9}$, $-\frac{2}{5}$

112 답 $x=2$, $(2, 0)$

113 답 $x=-7$, $(-7, 0)$

114 답 $x=\frac{4}{3}$, $\left(\frac{4}{3}, 0\right)$

115 답 $x=-1$, $(-1, 0)$

116 답 $x=\frac{1}{3}$, $\left(\frac{1}{3}, 0\right)$

117 답 $x=-\frac{1}{2}$, $\left(-\frac{1}{2}, 0\right)$

[118~121]

$y=\frac{1}{5}(x-1)^2$의 그래프는 꼭짓점의 좌표가 $(1, 0)$이고 아래로 볼록한 포물선이므로 오른쪽 그림과 같다.

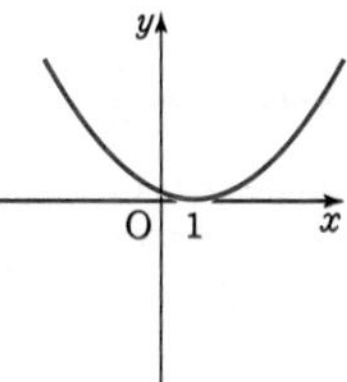

118 답 ×

$y=\frac{1}{5}x^2$의 그래프를 x축의 방향으로 1만큼 평행이동한 그래프이다.

119 답 ○

120 답 ×

$x<1$일 때, x의 값이 증가하면 y의 값은 감소한다.

121 답 ○

[122~125]

$y=-4(x+3)^2$의 그래프는 꼭짓점의 좌표가 $(-3, 0)$이고 위로 볼록한 포물선이므로 오른쪽 그림과 같다.

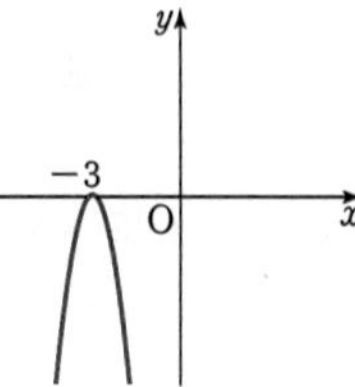

122 답 ×

$y=-4x^2$의 그래프를 x축의 방향으로 -3만큼 평행이동한 그래프이다.

123 답 ○

124 답 ×

꼭짓점의 좌표는 $(-3, 0)$이다.

125 답 ○

[126~129]

$y=2(x+2)^2$의 그래프는 꼭짓점의 좌표가 $(-2, 0)$이고 아래로 볼록한 포물선이므로 오른쪽 그림과 같다.

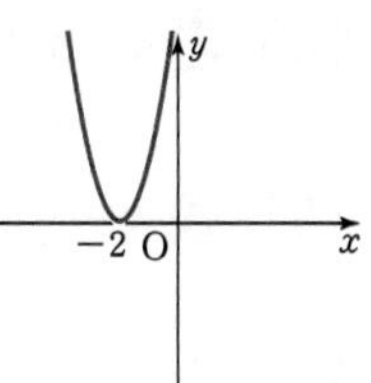

126 답 ○

127 답 ×

축의 방정식은 $x=-2$이다.

128 답 ×

제1사분면과 제2사분면을 지난다.

129 답 ○

130 답 $\frac{1}{2}$

$y=a(x-1)^2$에 $x=5$, $y=8$을 대입하면

$8=a(5-1)^2$, $8=16a$ $\quad\therefore a=\frac{1}{2}$

131 답 12

$y=3(x-2)^2$에 $x=4$, $y=a$를 대입하면

$a=3\times(4-2)^2=12$

132 답 -4, 2

$y=-\frac{1}{3}(x+1)^2$에 $x=a$, $y=-3$을 대입하면

$-3=-\frac{1}{3}(a+1)^2$, $(a+1)^2=9$, $a+1=\pm3$

$\therefore a=-4$ 또는 $a=2$

133 답 -1, 3

$y=-\frac{1}{2}(x-a)^2$에 $x=1$, $y=-2$를 대입하면

$-2=-\frac{1}{2}(1-a)^2$, $(1-a)^2=4$, $1-a=\pm2$

$\therefore a=-1$ 또는 $a=3$

134 답 $y=4(x-8)^2+3$

135 답 $y=2(x+5)^2+1$

136 답 $y=-3(x+1)^2-2$

137 답 3, 5

138 답 3, 1, -3

139 답 $-\frac{1}{5}$, $-\frac{1}{2}$, $-\frac{2}{3}$

140 답 $x=2$, $(2, 7)$

141 답 $x=-1$, $(-1, 3)$

142 답 $x=5$, $(5, -2)$

143 답 $x=-\frac{1}{2}$, $\left(-\frac{1}{2}, -4\right)$

144 답 $x=4$, $\left(4, -\frac{5}{6}\right)$

145 답 $x=-\frac{1}{3}$, $\left(-\frac{1}{3}, 5\right)$

[146~149]

$y=(x+2)^2-3$의 그래프는 꼭짓점의 좌표가 $(-2, -3)$이고 아래로 볼록한 포물선이다. 또 $x=0$일 때 $y=1$이므로 그래프는 오른쪽 그림과 같다.

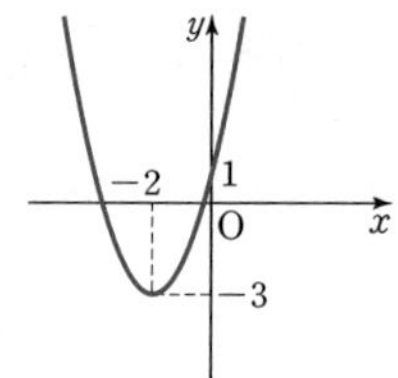

146 답 ○

147 답 ○

148 답 ○

149 답 ×

제1, 2, 3사분면을 지난다.

[150~153]

$y=-\frac{2}{3}(x-1)^2+5$의 그래프는 꼭짓점의 좌표가 $(1, 5)$이고 위로 볼록한 포물선이다. 또 $x=0$일 때 $y=\frac{13}{3}$이므로 그래프는 오른쪽 그림과 같다.

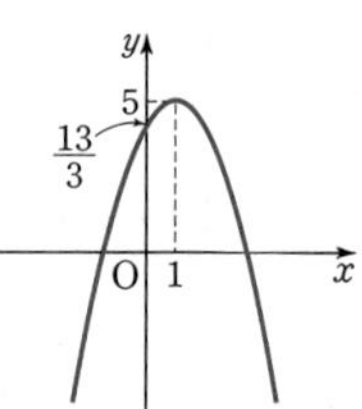

150 답 ×

$y=-\frac{2}{3}x^2$의 그래프를 x축의 방향으로 1만큼, y축의 방향으로 5만큼 평행이동한 그래프이다.

151 답 ×

152 답 ×

153 답 ○

$\left|-\frac{2}{3}\right|>\left|\frac{1}{3}\right|$이므로 이차항의 계수의 절댓값이 큰 $y=-\frac{2}{3}(x-1)^2+5$의 그래프의 폭이 더 좁다.

[154~157]

$y=2(x-2)^2+1$의 그래프는 꼭짓점의 좌표가 $(2, 1)$이고 아래로 볼록한 포물선이다. 또 $x=0$일 때 $y=9$이므로 그래프는 오른쪽 그림과 같다.

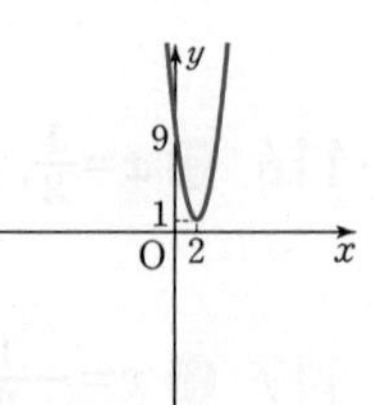

154 답 ×

$y=2x^2$의 그래프를 x축의 방향으로 2만큼, y축의 방향으로 1만큼 평행이동한 그래프이다.

155 답 ×

축의 방정식은 $x=2$이다.

156 답 ○

157 답 ○

158 답 **4**

$y=3(x-7)^2+a$에 $x=6$, $y=7$을 대입하면

$7=3\times(6-7)^2+a$, $7=3+a$ $\quad\therefore a=4$

159 답 **1**

$y=a(x+1)^2+6$에 $x=-4$, $y=15$를 대입하면

$15=a(-4+1)^2+6$, $9a=9$ $\quad\therefore a=1$

160 답 **−21**

$y=-2(x+6)^2-3$에 $x=-3$, $y=a$를 대입하면

$a=-2\times(-3+6)^2-3=-21$

161 답 **12**

$y=\frac{1}{4}(x-3)^2-4$에 $x=11$, $y=a$를 대입하면

$a=\frac{1}{4}\times(11-3)^2-4=12$

[162~165]

	그래프의 모양 ➡	a의 부호	꼭짓점 (p, q)의 위치 ➡	p, q의 부호
162	아래로 볼록	$a>0$	제3사분면 ➡ $(-, -)$	$p<0$, $q<0$
163	위로 볼록	$a<0$	제1사분면 ➡ $(+, +)$	$p>0$, $q>0$
164	아래로 볼록	$a>0$	제4사분면 ➡ $(+, -)$	$p>0$, $q<0$
165	위로 볼록	$a<0$	제2사분면 ➡ $(-, +)$	$p<0$, $q>0$

166 답 **1, 1, 1, 7**

167 답 **4, 4, 4, 8, 2, 19**

168 답 $y=(x-3)^2-9$

$y=x^2-6x$

$=x^2-6x+9-9$

$=(x-3)^2-9$

169 답 $y=(x+4)^2-7$

$y=x^2+8x+9$

$=(x^2+8x+16-16)+9$

$=(x+4)^2-7$

170 답 $y=-\left(x+\frac{1}{2}\right)^2-\frac{7}{4}$

$y=-x^2-x-2=-(x^2+x)-2$

$=-\left(x^2+x+\frac{1}{4}-\frac{1}{4}\right)-2$

$=-\left(x+\frac{1}{2}\right)^2-\frac{7}{4}$

171 답 $y=3(x+1)^2-8$

$y=3x^2+6x-5=3(x^2+2x)-5$

$=3(x^2+2x+1-1)-5$

$=3(x+1)^2-8$

172 답 $y=-\frac{1}{4}(x-8)^2-1$

$y=-\frac{1}{4}x^2+4x-17=-\frac{1}{4}(x^2-16x)-17$

$=-\frac{1}{4}(x^2-16x+64-64)-17$

$=-\frac{1}{4}(x-8)^2-1$

173 답 (1) $(-2, 1)$ (2) $(0, 5)$ (3) 아래로 볼록
그래프는 풀이 참조

$y=x^2+4x+5$

$=(x^2+4x+4-4)+5$

$=(x+2)^2+1$

따라서 꼭짓점의 좌표는 $(-2, 1)$, y축과 만나는 점의 좌표는 $(0, 5)$, 그래프의 모양은 아래로 볼록하므로 그래프는 오른쪽 그림과 같다.

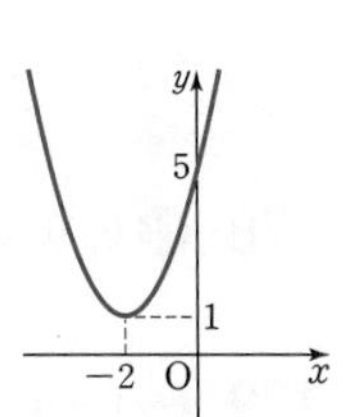

174 답 (1) $(-2, -9)$ (2) $(0, -1)$ (3) 아래로 볼록
그래프는 풀이 참조

$y=2x^2+8x-1$

$=2(x^2+4x+4-4)-1$

$=2(x+2)^2-9$

따라서 꼭짓점의 좌표는 $(-2, -9)$, y축과 만나는 점의 좌표는 $(0, -1)$, 그래프의 모양은 아래로 볼록하므로 그래프는 오른쪽 그림과 같다.

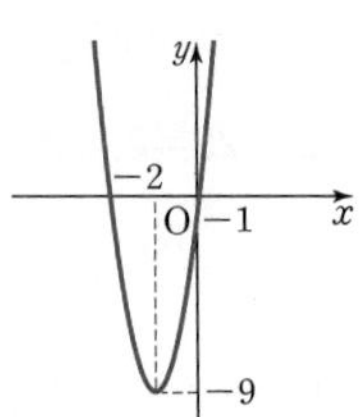

175 답 (1) $\left(1, -\frac{7}{2}\right)$ (2) $(0, -3)$ (3) 아래로 볼록
그래프는 풀이 참조

$y=\frac{1}{2}x^2-x-3=\frac{1}{2}(x^2-2x+1-1)-3$
$=\frac{1}{2}(x-1)^2-\frac{7}{2}$

따라서 꼭짓점의 좌표는 $\left(1, -\frac{7}{2}\right)$, y축과 만나는 점의 좌표는 $(0, -3)$, 그래프의 모양은 아래로 볼록하므로 그래프는 오른쪽 그림과 같다.

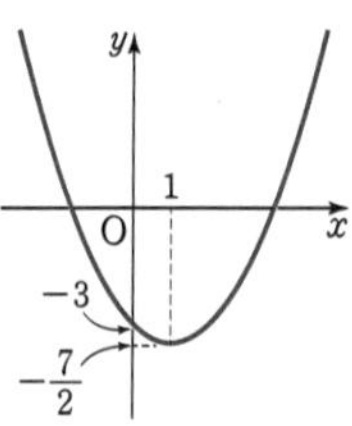

176 답 (1) $(-1, 2)$ (2) $(0, 1)$ (3) 위로 볼록
그래프는 풀이 참조

$y=-x^2-2x+1=-(x^2+2x+1-1)+1$
$=-(x+1)^2+2$

따라서 꼭짓점의 좌표는 $(-1, 2)$, y축과 만나는 점의 좌표는 $(0, 1)$, 그래프의 모양은 위로 볼록하므로 그래프는 오른쪽 그림과 같다.

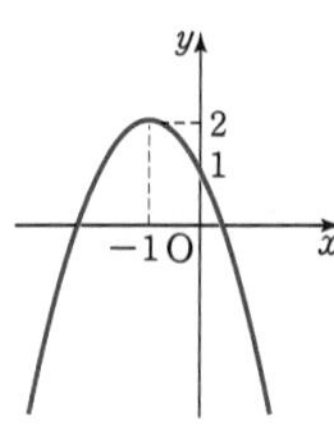

177 답 (1) $(2, 5)$ (2) $(0, -7)$ (3) 위로 볼록
그래프는 풀이 참조

$y=-3x^2+12x-7=-3(x^2-4x+4-4)-7$
$=-3(x-2)^2+5$

따라서 꼭짓점의 좌표는 $(2, 5)$, y축과 만나는 점의 좌표는 $(0, -7)$, 그래프의 모양은 위로 볼록하므로 그래프는 오른쪽 그림과 같다.

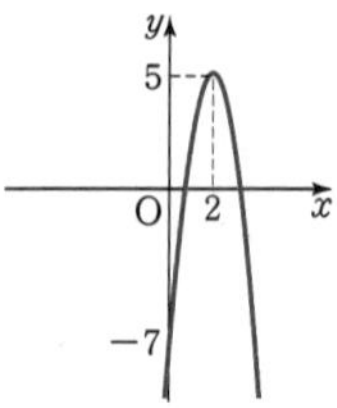

178 답 0, 0, 4, −2, 2, −2, 0, 2, 0

179 답 $(-3, 0)$, $(2, 0)$

$y=-x^2-x+6$에 $y=0$을 대입하면
$-x^2-x+6=0$, $x^2+x-6=0$
$(x+3)(x-2)=0$ $\quad\therefore x=-3$ 또는 $x=2$
따라서 x축과 만나는 점의 좌표는 $(-3, 0)$, $(2, 0)$이다.

180 답 $\left(-\frac{5}{2}, 0\right)$, $\left(\frac{5}{2}, 0\right)$

$y=4x^2-25$에 $y=0$을 대입하면
$4x^2-25=0$, $4x^2=25$, $x^2=\frac{25}{4}$
$\therefore x=-\frac{5}{2}$ 또는 $x=\frac{5}{2}$
따라서 x축과 만나는 점의 좌표는 $\left(-\frac{5}{2}, 0\right)$, $\left(\frac{5}{2}, 0\right)$이다.

181 답 $(-4, 0)$, $(-3, 0)$

$y=x^2+7x+12$에 $y=0$을 대입하면
$x^2+7x+12=0$, $(x+4)(x+3)=0$
$\therefore x=-4$ 또는 $x=-3$
따라서 x축과 만나는 점의 좌표는 $(-4, 0)$, $(-3, 0)$이다.

182 답 $\left(-\frac{1}{2}, 0\right)$, $(2, 0)$

$y=-2x^2+3x+2$에 $y=0$을 대입하면
$-2x^2+3x+2=0$
$2x^2-3x-2=0$, $(2x+1)(x-2)=0$
$\therefore x=-\frac{1}{2}$ 또는 $x=2$
따라서 x축과 만나는 점의 좌표는 $\left(-\frac{1}{2}, 0\right)$, $(2, 0)$이다.

183 답 −4

$y=4x^2+4x-3$에 $y=0$을 대입하면
$4x^2+4x-3=0$, $(2x+3)(2x-1)=0$
$\therefore x=-\frac{3}{2}$ 또는 $x=\frac{1}{2}$
이때 $p<q$이므로 $p=-\frac{3}{2}$, $q=\frac{1}{2}$
$y=4x^2+4x-3$에 $x=0$을 대입하면
$y=-3$ $\quad\therefore r=-3$
$\therefore p+q+r=-\frac{3}{2}+\frac{1}{2}-3=-4$

[184~187]

$y=x^2-6x-7$
$=(x^2-6x+9-9)-7$
$=(x-3)^2-16$

184 답 ×

x^2의 계수가 양수이므로 그래프의 모양은 아래로 볼록한 포물선이다.

185 답 ×

축의 방정식은 $x=3$이다.

186 답 ○

187 답 ○

$y=x^2-6x-7$에 $y=0$을 대입하면
$x^2-6x-7=0$, $(x+1)(x-7)=0$
$\therefore x=-1$ 또는 $x=7$
따라서 x축과 두 점 $(-1, 0)$, $(7, 0)$에서 만난다.

[188~191]

$y=3x^2+12x+9$
$=3(x^2+4x+4-4)+9$
$=3(x+2)^2-3$

188 답 ×

꼭짓점의 좌표는 $(-2,\ -3)$이다.

189 답 ○

190 답 ×

$y=3x^2+12x+9$에 $x=0$을 대입하면 $y=9$

따라서 y축과 만나는 점의 좌표는 $(0,\ 9)$이다.

191 답 ○

[192~195]

$y=-4x^2+8x+5$

$\quad=-4(x^2-2x+1-1)+5$

$\quad=-4(x-1)^2+9$

192 답 ○

193 답 ○

194 답 ×

$y=-4x^2+8x+5$의 그래프는 오른쪽 그림과 같으므로 모든 사분면을 지난다.

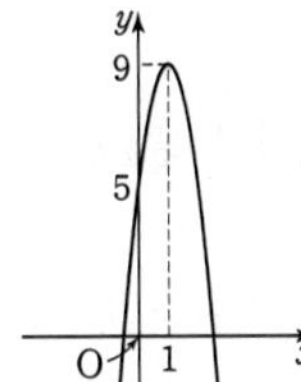

195 답 ○

$y=-4x^2+8x+5$에 $y=0$을 대입하면

$-4x^2+8x+5=0$

$4x^2-8x-5=0,\ (2x+1)(2x-5)=0$

$\therefore\ x=-\frac{1}{2}$ 또는 $x=\frac{5}{2}$

따라서 x축과 두 점 $\left(-\frac{1}{2},\ 0\right),\ \left(\frac{5}{2},\ 0\right)$에서 만난다.

[196~199]

$y=-\frac{1}{2}x^2-5x-12$

$\quad=-\frac{1}{2}(x^2+10x+25-25)-12$

$\quad=-\frac{1}{2}(x+5)^2+\frac{1}{2}$

196 답 ○

197 답 ×

$y=-\frac{1}{2}x^2$의 그래프를 x축의 방향으로 -5만큼, y축의 방향으로 $\frac{1}{2}$만큼 평행이동한 그래프이다.

198 답 ○

$y=-\frac{1}{2}x^2-5x-12$에 $x=0$을 대입하면 $y=-12$

따라서 y축과 만나는 점의 좌표는 $(0,\ -12)$이다.

199 답 ×

$y=-\frac{1}{2}x^2-5x-12$의 그래프는 오른쪽 그림과 같으므로 제2, 3, 4사분면을 지난다.

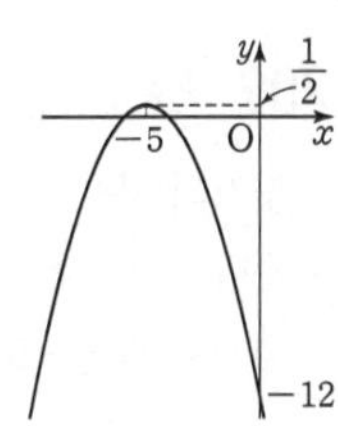

[200~203]

	a의 부호	b의 부호	c의 부호
200	a ⃝> 0	축이 y축의 [오른쪽] ➡ b ⃝< 0	y축과 만나는 점이 x축보다 [위쪽] ➡ c ⃝> 0
201	$a>0$	$b>0$	$c<0$
202	$a<0$	$b<0$	$c<0$
203	$a<0$	$b>0$	$c>0$

204 답 1, 6, 4, $y=4(x-1)^2+6$

205 답 $y=\frac{1}{3}(x+2)^2+5$

꼭짓점의 좌표가 $(-2,\ 5)$이므로

이차함수의 식을 $y=a(x+2)^2+5$로 놓고

$x=-5,\ y=8$을 대입하면 $8=a(-5+2)^2+5$

$8=9a+5 \qquad \therefore\ a=\frac{1}{3}$

따라서 구하는 이차함수의 식은 $y=\frac{1}{3}(x+2)^2+5$이다.

206 답 $y=-(x-4)^2+6$

꼭짓점의 좌표가 $(4,\ 6)$이므로

이차함수의 식을 $y=a(x-4)^2+6$으로 놓고

$x=6,\ y=2$를 대입하면 $2=a(6-4)^2+6$

$2=4a+6 \qquad \therefore\ a=-1$

따라서 구하는 이차함수의 식은 $y=-(x-4)^2+6$이다.

207 답 $y=-3(x+6)^2$

꼭짓점의 좌표가 $(-6,\ 0)$이므로

이차함수의 식을 $y=a(x+6)^2$으로 놓고

$x=-4,\ y=-12$를 대입하면 $-12=a(-4+6)^2$

$-12=4a \qquad \therefore\ a=-3$

따라서 구하는 이차함수의 식은 $y=-3(x+6)^2$이다.

208 답 3, -5, 0, 4, $y=(x-3)^2-5$

꼭짓점의 좌표가 $(3, -5)$이므로
이차함수의 식을 $y=a(x-3)^2-5$로 놓고
그래프가 점 $(0, 4)$를 지나므로 $x=0$, $y=4$를 대입하면
$4=a(0-3)^2-5$, $4=9a-5$ $\quad\therefore a=1$
따라서 구하는 이차함수의 식은 $y=(x-3)^2-5$이다.

209 답 $y=\frac{4}{9}(x+2)^2-4$

꼭짓점의 좌표가 $(-2, -4)$이므로
이차함수의 식을 $y=a(x+2)^2-4$로 놓고
그래프가 점 $(-5, 0)$을 지나므로 $x=-5$, $y=0$을 대입하면
$0=a(-5+2)^2-4$, $0=9a-4$ $\quad\therefore a=\frac{4}{9}$
따라서 구하는 이차함수의 식은 $y=\frac{4}{9}(x+2)^2-4$이다.

210 답 $y=-\frac{1}{2}x^2+7$

꼭짓점의 좌표가 $(0, 7)$이므로
이차함수의 식을 $y=ax^2+7$로 놓고
그래프가 점 $(2, 5)$를 지나므로 $x=2$, $y=5$를 대입하면
$5=a\times2^2+7$, $5=4a+7$ $\quad\therefore a=-\frac{1}{2}$
따라서 구하는 이차함수의 식은 $y=-\frac{1}{2}x^2+7$이다.

211 답 -1

꼭짓점의 좌표가 $(2, -3)$이므로
이차함수의 식을 $y=a(x-2)^2-3$으로 놓고
$x=3$, $y=-1$을 대입하면 $-1=a(3-2)^2-3$
$-1=a-3$ $\quad\therefore a=2$
즉, $y=2(x-2)^2-3=2x^2-8x+5$
따라서 $a=2$, $b=-8$, $c=5$이므로
$a+b+c=2-8+5=-1$

212 답 1, $4a+q$, $a+q$, -1, 11, $y=-(x-1)^2+11$

213 답 $y=\frac{1}{3}(x-3)^2+\frac{2}{3}$

축의 방정식이 $x=3$이므로
이차함수의 식을 $y=a(x-3)^2+q$로 놓고
$x=2$, $y=1$을 대입하면 $a+q=1$ $\quad\cdots$ ㉠
$x=5$, $y=2$를 대입하면 $4a+q=2$ $\quad\cdots$ ㉡
㉠, ㉡을 연립하여 풀면 $a=\frac{1}{3}$, $q=\frac{2}{3}$
따라서 구하는 이차함수의 식은 $y=\frac{1}{3}(x-3)^2+\frac{2}{3}$이다.

214 답 $y=\frac{1}{2}(x+1)^2+\frac{11}{2}$

축의 방정식이 $x=-1$이므로
이차함수의 식을 $y=a(x+1)^2+q$로 놓고
$x=0$, $y=6$을 대입하면 $a+q=6$ $\quad\cdots$ ㉠
$x=2$, $y=10$을 대입하면 $9a+q=10$ $\quad\cdots$ ㉡
㉠, ㉡을 연립하여 풀면 $a=\frac{1}{2}$, $q=\frac{11}{2}$
따라서 구하는 이차함수의 식은 $y=\frac{1}{2}(x+1)^2+\frac{11}{2}$이다.

215 답 $y=3x^2+3$

축의 방정식이 $x=0$이므로
이차함수의 식을 $y=ax^2+q$로 놓고
$x=1$, $y=6$을 대입하면 $a+q=6$ $\quad\cdots$ ㉠
$x=2$, $y=15$를 대입하면 $4a+q=15$ $\quad\cdots$ ㉡
㉠, ㉡을 연립하여 풀면 $a=3$, $q=3$
따라서 구하는 이차함수의 식은 $y=3x^2+3$이다.

216 답 -4, 5, -2, -1, $y=\frac{1}{2}(x+4)^2-3$

축의 방정식이 $x=-4$이므로
이차함수의 식을 $y=a(x+4)^2+q$로 놓고
그래프가 두 점 $(0, 5)$, $(-2, -1)$을 지나므로
$x=0$, $y=5$를 대입하면 $16a+q=5$ $\quad\cdots$ ㉠
$x=-2$, $y=-1$을 대입하면 $4a+q=-1$ $\quad\cdots$ ㉡
㉠, ㉡을 연립하여 풀면 $a=\frac{1}{2}$, $q=-3$
따라서 구하는 이차함수의 식은 $y=\frac{1}{2}(x+4)^2-3$이다.

217 답 $y=(x-2)^2-1$

축의 방정식이 $x=2$이므로
이차함수의 식을 $y=a(x-2)^2+q$로 놓고
그래프가 두 점 $(3, 0)$, $(0, 3)$을 지나므로
$x=3$, $y=0$을 대입하면 $a+q=0$ $\quad\cdots$ ㉠
$x=0$, $y=3$을 대입하면 $4a+q=3$ $\quad\cdots$ ㉡
㉠, ㉡을 연립하여 풀면 $a=1$, $q=-1$
따라서 구하는 이차함수의 식은 $y=(x-2)^2-1$이다.

218 답 $y=-\frac{3}{4}(x+2)^2+\frac{19}{4}$

축의 방정식이 $x=-2$이므로
이차함수의 식을 $y=a(x+2)^2+q$로 놓고
그래프가 두 점 $(-3, 4)$, $(1, -2)$를 지나므로
$x=-3$, $y=4$를 대입하면 $a+q=4$ $\quad\cdots$ ㉠
$x=1$, $y=-2$를 대입하면 $9a+q=-2$ $\quad\cdots$ ㉡
㉠, ㉡을 연립하여 풀면 $a=-\frac{3}{4}$, $q=\frac{19}{4}$
따라서 구하는 이차함수의 식은 $y=-\frac{3}{4}(x+2)^2+\frac{19}{4}$이다.

219 답 4, 4, 1, 2, $\frac{3}{2}$, $-\frac{1}{2}$, $y=\frac{3}{2}x^2-\frac{1}{2}x+4$

220 답 $y=2x^2-x+1$

이차함수의 식을 $y=ax^2+bx+c$로 놓고
$x=0$, $y=1$을 대입하면 $c=1$
즉, $y=ax^2+bx+1$

$x=-1$, $y=4$를 대입하면 $a-b=3$ … ㉠
$x=1$, $y=2$를 대입하면 $a+b=1$ … ㉡
㉠, ㉡을 연립하여 풀면 $a=2$, $b=-1$
따라서 구하는 이차함수의 식은 $y=2x^2-x+1$이다.

221 답 $y=x^2+2x-8$
이차함수의 식을 $y=ax^2+bx+c$로 놓고
$x=0$, $y=-8$을 대입하면 $c=-8$
즉, $y=ax^2+bx-8$
$x=1$, $y=-5$를 대입하면 $a+b=3$ … ㉠
$x=2$, $y=0$을 대입하면 $4a+2b=8$ … ㉡
㉠, ㉡을 연립하여 풀면 $a=1$, $b=2$
따라서 구하는 이차함수의 식은 $y=x^2+2x-8$이다.

222 답 $y=2x^2-4x+5$
이차함수의 식을 $y=ax^2+bx+c$로 놓고
$x=0$, $y=5$를 대입하면 $c=5$
즉, $y=ax^2+bx+5$
$x=-1$, $y=11$을 대입하면 $a-b=6$ … ㉠
$x=4$, $y=21$을 대입하면 $16a+4b=16$ … ㉡
㉠, ㉡을 연립하여 풀면 $a=2$, $b=-4$
따라서 구하는 이차함수의 식은 $y=2x^2-4x+5$이다.

223 답 3, 4, -2, $y=\frac{1}{2}x^2-\frac{3}{2}x-2$
이차함수의 식을 $y=ax^2+bx+c$로 놓고
그래프가 점 $(0, -2)$를 지나므로
$x=0$, $y=-2$를 대입하면 $c=-2$
즉, $y=ax^2+bx-2$
그래프가 두 점 $(4, 0)$, $(-2, 3)$을 지나므로
$x=4$, $y=0$을 대입하면 $16a+4b=2$ … ㉠
$x=-2$, $y=3$을 대입하면 $4a-2b=5$ … ㉡
㉠, ㉡을 연립하여 풀면 $a=\frac{1}{2}$, $b=-\frac{3}{2}$
따라서 구하는 이차함수의 식은 $y=\frac{1}{2}x^2-\frac{3}{2}x-2$이다.

224 답 $y=\frac{1}{2}x^2+x-3$
이차함수의 식을 $y=ax^2+bx+c$로 놓고
그래프가 점 $(0, -3)$을 지나므로
$x=0$, $y=-3$을 대입하면 $c=-3$
즉, $y=ax^2+bx-3$
그래프가 두 점 $(-2, -3)$, $(2, 1)$을 지나므로
$x=-2$, $y=-3$을 대입하면 $4a-2b=0$ … ㉠
$x=2$, $y=1$을 대입하면 $4a+2b=4$ … ㉡
㉠, ㉡을 연립하여 풀면 $a=\frac{1}{2}$, $b=1$
따라서 구하는 이차함수의 식은 $y=\frac{1}{2}x^2+x-3$이다.

225 답 $y=-\frac{5}{3}x^2-\frac{20}{3}x-4$
이차함수의 식을 $y=ax^2+bx+c$로 놓고
그래프가 점 $(0, -4)$를 지나므로
$x=0$, $y=-4$를 대입하면 $c=-4$
즉, $y=ax^2+bx-4$
그래프가 두 점 $(-3, 1)$, $(-1, 1)$을 지나므로
$x=-3$, $y=1$을 대입하면 $9a-3b=5$ … ㉠
$x=-1$, $y=1$을 대입하면 $a-b=5$ … ㉡
㉠, ㉡을 연립하여 풀면 $a=-\frac{5}{3}$, $b=-\frac{20}{3}$
따라서 구하는 이차함수의 식은 $y=-\frac{5}{3}x^2-\frac{20}{3}x-4$이다.

기본 문제 × 확인하기

132~133쪽

1 (1) ○ (2) × (3) ○ (4) ×
2 (1) 0 (2) 4 (3) $\frac{44}{9}$ (4) 0
3 (1) ㄴ, ㅁ, ㅂ (2) ㄹ (3) ㄱ과 ㅁ (4) ㄱ, ㄷ, ㄹ
4 (1) $y=5x^2-3$, $x=0$, $(0, -3)$
(2) $y=-\frac{3}{4}x^2+2$, $x=0$, $(0, 2)$
(3) $y=-7x^2-\frac{5}{3}$, $x=0$, $\left(0, -\frac{5}{3}\right)$
5 (1) $y=6(x+8)^2$, $x=-8$, $(-8, 0)$
(2) $y=-2\left(x+\frac{1}{5}\right)^2$, $x=-\frac{1}{5}$, $\left(-\frac{1}{5}, 0\right)$
(3) $y=\frac{2}{3}(x-7)^2$, $x=7$, $(7, 0)$
6 (1) $y=\frac{1}{4}(x-2)^2+3$, $x=2$, $(2, 3)$
(2) $y=-8(x+4)^2+\frac{1}{2}$, $x=-4$, $\left(-4, \frac{1}{2}\right)$
(3) $y=2\left(x+\frac{1}{5}\right)^2-2$, $x=-\frac{1}{5}$, $\left(-\frac{1}{5}, -2\right)$
7 (1) $>$, $<$, $>$ (2) $<$, $>$, $=$
8 (1) $y=(x+3)^2-16$ (2) $y=-2(x-1)^2+2$
(3) $y=\frac{1}{2}(x-4)^2+2$ (4) $y=\frac{1}{3}(x-3)^2-1$
9 (1) $(-4, 0)$, $(4, 0)$ (2) $(-3, 0)$, $(-1, 0)$
(3) $\left(-\frac{3}{2}, 0\right)$, $(2, 0)$ (4) $(1, 0)$, $(5, 0)$
10 (1) $>$, $<$, $<$ (2) $<$, $<$, $=$
11 (1) $y=-3x^2+12x-12$ (2) $y=-3x^2-6x+2$
(3) $y=x^2+4x+2$ (4) $y=-9x^2+6x+11$
(5) $y=7x^2-6x+1$ (6) $y=-x^2-7x-1$

1 (1) $y=5x^2-4x+2$ ➡ 이차함수
(2) $y=x+3$ ➡ 일차함수
(3) $y=x(x-5)+3=x^2-5x+3$ ➡ 이차함수
(4) $y=2x^2-(x-5)(2x-6)=16x-30$ ➡ 일차함수

2 (1) $f(-1)=-(-1)^2+3\times(-1)+4=0$

(2) $f(0)=-0^2+3\times0+4=4$

(3) $f\left(\frac{1}{3}\right)=-\left(\frac{1}{3}\right)^2+3\times\frac{1}{3}+4=\frac{44}{9}$

(4) $f(1)=-1^2+3\times1+4=6$,

$f(-2)=-(-2)^2+3\times(-2)+4=-6$

$\therefore f(1)+f(-2)=6+(-6)=0$

3 (1) $y=ax^2$에서 $a>0$이면 그래프가 아래로 볼록하므로 ㄴ, ㅁ, ㅂ

(2) $y=ax^2$에서 a의 절댓값이 클수록 그래프의 폭이 좁아지므로 ㄹ

(3) x^2의 계수의 절댓값이 같고 부호가 반대인 두 이차함수의 그래프는 x축에 서로 대칭이므로 ㄱ과 ㅁ

(4) $x>0$일 때, x의 값이 증가하면 y의 값은 감소하는 것은 그래프가 위로 볼록인 것이므로 ㄱ, ㄷ, ㄹ

7 (1) 그래프가 아래로 볼록하므로 $a>0$

꼭짓점 (p, q)가 제2사분면 위에 있으므로

$p<0$, $q>0$

(2) 그래프가 위로 볼록하므로 $a<0$

꼭짓점 (p, q)가 x축 위의 점이고, x축의 오른쪽에 있으므로

$p>0$, $q=0$

8 (1) $y=x^2+6x-7$

$=(x^2+6x+9-9)-7$

$=(x+3)^2-16$

(2) $y=-2x^2+4x$

$=-2(x^2-2x)$

$=-2(x^2-2x+1-1)$

$=-2(x-1)^2+2$

(3) $y=\frac{1}{2}x^2-4x+10$

$=\frac{1}{2}(x^2-8x)+10$

$=\frac{1}{2}(x^2-8x+16-16)+10$

$=\frac{1}{2}(x-4)^2+2$

(4) $y=\frac{1}{3}x^2-2x+2$

$=\frac{1}{3}(x^2-6x)+2$

$=\frac{1}{3}(x^2-6x+9-9)+2$

$=\frac{1}{3}(x-3)^2-1$

9 (1) $y=x^2-16$에 $y=0$을 대입하면

$x^2-16=0$, $x^2=16$ $\quad\therefore x=-4$ 또는 $x=4$

따라서 x축과 만나는 점의 좌표는 $(-4, 0)$, $(4, 0)$이다.

(2) $y=-x^2-4x-3$에 $y=0$을 대입하면

$-x^2-4x-3=0$, $x^2+4x+3=0$

$(x+3)(x+1)=0$ $\quad\therefore x=-3$ 또는 $x=-1$

따라서 x축과 만나는 점의 좌표는 $(-3, 0)$, $(-1, 0)$이다.

(3) $y=-2x^2+x+6$에 $y=0$을 대입하면

$-2x^2+x+6=0$, $2x^2-x-6=0$

$(2x+3)(x-2)=0$ $\quad\therefore x=-\frac{3}{2}$ 또는 $x=2$

따라서 x축과 만나는 점의 좌표는 $\left(-\frac{3}{2}, 0\right)$, $(2, 0)$이다.

(4) $y=\frac{1}{2}x^2-3x+\frac{5}{2}$에 $y=0$을 대입하면

$\frac{1}{2}x^2-3x+\frac{5}{2}=0$, $x^2-6x+5=0$

$(x-1)(x-5)=0$ $\quad\therefore x=1$ 또는 $x=5$

따라서 x축과 만나는 점의 좌표는 $(1, 0)$, $(5, 0)$이다.

10 (1) 그래프가 아래로 볼록하므로 $a>0$

축이 y축의 오른쪽에 있으므로 $ab<0$ $\quad\therefore b<0$

y축과 만나는 점이 x축보다 아래쪽에 있으므로 $c<0$

(2) 그래프가 위로 볼록하므로 $a<0$

축이 y축의 왼쪽에 있으므로 $ab>0$ $\quad\therefore b<0$

y축과 만나는 점이 원점이므로 $c=0$

11 (1) 꼭짓점의 좌표가 $(2, 0)$이므로

이차함수의 식을 $y=a(x-2)^2$으로 놓고

$x=1$, $y=-3$을 대입하면

$-3=a(1-2)^2$ $\quad\therefore a=-3$

따라서 구하는 이차함수의 식은

$y=-3(x-2)^2=-3x^2+12x-12$

(2) 꼭짓점의 좌표가 $(-1, 5)$이므로

이차함수의 식을 $y=a(x+1)^2+5$로 놓고

$x=-3$, $y=-7$을 대입하면 $-7=a(-3+1)^2+5$

$-7=4a+5$ $\quad\therefore a=-3$

따라서 구하는 이차함수의 식은

$y=-3(x+1)^2+5=-3x^2-6x+2$

(3) 축의 방정식이 $x=-2$이므로

이차함수의 식을 $y=a(x+2)^2+q$로 놓고

$x=0$, $y=2$를 대입하면 $4a+q=2$ $\quad\cdots$ ㉠

$x=1$, $y=7$을 대입하면 $9a+q=7$ $\quad\cdots$ ㉡

㉠, ㉡을 연립하여 풀면 $a=1$, $q=-2$

따라서 구하는 이차함수의 식은

$y=(x+2)^2-2=x^2+4x+2$

(4) 축의 방정식이 $x=\frac{1}{3}$이므로

이차함수의 식을 $y=a\left(x-\frac{1}{3}\right)^2+q$로 놓고

$x=-1$, $y=-4$를 대입하면 $\frac{16}{9}a+q=-4$ $\quad\cdots$ ㉠

$x=0$, $y=11$을 대입하면 $\frac{1}{9}a+q=11$ $\quad\cdots$ ㉡

㉠, ㉡을 연립하여 풀면 $a=-9$, $q=12$

따라서 구하는 이차함수의 식은

$y=-9\left(x-\frac{1}{3}\right)^2+12=-9x^2+6x+11$

(5) 이차함수의 식을 $y=ax^2+bx+c$로 놓고
$x=0$, $y=1$을 대입하면 $c=1$
즉, $y=ax^2+bx+1$
$x=1$, $y=2$를 대입하면 $a+b=1$ … ㉠
$x=2$, $y=17$을 대입하면 $4a+2b=16$ … ㉡
㉠, ㉡을 연립하여 풀면 $a=7$, $b=-6$
따라서 구하는 이차함수의 식은
$y=7x^2-6x+1$

(6) 이차함수의 식을 $y=ax^2+bx+c$로 놓고
$x=0$, $y=-1$을 대입하면 $c=-1$
즉, $y=ax^2+bx-1$
$x=-2$, $y=9$를 대입하면 $4a-2b=10$ … ㉠
$x=1$, $y=-9$를 대입하면 $a+b=-8$ … ㉡
㉠, ㉡을 연립하여 풀면 $a=-1$, $b=-7$
따라서 구하는 이차함수의 식은
$y=-x^2-7x-1$

학교 시험 문제 × 확인하기 134~136쪽

1 ②	2 1	3 ⑤	4 ㄴ, ㄷ, ㅁ	5 ③
6 ③	7 ①	8 $x<-5$	9 ③	10 4
11 ⑤	12 ④	13 ②	14 $-\frac{1}{2}$	15 ②
16 ⑤	17 $y=-\frac{1}{4}x^2-\frac{3}{2}x+4$	18 ④		

1 ㄱ. $y=(x+3)^2=x^2+6x+9$ ➡ 이차함수
ㄴ. $y=12x$ ➡ 일차함수
ㄷ. $y=(x-1)(x+1)=x^2-1$ ➡ 이차함수
ㄹ. $y=2\pi(x-5)=2\pi x-10\pi$ ➡ 일차함수
따라서 y가 x에 대한 이차함수인 것은 ㄱ, ㄷ이다.

2 $f(x)=3x^2-x+1$에서
$f(a)=3a^2-a+1=2a+1$
$3a^2-3a=0$, $a^2-a=0$
$a(a-1)=0$ $\quad\therefore a=0$ 또는 $a=1$
이때 a는 양수이므로 $a=1$

3 그래프가 아래로 볼록한 것은 $y=\frac{1}{2}x^2$, $y=2x^2$, $y=5x^2$이고
$\left|\frac{1}{2}\right|<|2|<|-3|<|5|$이므로 $y=-3x^2$의 그래프보다 폭이 좁은 것은 $y=5x^2$이다.

4 ㄱ. 꼭짓점의 좌표는 $(0, 0)$이다.
ㄹ. 위로 볼록한 포물선이다.
따라서 옳은 것은 ㄴ, ㄷ, ㅁ이다.

5 $y=ax^2$의 그래프가 점 $(2, -4)$를 지나므로
$x=2$, $y=-4$를 대입하면
$-4=a\times2^2$, $-4=4a$ $\quad\therefore a=-1$
즉, $y=-x^2$
이 그래프가 점 $(4, b)$를 지나므로 $x=4$, $y=b$를 대입하면
$b=-4^2=-16$
$\therefore a-b=-1-(-16)=15$

6 ① 축의 방정식은 $x=0$이다.
② 꼭짓점의 좌표는 $(0, -6)$이다.
④ $x>0$일 때, x의 값이 증가하면 y의 값도 증가한다.
⑤ 이차함수 $y=7x^2$의 그래프를 y축의 방향으로 -6만큼 평행이동한 것이다.
따라서 옳은 것은 ③이다.

7 이차함수 $y=\frac{5}{3}x^2$의 그래프를 y축의 방향으로 k만큼 평행이동한 그래프의 식은 $y=\frac{5}{3}x^2+k$
이 그래프가 점 $(-3, 14)$를 지나므로
$14=\frac{5}{3}\times(-3)^2+k$, $14=15+k$ $\quad\therefore k=-1$

8 $y=7(x+5)^2$의 그래프는 오른쪽 그림과 같으므로 x의 값이 증가할 때, y의 값은 감소하는 x의 값의 범위는 $x<-5$이다.

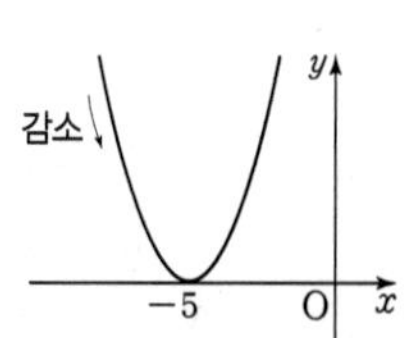

9 그래프를 평행이동하여도 그래프의 모양과 폭은 변하지 않으므로 x^2의 계수가 $-\frac{1}{2}$인 이차함수의 그래프이다.

10 $y=ax^2$의 그래프를 x축의 방향으로 p만큼, y축의 방향으로 q만큼 평행이동한 그래프의 식은 $y=a(x-p)^2+q$이므로
$a=-5$, $p=7$, $q=2$
$\therefore a+p+q=-5+7+2=4$

11 $y=-3(x+1)^2+5$의 그래프는 오른쪽 그림과 같다.

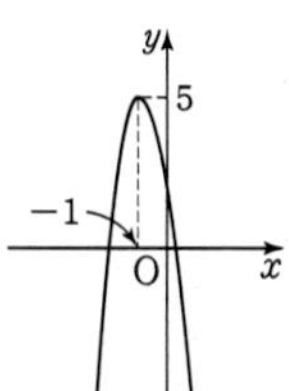

① $y=-3x^2$의 그래프를 x축의 방향으로 -1만큼, y축의 방향으로 5만큼 평행이동한 것이다.
② 꼭짓점의 좌표는 $(-1, 5)$이다.
③ 축의 방정식은 $x=-1$이다.
④ $x<-1$일 때, x의 값이 증가하면 y의 값도 증가한다.
따라서 옳은 것은 ⑤이다.

12 $y=-\frac{1}{2}x^2-2x-1$

$=-\frac{1}{2}(x^2+4x)-1$

$=-\frac{1}{2}(x^2+4x+4-4)-1$

$=-\frac{1}{2}(x+2)^2+1$

이므로 꼭짓점의 좌표는 $(-2,\ 1)$, y축과 만나는 점의 좌표는 $(0,\ -1)$, 그래프의 모양은 위로 볼록하다.

따라서 이차함수 $y=-\frac{1}{2}x^2-2x-1$의 그래프는 ④이다.

13 $y=2x^2-3x+\frac{1}{8}$

$=2\left(x^2-\frac{3}{2}x\right)+\frac{1}{8}$

$=2\left(x^2-\frac{3}{2}x+\frac{9}{16}-\frac{9}{16}\right)+\frac{1}{8}$

$=2\left(x-\frac{3}{4}\right)^2-1$

ㄱ. x^2의 계수가 양수이므로 아래로 볼록한 포물선이다.

ㄴ. 꼭짓점의 좌표는 $\left(\frac{3}{4},\ -1\right)$이다.

ㄹ. $y=2x^2$의 그래프를 x축의 방향으로 $\frac{3}{4}$만큼, y축의 방향으로 -1만큼 평행이동한 그래프이다.

따라서 옳은 것은 ㄱ, ㄷ이다.

14 $y=2x^2+x-3$에 $y=0$을 대입하면

$2x^2+x-3=0$, $(2x+3)(x-1)=0$

$\therefore x=-\frac{3}{2}$ 또는 $x=1$

이때 $a>b$이므로 $a=1$, $b=-\frac{3}{2}$

$y=2x^2+x-3$에 $x=0$을 대입하면

$y=-3$ $\quad\therefore c=-3$

$\therefore a-b+c=1-\left(-\frac{3}{2}\right)+(-3)=-\frac{1}{2}$

15 그래프가 위로 볼록하므로 $a<0$

축이 y축의 왼쪽에 있으므로 $ab>0$ $\quad\therefore b<0$

y축과 만나는 점이 x축의 위쪽에 있으므로 $c>0$

16 꼭짓점의 좌표가 $(4,\ -6)$이므로

이차함수의 식을 $y=a(x-4)^2-6$으로 놓고

그래프가 점 $(6,\ -4)$를 지나므로 $x=6$, $y=-4$를 대입하면

$-4=a(6-4)^2-6$, $-4=4a-6$ $\quad\therefore a=\frac{1}{2}$

$\therefore y=\frac{1}{2}(x-4)^2-6=\frac{1}{2}x^2-4x+2$

따라서 $a=\frac{1}{2}$, $b=-4$, $c=2$이므로

$2a-b+c=2\times\frac{1}{2}-(-4)+2=7$

17 축의 방정식이 $x=-3$이므로

이차함수의 식을 $y=a(x+3)^2+q$로 놓고

그래프가 두 점 $(-8,\ 0)$, $(0,\ 4)$를 지나므로

$x=-8$, $y=0$을 대입하면 $25a+q=0$ $\quad\cdots$ ㉠

$x=0$, $y=4$를 대입하면 $9a+q=4$ $\quad\cdots$ ㉡

㉠, ㉡을 연립하여 풀면 $a=-\frac{1}{4}$, $q=\frac{25}{4}$

$\therefore y=-\frac{1}{4}(x+3)^2+\frac{25}{4}=-\frac{1}{4}x^2-\frac{3}{2}x+4$

18 이차함수의 식을 $y=ax^2+bx+c$로 놓고

그래프가 점 $(0,\ 4)$를 지나므로 $x=0$, $y=4$를 대입하면 $c=4$

즉, $y=ax^2+bx+4$

그래프가 두 점 $(6,\ -2)$, $(10,\ 4)$를 지나므로

$x=6$, $y=-2$를 대입하면 $36a+6b=-6$ $\quad\cdots$ ㉠

$x=10$, $y=4$를 대입하면 $100a+10b=0$ $\quad\cdots$ ㉡

㉠, ㉡을 연립하여 풀면 $a=\frac{1}{4}$, $b=-\frac{5}{2}$

$\therefore y=\frac{1}{4}x^2-\frac{5}{2}x+4$

$=\frac{1}{4}(x^2-10x)+4$

$=\frac{1}{4}(x^2-10x+25-25)+4$

$=\frac{1}{4}(x-5)^2-\frac{9}{4}$

따라서 꼭짓점의 좌표는 $\left(5,\ -\frac{9}{4}\right)$이므로

$p=5$, $q=-\frac{9}{4}$ $\quad\therefore p+q=5-\frac{9}{4}=\frac{11}{4}$